U0305220

机械制造基础

主编　李建国　郭佳俊　沈元元

延边大学出版社

图书在版编目（CIP）数据

机械制造基础 / 李建国，郭佳俊，沈元元主编. --
延吉：延边大学出版社，2019.5
ISBN 978-7-5688-6979-9

Ⅰ.①机… Ⅱ.①李… ②郭… ③沈… Ⅲ.①机械制造－高等职业教育－教材 Ⅳ.①TH

中国版本图书馆CIP数据核字（2019）第110524号

机械制造基础

主　　编：李建国　郭佳俊　沈元元
责任编辑：崔文香
封面设计：盛世达儒文化传媒
出版发行：延边大学出版社
社　　址：吉林省延吉市公园路977号　　邮　　编：133002
网　　址：http://www.ydcbs.com　　E-mail：ydcbs@ydcbs.com
电　　话：0433-2732435　　传　　真：0433-2732434
制　　作：山东延大兴业文化传媒有限责任公司
印　　刷：天津雅泽印刷有限公司
开　　本：787×1092　1/16
印　　张：12.25
字　　数：260千字
版　　次：2019年5月第1版
印　　次：2019年5月第1次印刷
书　　号：ISBN 978-7-5688-6979-9

定价：50.00元

前　言

制造业是国民经济的主体，是立国之本、兴国之器、强国之基。打造具有国际竞争力的制造业，是我国提升综合国力、保障国家安全、建设世界强国的必由之路。2015 年 3 月，全国两会提出了“中国制造 2025”的宏大计划，做出全面提升中国制造业发展质量和水平的重大战略部署。其根本目标是通过努力，使中国迈入制造强国行列，为到 2045 年将中国建成具有全球引领和影响力的制造强国奠定坚实基础。

制造业的发展归根结底还是要靠一支结构合理、掌握现代先进技术和高技能技巧的专业人才队伍，因此，当前和今后一段时期内，为生产第一线培养高素质的技术技能型人才已经成为高等职业教育的第一要务。

本书根据机械制造课程实践性强、综合性强、灵活性大的特点，在编写过程中，遵循理论知识少而精、够用为度的原则，强调面向生产实际、知识与技能有机结合，做到内容简明扼要，概念清晰，重点突出，深入浅出。各章附有知识目标、能力目标、能力训练，可帮助读者明确学习目标、检验学习效果。书中配有大量插图，便于读者理解。机械制造是一门理论与生产实践紧密结合的课程，在教学中应注重理论联系实际，根据教学内容的特点，灵活采用理论教学、现场教学、实习实训等教学方式，可提高读者的动手能力及分析和解决生产实际问题的能力。

本书主要包括金属切削基本知识、金属切削加工方法、工件的装夹、机械加工工艺规程设计、机械加工质量及其控制、机械加工质量及其控制等内容。

在本书的编写过程中，编者参阅了有关文献资料，谨向原作者表示衷心的感谢。

由于编者水平有限，书中难免存在不足之处，敬请广大读者批评、指正。

目　录

第 1 章　工程材料

1.1　常用金属材料

1.1.1　碳素钢

含 C 质量分数小于 2.11% 的铁碳合金称为碳素钢，简称碳钢。碳素钢中除含有 Fe（铁）、C（碳）元素以外，还含有少量 Mn（锰）、Si（硅）、S（硫）、P（磷）等杂质元素。碳素钢由于价格低廉，容易生产，并可通过不同的热处理方法改变其力学性能，能满足工业生产上的很多要求，所以广泛应用于建筑、交通运输及机械制造工业中。

1. 化学成分对碳素钢组织与性能的影响

（1）C（碳）的影响

C 是影响碳素钢的组织和性能的主要元素。在钢中，C 主要以渗碳体（Fe3C）的形式存在。当钢中含 C 质量分数等于或小于 1.0% 时，随着含 C 质量分数的增加，铁素体减少，珠光体增加，又由于层片状渗碳体起着强化作用，所以，钢的强度、硬度上升，而塑性、韧性下降，如图 1.1 所示。但是，当钢中含 C 质量分数大于 1.0% 后，钢中出现网状渗碳体，随着含 C 质量分数的增加，尽管钢的硬度直线上升，但由于脆性增大，强度反而下降。钢中含 C 质量分数越大，渗碳体网越严重，网的厚度也越大，所以高碳钢的性能硬而脆。

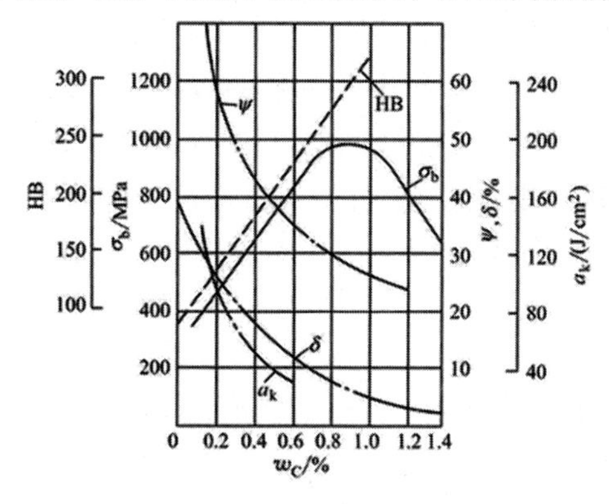

图 1.1　碳素钢的性能

(2) Mn（锰）和Si（硅）

Mn（锰）和Si（硅）在钢中是有益元素，来源于炼钢材料——生铁和脱氧剂中的锰铁。在室温下，Mn和Si能溶于铁素体，对钢有一定的固溶强化作用。同时，Mn具有一定的脱氧和脱硫能力，能使钢中的FeO还原成Fe，又可与S生成MnS，减轻S的有害作用。碳素钢中含Mn质量分数一般在0.25%～0.80%之间，含Si质量分数一般不超过0.40%。

(3) S（硫）和P（磷）

S和P是从炼钢原料及燃料中带入钢中的，是钢的有害元素。在钢中，S常以FeS的形式存在。FeS与Fe（铁）形成低熔点共晶体（熔点980℃），当钢材在轧制或锻造时（加热温度为800～1250℃），沿着晶界分布的低熔点共晶体呈现熔融状态。因而，削弱了晶粒之间的连接，使钢材在热加工时容易产生裂纹，这种现象称为热脆性。钢中S的含量不超过0.05%。P在结晶时容易形成脆性很大的Fe_3P，使钢在室温下的塑性和韧性急剧下降，这种现象称为冷脆性。通常，钢的含P质量分数限制在0.045%以下。另外，钢中还含有H（氢）、O（氧）、N（氮）等元素，它们也给钢的力学性能带来不利的影响。

2. 碳素钢的分类、牌号及用途

根据用途，碳素钢一般分为碳素结构钢、优质碳素结构钢、碳素工具钢。

(1) 碳素结构钢

钢碳素结构钢的含C质量分数一般小于0.38%，而最常用的是含C质量分数小于0.25%的低碳钢。碳素结构钢具有较高的强度、良好的塑性与韧性，工艺性能优良，冶炼成本低，因此，广泛应用于一般建筑、工程结构、普通机械零件制造等。

碳素结构钢的牌号是由代表屈服点的字母（Q）、屈服点数值、质量等级符号（A、B、C、D）及脱氧方法符号（F、b、Z、TZ）四个部分按顺序组成。质量等级反映了碳素结构钢中有害元素（S、P）含量的多少，从A级到D级，钢中S和P的含量依次减少。C级和D级的碳素结构钢的S和P含量最少，质量好，可用作重要焊接结构件。脱氧方法符号F、b、Z、TZ分别表示沸腾钢、半镇静钢、镇静钢、特殊镇静钢。钢的牌号中“Z”和“TZ”可以省略，如Q215AF表示屈服强度数值为215MPa的A级沸腾钢。

碳素结构钢常见的牌号及用途：Q195钢和Q215钢通常轧制成薄板、钢筋等，可用于制作铆钉、螺钉、地脚螺栓、轻负荷的冲压零件和焊接结构件等；Q235钢和Q255钢用于制作铆钉、螺钉、螺栓、螺母、吊钩和不太重要的渗碳件，以及建筑结构中的螺纹钢、T字钢、钢筋等；Q235C钢和Q235D钢可用于重要的焊接件；Q275钢属于中碳钢，强度高，可部分代替优质碳素结构钢使用。Q235钢是用途最广的碳素结构钢，属于低碳钢，通常热轧成钢板、型钢、钢管、钢筋等，因其铁素体含量多，故其塑性、韧性优良，常用来制造建筑构件，车辆中的轴类、螺钉、螺母、冲压件、锻件、焊接件等。

(2) 优质碳素结构钢

优质碳素结构钢的S、P含量较低（≤0.035%），主要用来制造较为重要的机件。依据GB/T 99—2015，优质碳素结构钢的牌号用两位数字表示，这两位数字即钢中平均含碳质量分数的万分数。例如，20钢表示平均含C质量分数为0.20%的优质碳素结构钢。对于沸腾钢则在尾部增加符号 F，如 10F、15F 等。

08、10、15、20、25 等牌号属于低碳钢。其塑性好，易于拉拔、冲压、挤压、锻造和焊接。其中 20 钢用途最广，常用来制造机罩，如焊接容器、销子、法兰盘、螺钉、螺母、垫圈、小轴以及冲压件、焊接件，有时也用于制造渗碳凸轮、齿轮等。

30、35、40、45、50、55 等牌号属于中碳钢。因钢中珠光体含量增多，其强度和硬度较高，淬火后的硬度可显著增加。其中，以 45 钢最为典型，它不仅强度、硬度较高，且兼有较好的塑性和韧性，即综合性能优良。45 钢在机械结构中用途最广，常用来制造轴、丝杠、齿轮、连杆、套筒、键、重要螺钉和螺母等。

60、65、70、75 等牌号属于高碳钢。它们具有较高的强度、硬度和弹性，但可焊性、可切削性差，主要用作各种弹簧、高强度钢丝及其他耐磨件。经过淬火、回火后，不仅强度、硬度提高，特别是弹性优良，因此，常用来制造小弹簧、发条、钢丝绳、轧辊等。

（3）碳素工具钢

碳素工具钢的含 C 质量分数高达 0.7% ~1.35%，它们淬火后有高的硬度（>60HRC）和良好的耐磨性，常用来制造锻工、木工、钳工工具和小型模具。

碳素工具钢较合金工具钢价格便宜，但淬透性和红硬性差。由于淬透性差，只能在水类淬火介质中才能淬硬，且工件不宜过大和复杂。因红硬性差，淬火后工件的工作温度应小于 250℃，否则硬度将迅速下降。

碳素工具钢的牌号以符号“T”起首，其后面的一位或两位数字表示钢中平均含 C 质量分数的千分数。例如，T8 表示平均含 C 质量分数为 0.8% 的碳素工具钢（属优质钢材）。对于 S、P 含量更低的高级优质碳素工具钢，则在数字后面增加符号“A”表示，如 T8A。常用的碳素工具钢为 T8、T10、T10A 和 T12 等牌号。在上述牌号中，T8 韧性最好，多用于制造承受冲击的工具，如錾子、锤子等锻工工具；T10、T10A 硬度较高，且仍有一定韧性，常用来制造钢锯条、小冲模等；T12 硬度最高，耐磨性好，但脆性大，适用于制造不承受冲击的耐磨工具，如钢锉、刮刀等。

1.1.2　合金钢

合金钢是为改善钢的某些性能，特意加入一种或几种合金元素所炼成的钢。如果钢中的含 Si 质量分数大于 0.5%，或者含 Mn 质量分数大于 1.0%，也属于合金钢。

1. 合金结构钢

合金结构钢是在优质碳素结构钢的基础上加入一些合金元素而形成的钢种。因加入合金元素较少（大多数小于 5%），所以合金结构钢都属于中、低合金钢。合金结构钢中的主加元素一般为 Mn、Si、Cr、B 等，这些元素对于提高淬透性起主导作用；辅加元素主要有 W、Cu、V、Ti、Ni 等。

合金结构钢的牌号通常以“数字+元素符号+数字”的方法来表示。牌号中起首的两位数字表示平均含 C 质量分数的万分数，元素符号及其后的数字表示所含合金元素种类及其平均含量的质量分数。若合金元素的质量分数小于 1.5%，则不标其质量分数。

高级优质钢在牌号尾部增加符号“A”。例如，16Mn、20Cr、40Mn2、30CrMnSi、38CrMoAlA等。

合金结构钢比碳素钢有更好的力学性能，特别是热处理性能优良，因此便于制造尺寸较大、形状复杂或要求淬火变形小的零件。

合金结构钢都是优质钢、高级优质钢（牌号后加“A”字）或特级优质钢（牌号后加“E”字）。一般按用途及热处理特点，合金结构钢可分为合金渗碳钢、合金调质钢、合金弹簧钢、滚动轴承钢等。

（1）合金渗碳钢

合金渗碳钢是指经渗碳淬火、低温回火后使用的合金钢。主要用来制造在工作中承受强烈的摩擦损耗，同时又承受较大的交变载荷，尤其是冲击载荷的机械零件，如汽车、拖拉机中的变速齿轮，内燃机上的凸轮轴、活塞销等。工作表面应具有很高的硬度（可达60～80HRC）和耐磨性，而心部应具有良好的塑性和足够高的强度。

合金渗碳钢含C质量分数一般为0.10%～0.25%，以保证心部具有足够的塑性和韧性；加Cr、Ni、Mn、B等元素主要是提高钢的淬透性，保证淬火后零件心部的强度和韧性；另外，加入少量的Ti、V、W、Mo等元素，能形成稳定的碳化物，不仅能够阻止奥氏体晶粒的长大，还能增加渗碳层的硬度，提高耐磨性。合金渗碳钢的热处理是渗碳后淬火，再低温回火。热处理后渗碳层组织为高碳回火马氏体和特殊碳化物，硬度为60～62HRC。心部组织与钢材的淬火性及零件的截面尺寸有关，一般为低碳回火马氏体或珠光体和铁素体组织。

应用最广泛的钢种是20CrMnTi，大量用于制造承受高速、重载、抗冲击和耐磨损的零件，尤其是汽车、拖拉机上的重要零件。

（2）合金调质钢

合金调质钢指经调质（淬火+高温回火）处理后使用的钢。主要用于制造在重载荷作用下，同时又受冲击载荷作用的零件，如拖拉机、汽车、机床等机器上的用于传递动力的轴、连杠、齿轮、螺栓等。

调质件大多承受多种工作载荷，受力情况比较复杂，所以调质件应具有良好的综合力学性能，既具有高的强度，同时又具有良好的塑性和韧性。一般要求合金调质钢的含C质量分数为0.25%～0.50%。含C质量分数过低，不易淬硬，回火后强度不够；含C质量分数过高则韧性不够。主加合金元素为Cr、Mn、Ni、Si、B等，主要是用来提高合金调质钢的淬透性，并在合金调质钢中形成合金铁素体，提高钢的强度。辅加合金元素为Ti、V、Mo、W等，主要在合金调质钢中形成稳定的合金碳化物，阻止奥氏体晶粒长大及细化晶粒，并防止回火脆性。典型的钢种有：40Cr广泛用于制造一般尺寸的重要零件；35CrMo用于制造截面较大的零件，例如曲轴、连杆等；40CrNiMn用于制造大截面、重载荷的重要零件，如汽轮机主轴、叶轮、航空发动机轴等。

（3）合金弹簧钢

合金弹簧钢是一种专用结构钢，主要用于制造各种弹簧和弹性元件。弹簧是利用弹性变形吸收能量来缓和振动和冲击，或依靠弹性储能来起驱动作用。因此，弹簧应具有高的弹性极限，以保证有足够高的弹性变形能力和较大的承载能力；应具有高的抗疲劳强度，以防止在振动和交变应力作用下产生疲劳断裂；应具有足够的塑性和韧性，以避免受冲击时脆断。此外，合金弹簧钢还要求有较好的淬透性，不易脱碳和过热，容易绕卷成形等。一些特殊合金弹簧钢还要求具有耐热性、耐蚀性等性能。

合金弹簧钢含C质量分数较高，一般在0.45%～0.7%之间，以保证高的弹性极限和疲劳极限；加入Si、Mn、Cr等合金元素来提高钢的淬透性，同时也提高弹性极限；加入W、Mo、V等元素来提高钢的回火稳定性。

合金弹簧钢大致分两类：一类是以Si、Mn为主要合金元素的弹簧钢，典型钢种有65Mn和60Si2Mn等，这类钢的价格便宜，淬透性明显优于碳素弹簧钢，主要用于汽车、拖拉机的板簧和螺旋弹簧等；另一类是含Cr、V、W等元素的合金弹簧钢，典型钢种是50CrVA，用于制造在350～400℃温度下承受重载的较大弹簧，如阀门弹簧、高速柴油机的气门弹簧等。

弹簧钢的热处理一般是淬火后中温（450～550℃）回火，获得回火屈氏体组织。截面尺寸大于8mm的大型弹簧常在热态下成形，即把钢加热到比淬火温度高50～80℃时热卷成形，利用成形后的余热立即淬火和中温回火；截面尺寸小于8mm的弹簧常采用冷拉钢丝冷卷成形，通常也进行淬火与中温回火或去应力退火处理。

（4）滚动轴承钢

滚动轴承钢主要用来制造滚动轴承的滚动体（滚珠、滚柱、滚针）和内、外套圈。从化学成分上看，滚动轴承钢属于工具钢，所以也用于制造精密量具、冷冲模、机床丝杠等耐磨件。

滚动轴承在工作时承受很大的交变载荷和极大的接触应力，受到严重的摩擦与磨损，并受到冲击载荷的作用。因此，轴承钢必须具有高而均匀的硬度和耐磨性、高的接触疲劳强度、足够的韧性和淬透性。此外，还要在大气和润滑介质中有一定的耐蚀能力和良好的尺寸稳定性。滚动轴承钢含C质量分数要求较高，一般为0.95%～1.15%，目的是保证轴承钢的高硬度、高耐磨性和高强度；加入提高淬透性的合金元素Cr（一般为0.40%～1.65%），并且形成合金渗碳体，以提高钢的耐磨性及疲劳强度；加入Si、Mn、V等元素进一步提高淬透性，同时V元素溶于奥氏体中，形成碳化物VC，可以提高钢的耐磨性并防止过热，便于制造大型轴承。滚动轴承钢的牌号由“G（表示滚）+Cr（铬）+数字”组成，数字表示Cr质量分数的千分之几，C的质量分数不标出。我国以铬轴承钢应用最广，最典型的是GCr15，除制造轴承外也常用来制造冷冲模、量具、丝锥等。

2. 合金工具钢

合金工具钢主要用来制造刃具、模具和量具。其合金元素的主要作用是增加钢的淬透性、耐磨性及红硬性。与碳素工具钢相比，它适合制造形状复杂、尺寸较大、切削速度较高或工作温度较高的工具和模具。

合金工具钢按用途可分为合金刃具钢、合金模具钢及高速工具钢。合金工具钢的牌号与合金结构钢类似，不同的是以一位数字表示平均含C质量分数的千分数，当含C质量分数超过1%时，则不标出。如9Cr2的平均含C质量分数为0.9%，CrWMn的平均含C质量分数为1.0%。合金元素的表示方法与合金结构钢相同，但由于合金工具钢都是高级优质钢，故牌号后不标“A”。

(1) 合金刃具钢

合金刃具钢是在碳素工具钢的基础上加入少量的合金元素（小于5%）而制成的。主要用于制造各种在低速下切削、形状复杂、截面尺寸较大的金属切削刀具，如铣刀、车刀、钻头等。合金刃具钢切削时受切削力的作用，使刃部和切屑之间产生强烈摩擦，刃部温度可达500~600℃，同时还要承受一定的振动和冲击。因此，合金刃具钢应具有较小的淬火变形，很高的强度、硬度和耐磨性，较高的热硬性（300℃），足够的塑性和韧性。

合金刃具钢的含C质量分数一般为0.8%~1.05%，以保证钢淬火后有足够的硬度和耐磨性。另外，材料中加入Cr、Mn、Si、W、V等合金元素，Cr、Mn、Si元素主要提高钢的淬透性，Si还能提高钢的回火稳定性；W、V等元素在钢中形成稳定的碳化物，能提高钢的硬度和耐磨性，并防止加热时过热，保持细小的晶粒组织。

典型合金刃具钢的牌号是9SiCr，适于制造各种变形要求小、转速较低的薄刃切削刀具，如板牙、丝锥、钻头、铰刀、齿轮铣刀、拉刀等，也常作冷冲模。Cr06常用来制作剃刀、刀片、手术刀具以及刮刀、刻刀等。

合金刃具钢热处理与碳素工具钢基本相同。预先热处理是球化退火，目的是降低硬度以利于切削，并能细化晶粒，并为最终热处理做准备；最终热处理为淬火加低温回火；热处理后组织为细回火马氏体、粒状合金碳化物及少量的残余奥氏体，一般硬度为60~65HRC。

(2) 合金模具钢

合金模具钢按其工作条件不同可分为冷作模具钢、热作模具钢和塑料模具钢。

冷作模具钢主要用来制造各种冷冲模、冷墩模、冷挤压模和拉丝模等，工作温度为200~300℃。冷作模具钢应具有很高的硬度、高耐磨性，足够的强度和韧性；另外，还要求其热处理变形小，以保证模具的加工精度。尺寸较大、精度要求较高的冷作模具可选用低合金含量的冷作模具钢9Mn2V和CrWMn等，也可采用刃具钢9SiCr或轴承钢GCr15等；承受重负荷、生产批量大、形状复杂、要求淬火变形小、耐磨性高的大型模具，则必须选用淬透性高的高铬、高碳的Cr12型冷作模具钢或高速钢。

热作模具钢用于制作热锻模、热压模、热挤压模和压铸模等，工作时型腔表面温度可达600℃以上。热作模具钢在高温下应具有足够的强度、韧性和耐磨性，高的抗氧化性和高的热硬性，良好的耐热疲劳性（在反复的受热、冷却循环中，表面不易热疲劳），还应具有良好的导热性及高的淬透性。热作模具钢对韧性要求高而对热硬性要求不太高，常用钢种有5CrNiMo、5CrMnMo及3Cr2W8V等。大型锻压模或压铸模采用含C质量分数较低、合金元素较多和热硬性很好的模具钢，如4Cr5MoSiV1。热作模具钢具有较高的硬度、耐磨性和韧性，广泛用于制造模锻锤的锻模，热挤压模和铝、铜及其合金的压铸模等。

塑料模具包括塑料模和胶木模等，它们都是在不超过200℃的低温加热状态下，用来将细粉或颗粒状塑料压制成形。塑料模具在工作时，持续受热、受压，并受到一定程度的摩擦和有害气体的腐蚀，因此塑料模具钢主要要求在200℃时具有足够的强度和韧性，并

具有较高的耐磨性和耐蚀性。常用的塑料模具钢主要为3Cr2Mo，主要用于制作中型模具。除此以外，尺寸较小、形状简单的塑料模具可用碳素工具钢（如T12、T12A）制造；小型、复杂的塑料模具可用碳素结构钢及合金结构钢（如45钢、40Cr钢）来制造；中、大型塑料模具可用合金工具钢（9Mn2V、CrWMn、Cr12等）制造；尺寸较大、形状复杂的模具可用Cr12和Cr12MoV等钢来制造。

（3）合金量具钢

合金量具钢主要用来制造各种在机械加工过程中控制加工精度的测量工具，如卡尺、千分尺、螺旋测微仪和块规等。由于量具在使用过程中要求测量精度高，不能因磨损或尺寸不稳定而影响测量精度，所以合金量具钢应具有很高的硬度（大于56HRC）和耐磨性以及高的尺寸稳定性。此外，合金量具钢还需要有良好的磨削加工性，使量具能达到小的表面粗糙度。形状复杂的量具还要求淬火变形小。

量具没有专门的钢种，碳素工具钢、合金工具钢和滚动轴承钢都可以制造量具。但精度要求高的量具，一般选用耐磨性和硬度较高的微变形合金工具钢，如CrMn和CrWMn等。GCr15钢具有很高的耐磨性和较好的尺寸稳定性，也常用于制造高精度块规、螺旋塞头、千分尺等。对于在腐蚀介质中工作的量具，则可选用不锈钢如9Cr18和4Cr13等来制造。

（4）高速工具钢

高速工具钢（简称高速钢）用于制造高速切削刃具，有锋钢之称。高速钢要求具有高强度、高硬度、高耐磨性以及足够的塑性和韧性。在高速切削时，其温度可高达600℃，因此，如果此时其硬度仍无明显下降，即要求高速钢具有良好的热硬性。

高速钢属于高碳钢，含C质量分数一般为0.75%～1.6%，目的是形成足够的合金碳化物。钢中加入大量的W、V、Mo及较多的Cr等元素，其中W、Mo、V元素主要是提高钢的热硬性及耐磨性，Cr元素主要是提高钢的淬透性。高速钢主要有钨系和钨铝系两类。钨系高速钢以W18Cr4V为代表，其特点是通用性强，具有适当的耐磨性和热硬性，过热与脱碳的倾向较小，淬透性高，并具有良好的韧性和磨削加工性，广泛用于制造工作温度在600℃以下的复杂刀具，如拉刀、铣刀、机用丝锥等。钨铝系以W6Mo5Cr4V2应用最广，其Cr元素和V元素的含量较高，对应耐磨性高；组织中Mo元素的碳化物细小，提高了钢的韧性；其热硬性比W18Cr4V稍差，过热与脱碳倾向较大；W6Mo5Cr4V2广泛用于承受冲击力较大的刃具，如插齿刀、钻头等。

3. 特殊性能钢

特殊性能钢指具有特殊物理化学性能并可在特殊环境下工作的钢，如不锈钢、耐热钢、耐磨钢及低温用钢等。特殊性能钢的牌号与合金工具钢基本相同，但当含C质量分数小于等于0.08%和小于等于0.03%时，在牌号前分别冠以“0”及“00”，例如0Cr19Ni9、00Cr30Mo2等。

（1）不锈钢

不锈钢通常是不锈钢和耐酸钢的总称。能抵抗大气腐蚀的钢称为不锈钢，而在一些酸碱类化学介质中能抵抗腐蚀的钢称为耐酸钢。一般不锈钢不一定具有抵抗酸碱介质腐蚀的性质，但耐酸钢一般都具有良好的耐蚀性。

不锈钢主要用来制造在各种腐蚀介质中工作并具有较高抗腐蚀性的零件或构件，例如化工装置中的各种管道、阀门和泵，医疗手术器械，防锈刀具和量具等。

不锈钢的主要性能要求是耐腐蚀性。另外，其还要具有合适的力学性能，良好的冷、热加工性和焊接工艺性。腐蚀按性质不同有化学腐蚀和电化学腐蚀之分。化学腐蚀是金属材料同外界介质发生化学反应而引起的腐蚀；电化学腐蚀指金属材料在电解质溶液中发生原电池作用而产生的腐蚀，金属的腐蚀主要是电化学腐蚀。

通常钢的耐蚀性要求越高，其含 C 质量分数要求就越低，所以大多数不锈钢含 C 质量分数为0.1% ~0.2%，但用于制造刀具和滚动轴承等的不锈钢含 C 质量分数要求较高（一般为0.85% ~0.95%）。不锈钢中通常加入的合金元素有 Cr、Ni、Ti、Mo、V 等。其中，Cr 是不锈钢具有耐蚀性的基本合金元素，随着 Cr 含量的增加，电极电位急剧增加，当含 Cr 质量分数大于 11.7% 时，在钢的表面形成致密氧化膜，使钢的耐蚀性大大提高；加入 Cr、Ni 等合金元素，能提高金属的电极电位，减少原电池间的电位差，使腐蚀速度降低，从而提高金属的耐蚀性；Ti 元素能形成稳定碳化物，使 Cr 保留在基体中，从而减轻钢的晶界腐蚀倾向；Mo 等合金元素可增加钢的钝化能力，提高钢在非氧化酸中的耐蚀性和抗晶间腐蚀能力。根据不锈钢的组织特征，一般地，可将不锈钢分为马氏体型不锈钢、铁素体型不锈钢、奥氏体型不锈钢三种类型。

①马氏体型不锈钢

马氏体型不锈钢即常规 Cr13 不锈钢，其中含 Cr 质量分数约为 13%，含 C 质量分数约为0.1% ~0.4%。因 C 及 Cr 含量都很高，淬火后组织为马氏体，故这类钢有较高的强度、耐磨性和耐蚀性。常用的有 1Cr13、2Cr13、3Cr13、9Cr18、1Cr17Ni2 等钢。为改善不锈钢的耐蚀性及力学性能还可加入 Mo、V、Si、Cu 等合金元素。在不锈钢中，随着含 C 质量分数的增高，钢的强度、硬度及耐磨性提高，但耐蚀性下降。

马氏体型不锈钢因具有很好的力学性能、热加工性和切削加工性而得到广泛应用。一般来说，含 C 质量分数较低的 1Cr13 和 2Cr13 等钢，用来制造力学性能要求较高，又有一定耐蚀性的零件，如汽轮机叶片、热裂设备配件、锅炉管附件等；为获得良好的综合力学性能，其热处理通常为淬火加高温回火获得回火索氏体组织。3Cr13 和 4Cr13 钢，由于含 C 质量分数高，耐蚀性有所下降，但强度高。这两种钢一般通过淬火加低温回火获得回火马氏体组织，可用于制造医疗机械、刃具、热油泵轴等不锈钢工具。

②铁素体型不锈钢

这类钢含 Cr 质量分数为 17% ~30%，含 C 质量分数低于 0.15%。工业上常用的铁素体型不锈钢有 1Cr17、1Cr17Ti、1Cr28、1Cr25Ti、1Cr17Mo2Ti 等钢，即所谓的 Cr17 型钢。由于 Cr17 型钢的 Cr 含量高，钢的组织为单相铁素体，使耐蚀性比 Cr13 不锈钢高得多。Cr17 型钢中加入 Ti 元素能细化晶粒，改善韧性和焊接性。

Cr17 型钢都是在退火及正火状态下使用，因此不能利用马氏体相变来强化；另外，这类钢的强度较低，塑性和焊接性较好。因此 Cr17 型钢主要用于制造对力学性能要求不高而耐蚀性要求较高的构件及零件（如化工设备、容器和管道等）。

③奥氏体型不锈钢

在含 Cr 质量分数为 18% 的钢中加入 8% ~11% 的 Ni 元素，就是 18-8 型奥氏体不锈钢，其最典型的代表是 1Cr18Ni9Ti 钢。Ni 的加入，扩大了奥氏体区的范围而获得稳定的单相奥氏体组织，因而 18-8 型钢具有比铬不锈钢更高的化学稳定性及耐蚀性，是目前应用最多、性能最好的一类不锈钢。

奥氏体型不锈钢在 450 ~850℃时，在晶界处析出碳化物，从而使晶界附近的含 Cr 质量分数小于 11.7%，这样晶界附近就容易引起腐蚀，称为晶间腐蚀。产生晶间腐蚀的钢，稍受力即沿晶界开裂或粉碎。防止晶间腐蚀的主要方法有：降低含 C 质量分数（$<0.06\%$），使钢中不形成铬的碳化物；加入能形成稳定碳化物的元素 Ti 等，使钢中优先形成 TiC 而不形成 Cr 的碳化物，以保证奥氏体中的含 Cr 量。

镍铬奥氏体不锈钢在淬火状态下塑性很好（$\delta=40\%$），适于各种冷塑性变形。镍铬奥氏体不锈钢对加工硬化很敏感，因此，这类钢唯一的强化方法是加工硬化，硬化后强度可由 600MPa 提高到 1200 ~1400MPa，伸长率为 $\delta=10\%$。这类钢的切削加工性很差，因其塑性和韧性很好，切削时易黏刀，又易产生加工硬化，加上导热性差，故加工时刃具易磨损。

（2）耐热钢

耐热钢是指在高温下具有高的化学稳定性和热强性（在高温下的强度）的特殊钢。耐热钢要求具有很高的耐热性（钢的耐热性是指高温抗氧化和高温强度的综合性能），此外，还应具有良好的物理性能，较好的韧性、导热性以及良好的加工工艺性能等。耐热钢主要用于制造化工机械、石油装置、热工动力机械和加热炉等高温条件下工作的构件。耐热钢为中、低碳合金钢，合金元素有 Cr、Ni、Mo、Mn、Si、Al、W、V 等。加入 Cr、Si 和 Al，在钢的表面形成完整、稳定的氧化膜，提高钢的抗氧化性；加入 Mo、W、V、Ti 等合金元素，在钢中形成细小、弥散的碳化物，起弥散、强化作用，可提高钢的高温强度。耐热钢按正火状态下的组织不同可分为珠光体型耐热钢、马氏体型耐热钢和奥氏体型耐热钢。

①珠光体型耐热钢

珠光体型耐热钢在 450 ~600℃范围内，按含 C 质量分数及应用特点可分为低碳耐热钢和中碳耐热钢。前者主要用于制造锅炉、钢管等，常用的钢牌号有 12CrMo、15CrMo、12CrMoV 等；后者则用来制造耐热紧固件、汽轮机转子等，常用的钢牌号有 25Cr2MoVA、35Cr2MoV 等。

②马氏体型耐热钢

马氏体型耐热钢常用的钢种有 Cr12 型钢和 Cr13 型钢。这类钢含有大量的 Cr 元素，抗氧化性及热强性都很高，淬透性也很好。这种钢工作温度达 450 ~620℃，多用于制造工作环境温度在 620℃以下的零件，如汽轮机叶片等。

③奥氏体型耐热钢

奥氏体型耐热钢切削加工性差，但由于其耐热性、可焊性、冷作成形性较好，也得到广泛的应用。常用奥氏体型耐热钢的牌号为 1Cr18Ni9Ti，它是奥氏体型不锈钢，同时又有高的抗氧化性（400 ~900℃），并在 600℃时还具有足够的强度。奥氏体耐热钢常用于制造一些比较重要的零件，如燃气轮机的轮盘和叶片等。

（3）耐磨钢

耐磨钢是指在巨大压力和强烈冲击载荷作用下才能发生硬化现象的高锰钢。耐磨钢主要用于制造运转过程中承受严重磨损和强烈冲击的零件，如坦克、拖拉机的履带、碎石机领板、铁路道岔、挖掘机铲斗的斗齿以及防弹钢板、保险箱钢板等。高锰钢主要成分为Fe、C和Mn，一般含C质量分数为0.9%～1.3%，含Mn质量分数为11%～14%。含C质量分数较高可以提高耐磨性。在GB5680—1998中列出了高锰钢的牌号及成分等，常用的高锰钢有ZGMn131～ZGMn135，其铸态组织是奥氏体和碳化物，经过水韧处理，即加热到1050～1100℃，使碳化物全部溶入奥氏体中，然后在水中快冷，防止碳化物析出，保证高锰钢结构中为均匀单相奥氏体组织，从而使其具有高强度、高韧性和耐冲击的优良性能。然而在工作时，如受到强烈的冲击、压力与摩擦，则表面因塑性变形会产生强烈的加工硬化，从而使高锰钢表面硬度提高到500～550HBS，因而高锰钢可获得高的耐磨性，而其心部仍保持原来奥氏体所具有的高塑性和高韧性，当旧的表面磨损后，新露出的表面又可以在冲击与摩擦作用下，获得新的耐磨层。故这种钢具有很高的抗冲击能力与耐磨性，但在一般机器工作条件下它并不耐磨。

高锰钢极易产生加工硬化，使切削加工困难。大多数高锰钢零件是采用铸造成形的。

1.1.3 常用铸造合金

下面介绍各种铸铁的组织、性能、生产特点及其应用，同时，简单介绍铸钢和铸造铜、铝合金。

铸铁是极其重要的铸造合金，它大量用于制造机器设备。白口铸铁极硬且脆，难以机械加工，很少用它制造机器零件，在工业中大量应用的是灰口铸铁。灰口铸铁中的碳除微量溶入铁素体外，大部分以石墨形式存在，因断口呈灰色，故而得名。依据石墨形状的不同，灰口铸铁又分为灰铸铁、可锻铸铁、球墨铸铁、蠕墨铸铁等多种。

1. 灰铸铁

灰铸铁是指具有片状石墨的铸铁，是应用最广的铸铁，其产量占铸铁总产量的80%以上。

（1）灰铸铁的性能

灰铸铁的显微组织由金属基体和片状石墨所组成（见图1.2），相当于在纯铁或钢的基体上嵌入了大量石墨片。石墨的强度、硬度、塑性极低，因此可将灰铸铁视为布满细小裂纹的纯铁或钢。石墨的存在，减少了承载的有效面积，石墨的尖角处还会引起应力集中，因此，灰铸铁的抗拉强度低，塑性、韧性差，通常σ_b仅为120～250MPa，δ、a_k接近于零。显然，石墨愈多、愈粗大、分布愈不均，其力学性能愈差。必须看到，灰铸铁的强度受石墨的影响较小，并与钢相近，这对于灰铸铁的合理应用甚为重要。

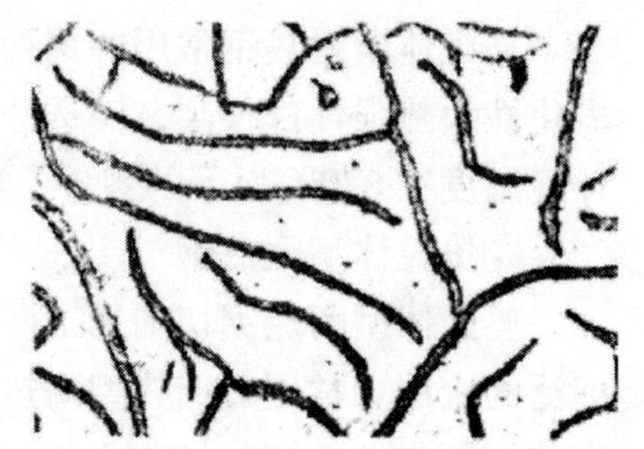

图1.2 灰铸铁的显微组织

灰铸铁属于脆性材料，故不能锻造和冲压。灰铸铁的焊接性能很差，如焊接区容易出现白口组织、裂纹的倾向较大。但是，由于石墨的存在，灰铸铁具有如下优越性能：

①优异的铸造性能。灰铸铁的含C质量分数高，接近于共晶成分，熔点比钢低，液态时流动性好，因而具有良好的铸造性。

②优良的减振性。石墨对机械振动起缓冲作用，从而能阻止振动能量的传播。灰铸铁减振能力为钢的5~10倍，是制造机床床身、机器底座的好材料。

③耐磨性好。石墨本身是一种良好的润滑剂，而石墨剥落后又可使金属基体形成储存润滑油的凹坑，故灰铸铁的耐磨性优于钢，适于制造机器导轨、衬套、活塞环等。

④缺口敏感性小。石墨的存在使金属基体形成了大量缺口，因此，外来缺口对灰铸铁的疲劳强度影响甚微，从而增加了零件工作的可靠性。

⑤切削加工性能优良。石墨的存在使铸铁在切削加工时容易形成断屑，因而切削加工性能优于钢。

（2）影响铸铁组织和性能的因素

灰铸铁依照其金属基体显微组织的不同，可分为珠光体灰铸铁、珠光体-铁素体灰铸铁和铁素体灰铸铁三种类型。珠光体灰铸铁是在珠光体的基体上分布着均匀、细小的石墨片，其强度、硬度相对较高，常用于制造床身、机体等重要部件。珠光体-铁素体灰铸铁是在珠光体和铁素体混合的基体上，分布着较为粗大的石墨片，此种铸铁的强度、硬度尽管比前者低，但仍可满足一般机件要求，其铸造性、减振性均佳，且便于熔炼，是应用最广的灰铸铁。铁素体灰铸铁是在铁素体的基体上分布着多而粗大的石墨片，其强度、硬度差，故很少应用。

灰铸铁显微组织的不同，实质上是C在铸铁中存在形式的不同。灰铸铁中的C由化合碳（Fe_3C）和石墨碳所组成。含化合碳质量分数为0.8%时，属珠光体灰铸铁；含化合碳质量分数小于0.8%时，属珠光体-铁素体灰铸铁；当全部C都以石墨状态存在时，则为铁素体灰铸铁。因此，想要控制铸铁的组织和性能，必须控制其石墨化程度。

影响铸铁石墨化程度的主要因素是化学成分和冷却速度。

①化学成分

铸铁中的C、Si、Mn、S、P的含量对其石墨化程度有着不同的影响，其中最主要的是C和Si。C既是形成石墨的元素，又是促进石墨化的元素。铸铁中含C愈多，析出的石墨数量愈多、愈粗大，基体中的铁素体增加、珠光体减少；反之，含C越少，石墨析出减少，且细化。Si是强烈促进石墨化的元素，随着含Si量的增加，石墨显著增多。实践证明，若铸铁含Si量过少，即使含C量甚高，石墨也难以形成。可以得出，C和Si的作用是一致的，都是促进石墨化的元素，因此，在铸件壁厚不变的前提下，改变C、Si总含量，可使铸铁获得不同的组织。S会引起铸铁的热脆性，阻碍石墨的析出，增加白口倾向。P会增加铸铁的冷脆性，但对石墨化基本没有影响。S、P都属于有害杂质，其质量分数一般限制在0.1%~0.15%以下。Mn可部分抵消S的有害作用，并可增加铸铁的强度，属有益元素。但含Mn过多将阻碍石墨的析出、增加铸铁的白口倾向，其质量分数通常为0.6%~1.2%。

②冷却速度

相同化学成分的铸铁，若冷却速度不同，其组织和性能也不同。从图 1.3 所示的三角形试样断口处可以看出，冷却速度很快的左部尖端处呈银白色，属白口组织；冷却速度较慢的右部呈暗灰色，其心部晶粒较为粗大，属灰口组织；灰口和白口的交界处属麻口组织。这是由于缓慢冷却时，石墨得以顺利析出；反之，石墨的析出受到抑制。为了确保铸件的组织和性能，必须考虑冷却速度对铸铁组织和性能的影响。铸件的冷却速度主要取决于铸型材料和铸件的壁厚。各种铸型材料的导热能力不同。如金属型比砂型导热快，铸件的冷却速度快，致使石墨化受到严重阻碍，铸件容易产生白口组织。反之，砂型导热慢，容易获得灰口组织，这也是砂型铸造广泛用于铸铁件生产的重要原因。

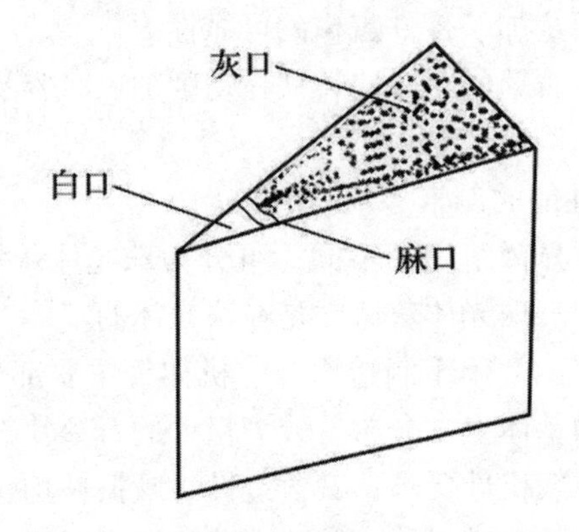

图 1.3　冷却速度对铸铁组织的影响

在铸型材料相同的条件下，不同壁厚的铸件因冷却速度的差异，铸铁的组织也随之变化，因此，必须按照铸件的壁厚选定铸铁的化学成分和牌号。

(3) 灰铸铁的牌号及其用途

灰铸铁的牌号以其力学性能来表示。依照 GB/T 5612—2008（《铸铁牌号表示方法》），灰铸铁的牌号以“HT”起首，其后以三位数字来表示，其中，“HT”表示灰铸铁，数字为其最低抗拉强度值。例如，HT200 表示以 30mm 单个铸出的试棒测出的抗拉强度值 200MPa（小于 300MPa）。依照 GB/T 9439－2009，灰铸铁共有 HT100、HT150、HT200、HT250、HT300、HT350 六个牌号。其中，HT100 为铁素体灰铸铁，HT150 为珠光体-铁素体灰铸铁，HT200 和 H250 为珠光体灰铸铁，HT300 和 HT350 为孕育铸铁。

2. 球墨铸铁

球墨铸铁是 20 世纪 40 年代末发展起来的一种铸造合金，它是向出炉的铁水中加入球化剂和孕育剂而得到的球状石墨铸铁。

(1) 球墨铸铁的组织和性能

球墨铸铁中石墨呈球状（见图 1.4），使石墨对金属基体的割裂作用进一步减轻，其基体强度利用率可达 70% ~ 90%，而灰铸铁仅 30% ~50%，故球墨铸铁强度和韧性远远

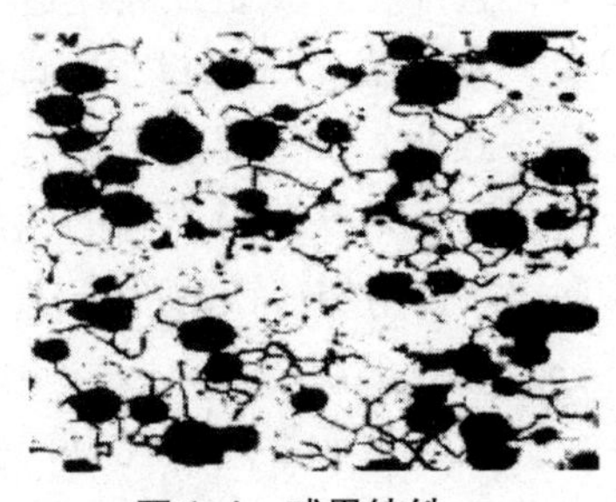

图 1.4　球墨铸铁

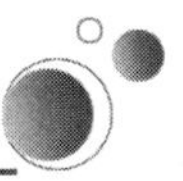

超过灰铸铁，并可与钢媲美。如抗拉强度一般为400～600MPa，最高可达900MPa；伸长率一般为2%～10%，最大可达18%。

球墨铸铁可通过退火、正火、调质、高频淬火、等温淬火等使基体形成不同组织，如铁素体、珠光体及其他淬火、回火组织，从而进一步改善其性能。此外，球墨铸铁还兼有接近灰铸铁的优良铸造性能。

（2）球墨铸铁的牌号及应用

球墨铸铁的牌号、性能及应用见表1.1。牌号中“QT”是“球铁”拼音字母的首位，后面的两组数据分别为最低抗拉强度和最小伸长率，例如QT600-3表示最低抗拉强度为600MPa、最小伸长率为3%的球墨铸铁。因此，在生产中，球墨铸铁可用于代替钢制造力学性能要求高、受力复杂的重要零件，如齿轮、曲轴、凸轮轴、连杆等。

表1.1 常用球墨铸铁的牌号、力学性能及应用

牌号	σ/MPa	δ/%	硬度（HB）	用途举例
QT400-18	40	18	130～180	汽车、拖拉机的底盘零件、减速器、高压阀门的阀体和阀盖、农机具及牵引架
QT400-15	40	15	130～180	
QT450-10	45	12	160～210	
QT500-7	50		170～230	油泵齿轮、水轮机阀门体、车辆轴瓦
QT600-3	60	3	190～270	
QT700-2	70		225～305	柴油机和汽油机的曲轴、连杆、缸套、起重机滚轮

3. 铸钢

铸钢也是一种重要的铸造合金。铸钢件的年产量仅次于灰铸铁件。

按照化学成分，铸钢可分为铸造碳钢和铸造合金钢两大类，其中，铸造碳钢应用较广，约占铸钢件总产量的80%以上。

铸钢不仅强度高，而且有优良的塑性和韧性，因此适于制造形状复杂、强度和韧性要求都高的零件。铸钢较球墨铸铁质量易控制，这在大断面铸件和薄壁铸件生产中尤为明显。此外，铸钢的焊接性能好，便于采用铸-焊联合结构制造巨大铸件，因此，铸钢在重型机械制造中甚为重要。如欲使钢具有耐磨、耐蚀、耐热等特殊性能，则需加入超过10%的合金元素。例如ZGMn13为铸造耐磨钢，常用来制造坦克和推土机的履带板、火车道岔、破碎机颚板等。又如，ZG1Cr18Ni9为铸造镍铬不锈钢，这种钢耐蚀性甚佳，常用来制造耐酸泵等石油、化工用机器设备。

4. 铜、铝合金铸件

铜、铝合金具有优良的物理性能和化学性能，因此也常用来制造铸件。

（1）铸造铜合金

纯铜俗称紫铜，其导电性、导热性、耐蚀性及塑性均优良，但强度、硬度低，且价贵，因此极少用来制造机件。机械上广泛应用的是铜合金。

黄铜是以Zn为主要元素的铜合金。随着含Zn质量分数的增加，合金的强度和塑性显著提高，但超过47%之后其力学性能将显著下降，故黄铜的含Zn质量分数要小于47%。铸造黄铜除含 Zn 外，还常含有 Si、Mn、Al、Pb 等合金元素。铸造黄铜的力学性能比青铜好，但价格却较青铜低。铸造黄铜常用于一般用途的轴瓦、衬套、齿轮等耐磨件和阀门等耐蚀件。

Cu 与 Zn 以外的元素所组成的合金统称青铜。其中，Cu 和 Sn 的合金是最普通的青铜，称锡青铜。锡青铜的线收缩率低，不易产生缩孔，其耐磨性和耐蚀性优于黄铜，但易产生显微缩松，故适用于气密性要求不高的耐磨、耐蚀件。除锡青铜外，铝青铜有着优良的力学性能和耐磨、耐蚀性，但铸造性较差，故仅用于重要的耐磨、耐蚀件。

（2）铸造铝合金

铝合金的密度小，熔点低，导电性、导热性和耐蚀性均优良，因此也常用来制造铸件。铸造铝合金分为铝硅合金、铝铜合金、铝镁合金及铝锌合金四类。铝硅合金又称硅铝明，其流动性好、线收缩率低、热裂倾向小、气密性好，又有足够的强度，所以应用最广，约占铸造铝合金总产量的 50% 以上。铝硅合金适用于形状复杂的薄壁件或气密性要求较高的铸件，如内燃机汽缸体、化油器、仪表外壳等。铝铜合金的铸造性能较差，如热裂倾向大，气密性和耐蚀性较差，但耐热性较好，主要用于制造活塞、汽缸头等。

1.1.4 有色金属及其合金

1. Al 及其合金

纯铝是银白色的金属，密度约为 2.7g/cm³，熔点为 657℃，呈面心立方晶格。纯铝具有良好的导电性和导热性，塑性也很好，但强度和硬度很低。纯铝不宜用来制作承载重量的结构件，可主要用来制造电线、电缆、强度要求不高的器皿和用具以及配制各种铝合金等。

我国工业纯铝的牌号是按其纯度来编制的，以“L+顺序号”表示，如 L1、L2、L7。其中，“L”为“铝”字汉语拼音的第一个字母，其后的序号越大，纯度越低。

纯铝的强度很低，但若加入 Mn、Mg、Cu、Zn、Si 等合金元素，就可以极大地提高其力学性能，而仍保持其密度小、耐腐蚀的优点。一些铝合金还可以通过热处理强化，是制作轻质结构零件的重要材料。

工业上应用的铝合金，加入许多合金元素，都能与 Al 形成有限固溶体。这些元素在 Al 中的溶解度都随温度的降低而减少，因此，二元铝合金一般都具有共晶形状，由此可将铝合金分为形变铝合金和铸造铝合金两大类，在此主要介绍形变铝合金。

形变铝合金加热时能形成单相固溶体，塑性高，适于进行压力加工。形变铝合金又称为压力加工铝合金或熟铝合金。根据其主要性能特点，形变铝合金又可分为防锈铝、硬铝、超硬铝、锻铝合金等。它们的牌号分别以 LF、LY、LC 及 LD 加顺序号表示。

（1）防锈铝合金

防锈铝合金主要是 Al-Mg 和 Al-Mn 合金。这类合金在锻造退火后呈单相固溶体，故耐蚀性高，塑性好。合金元素 Mg 和 Mn 的加入，均起到固溶强化的作用，使合金具有比纯铝高的强度。此外，Mg 加入 Al 中，能使合金的密度降低，使制成的零件比纯铝还轻；Mn 加入 Al 中，能使合金具有很好的抗蚀性。防锈铝合金为热处理不可强化铝合金，只能施以冷变形，产生加工硬化，从而提高其强度、硬度。

（2）硬铝合金

硬铝合金主要是Al-Cu-Mg合金，还含有少量的Mn。合金中加入Cu和Mg是为了形成强化相，在时效过程中起强化作用。加入Mn主要是为了提高合金的耐蚀性，并有一定的固溶强化作用，但Mn的析出倾向小，不参与时效过程。各种硬铝均可进行时效强化，也可进行冷作强化，故具有较高的力学性能。但它的耐蚀性比纯铝和防锈铝低得多。硬铝合金按合金元素含量及性能不同，又可分为低合金硬铝、标准硬铝、高合金硬铝三类。

低合金硬铝，如LY1、LY10等。合金中Mg和Cu的质量分数较低，强度低，塑性好，可进行淬火，但时效速度较慢，主要用于制作铆钉。

标准硬铝，LY11为标准硬铝。合金元素含量中等，强度和塑性均属中等水平。退火后，工艺性能良好，可以进行冷弯、冲压等工艺过程；时效后，切削加工性也比较好，主要用于制作中等负荷的结构零件。

高合金硬铝，如LY12、LY16等。Mg和Cu等合金元素的质量分数较高，强度和硬度较高，但塑性及变形加工性能较差。主要用于制作航空模锻件和重要的销、轴等零件。

（3）超硬铝合金

超硬铝合金主要是Al-Cu-Mg-Zn合金，还含有少量的Cr和Mn。常用的牌号有LC4、LC6等。合金元素Zn、Cu、Mg与Al可形成固溶体和多种复杂的强化相。所以，经淬火和人工时效后，可获得很高的强度和硬度。它是强度最高的铝合金，但塑性较低，压力加工性能不好。此外，它的耐蚀性和耐热性均较差，当工作温度超过120℃时，就会很快软化。超硬铝合金主要用于制造承受重负荷的重要结构件，如飞机大梁、起落架等。

（4）锻铝合金

锻铝合金主要是Al-Mg-Si-Cu和Al-Cu-Mg-Ni-Fe合金。这类合金中的合金元素种类多，但用量都较少。锻铝合金具有良好的热塑性、铸造性和较高的力学性能，适于制造形状复杂、承受重负荷的大型锻件。

2. Ti及其合金

（1）工业纯钛（Ti）

Ti在地壳中的蕴藏量仅次于Al、Fe、Mg，居金属元素中的第四位。在我国，Ti资源十分丰富，是一种很有发展前途的金属材料。Ti的熔点为1667℃，密度为4.5g/cm^3，约相当于Fe密度的一半。工业纯钛的力学性能与低碳钢相似，具有较高的强度和较好的塑性。Ti在常温下虽为密排六方结构，但由于其滑移系较多，并且还容易出现孪生，所以其塑性比其他密排六方结构的金属要高，可以直接用于航空产品。Ti常用来制造在350℃以下工作的飞机构件，如超音速飞机的蒙皮、构架等。

（2）Ti及其合金的主要特性

Ti及其合金的性能有以下突出优点：

①比强度高。工业纯钛强度达350～700MPa，钛合金强度可达1200MPa，和调质结构钢相近。钛合金的密度比钢低得多，因此，钛合金具有比其他金属材料都高的比强度，这也正是Ti及其合金适于用作航空材料的主要原因。

②热强度高。Ti 的熔点高，再结晶温度也高，因而 Ti 及其合金具有较高的热强度，目前，钛合金的使用温度可达 500℃，并在向 600℃的温度发展。

③抗蚀性好。Ti 的表面能形成一层致密、牢固的由氧化物和氮化物组成的保护膜，因此具有很好的抗蚀性。Ti 及其合金在潮湿空气、海水、氧化性酸（硝酸、铬酸等）和大多数有机酸中，其抗蚀性与不锈钢相当，甚至超过不锈钢。Ti 及其合金作为一种高抗蚀性材料，已在航空、化工、造船及医疗等行业得到广泛应用。

但是，Ti 及其合金还存在一些缺点，使其应用受到一定的限制，它的主要缺点是：

①切削加工性差。Ti 的导热性差（仅为 Fe 的 1/5，Al 的 1/13），摩擦因数大，切削时容易升温，也容易黏刀，因而切削速度低，并降低了刀具寿命，影响了零件表面精度。

②热加工工艺性差。加热到 600℃以上时，Ti 及其合金极易吸收 H_2、N_2、O_2 等气体而使其性能变脆，使得铸造、锻压、焊接和热处理等工艺都存在一定的困难，Ti 的热加工工艺过程只能在真空或保护气氛中进行。

③冷压加工性差。由于 Ti 及其合金的屈强比值较高，弹性模量又小，故冷压加工成形时回弹较大，成形困难，一般须采用热压加工成形。

④硬度较低，抗磨性较差。不宜用来制造要求耐磨性高的零件。随着化学切削、激光切削、电解加工、超塑性成形及化学热处理工艺的进展，上述问题将逐步得到解决，钛合金的应用也必将更加广泛。

3. Cu 及其合金

（1）纯铜

纯铜呈玫瑰色，当表面形成氧化膜后呈紫红色，因此称为紫铜。Cu 的密度为 8.94g/cm^3，熔点为 1083℃，无同素异构转变，无磁性。纯铜最突出的特点是导电、导热性好，仅次于银，故在电器工业和动力机械中得到广泛的应用，如用来制造导电线、散热器、冷凝器等。纯铜具有很高的化学稳定性，在空气、淡水及蒸汽中均有优良的抗蚀性，但在氨、氯盐及氧化性的硝酸和浓硫酸中的抗蚀性很差，在海水中也易受腐蚀。纯铜强度虽不高，但塑性高（伸长率 δ 为 35%～45%），所以有良好的冷加工成形性。纯铜的力学性能不高，故在机械结构零件中使用的都是铜合金。常用的铜合金有黄铜和青铜两类。

（2）黄铜

①黄铜的分类和编

黄铜是以 Zn 为主加元素的铜合金，因含 Zn 而呈金黄色，故称黄铜，其按化学成分的不同，分为普通黄铜和特殊黄铜两类。普通黄铜是铜锌二元合金，又称为简单黄铜。普通黄铜的牌号以“H+数字”表示，“H”为“黄”字的汉语拼音的首字母，数字表示 Cu 的百分含量，如 H80 表示含 Cu 质量分数为 80% 和含 Zn 质量分数为 20% 的普通黄铜。特殊黄铜是在铜锌合金中再加入其他合金元素的铜合金，又称为复杂黄铜。特殊黄铜的牌号用“H+主加元素的化学符号+铜质量分数+主加元素质量分数”表示。如 HPb591 表示含 Cu 的质量分数为 59%，含 Pb 的质量分数为 1%，其余为 Zn。铸造用黄铜在牌号“H”前加 Z（“铸”字的汉语拼音字首）表示，如 ZHAl67-2.5 表示含 Cu 质量分数为 67%，含 Al 质量分数为 2.5% 的铸造铝黄铜。

②普通黄铜

普通黄铜中 Zn 的质量分数对其力学性能有显著的影响。Zn 加入 Cu 中，不但使其强度增大，也能使塑性增强。含 Zn 质量分数增加到 30% ~32% 时，塑性最强，当含 Zn 质量分数增加到 40% ~42% 时，塑性下降而强度最大。含 Zn 质量分数超过 45% ~47% 以后，强度和塑性均剧烈下降。所以黄铜的含 Zn 质量分数都低于 50% 。当黄铜以冷加工状态使用时，由于其中有残余内应力存在，在湿气（特别是含氨的气体）的作用下，腐蚀易沿着应力分布不均匀的晶界进行，并在应力作用下发生破裂。这一现象因常发生在空气潮湿的雨季，亦称季裂。含 Zn 质量分数超过 20% 的黄铜，发生这种现象的可能性更大。为防止季裂的产生，冷加工后的黄铜件须进行退火以消除内应力。

③特殊黄铜

特殊黄铜除主加元素 Zn 外，常加入的其他合金元素如 Pb、Al、Mn、Sn、Fe、Ni、Si 等，又分别称为铅黄铜、铝黄铜、锰黄铜等。这些元素的加入都能提高黄铜的强度，其中，Al、Mn、Sn、Ni 等元素还能提高黄铜的抗蚀性和耐磨性。

特殊黄铜可分为压力加工用和铸造用两种。前者加入的合金元素较少，使之能进入固溶体中，以保证较高的塑性；后者不要求高的塑性，目的是提高强度和铸造性能，故加入的合金元素较多。

（3）青铜

在青铜中使用最早的是铜锡合金，因其外观呈青黑色，故称为锡青铜。近代工业中广泛应用含 Al、Be、Pb、Si 等的铜基合金，统称为无锡青铜。青铜的牌号以“Q”（“青”字的汉语拼音首位）为首，其后标出主要的合金元素及其含量。铸造用青铜，在牌号“Q”前冠以“Z”字，例如，ZQSn10 表示含 Sn 质量分数为 10% 的铸造锡青铜。锡青铜的力学性能随 Sn 含量的不同而变化。当含 Sn 质量分数在 5% ~6% 以下时，Sn 溶于铜中形成固溶体，合金的强度随 Sn 质量分数的增加而增大，当含 Sn 质量分数超出 5% ~6% 时，合金组织中出现脆性的化合物，使塑性急剧下降，工业用的锡青铜含 Sn 质量分数都在 3% ~14% 之间。含 Sn 质量分数小于 8% 的锡青铜具有较好的塑性，适用于压力加工；含 Sn 质量分数大于 10% 的锡青铜，由于塑性低，只适于铸造。锡青铜在铸造时，由于其流动性差，易于形成分散缩孔，所以铸造收缩率很小，适于铸造外形及尺寸要求较严的铸件（如艺术品），但不宜用作要求致密度较高的铸件。锡青铜对空气、海水与无机盐溶液都有极强的抗蚀性，但对氨水、盐酸与硫酸的抗蚀性却不够理想。含 Al 的锡青铜具有良好的耐磨性，适于用作轴承材料。铝青铜具有可与钢相比的强度，其冲击韧性与疲劳强度都很好，并且具有耐蚀、耐磨、受冲击时不产生火花等优点。铝青铜的结晶温度间隔小，流动性好，铸造时形成集中缩孔，可获得致密的铸件。含 Al 质量分数较高（大于 10%）的铝青铜，还能通过热处理方法（淬火与回火）强化。铝青铜常用来制造齿轮、摩擦片、涡轮等要求高强度、高耐磨性的零件。

铍青铜是含 Be 质量分数为 1.7% ~2.5% 的铜合金。因为 Be 在 Cu 中的固溶度随温度下降而急剧降低，室温时仅能溶解 0.16%，所以铍青铜可以通过淬火和时效的方法进行强化，而且强化的效果很好。铍青铜的半成品多在淬火状态供应，制造零件后不再进行淬火，直接进行时效。铍青铜在淬火状态的塑性很高，但切削加工性不好。为了改善切削加工性，可在淬火后先进行一次半时效处理，切削加工后再进行完全时效。铍青铜在工业上用来制造重要的弹性元件、耐磨零件和其他重要零件，如仪表齿轮、弹簧、航海罗盘、电焊机电极、防爆工具等。

1.2 工程材料的性能

1.2.1 工程材料的力学性能

工程材料的力学性能又称机械性能，是材料在力的作用下所表现出来的性能。力学性能对工程材料的使用性能和工艺性能有着非常重要的影响。材料的主要力学性能有强度、塑性、硬度、韧性、疲劳强度等。

1. 强度和塑性

金属材料的强度和塑性是通过拉伸试验测定出来的。拉伸试验是在拉伸试验机上进行的。试验之前，先将被测金属材料制成如图 1.5 所示的标准试样，图中，d_0 为试样直径，l_0 为测定塑性用的标距长度。试验时，在试样两端缓慢地施加轴向拉伸载荷，使试样承受轴向静拉力。随着载荷不断增加，试样被逐步拉长，直到拉断。在拉伸过程中，试验机将自动记录每一瞬间的载荷 F 和伸长量 Δl，并给出拉伸曲线。

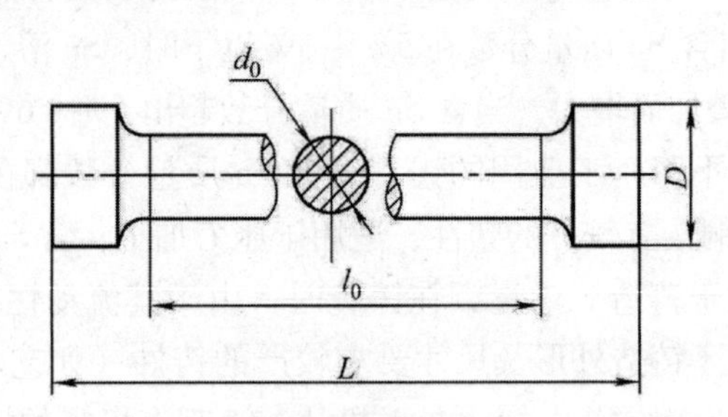

图 1.5　拉伸试样

如图 1.6 所示为低碳钢的拉伸曲线。由图可见，在开始的 Oe 阶段，载荷 F 与伸长量 Δl 为线性关系，并且，去除载荷，试样将恢复到原始长度。在此阶段，试样的变形称为弹性变形。载荷超过 F_e 之后，试样除发生弹性变形外还将发生塑性变形。此时，载荷去除后试样不能恢复到原始长度，这是由于其中的塑性变形已不能恢复，形成了永久变形。在载荷增大到 F_s 之后，拉伸图上出现了水平线段，这表示载荷虽未增加，但试样继续发生塑性变形而伸长，这种现象被称为“屈服”，s 点被称为屈服点。当载荷超过 F_b 以后，试样上某部分开始变细，出现了“缩颈”，由于其截面缩小，使继续变形所需的载荷下降。载荷到达 F_k 时，试样在缩颈处断裂。为使曲线能够直接反映出材料的力学性能，可用应

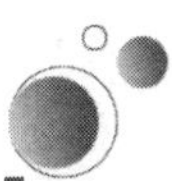

力 σ（试样单位横截面上的拉力）代替载荷 F，以应变 ε（试样单位长度上的伸长量）取代伸长量 Δl，由此绘成的曲线，称为应力应变曲线。σ-ε 曲线和 $F-\Delta l$ 曲线形状相同，仅坐标的含义不同。

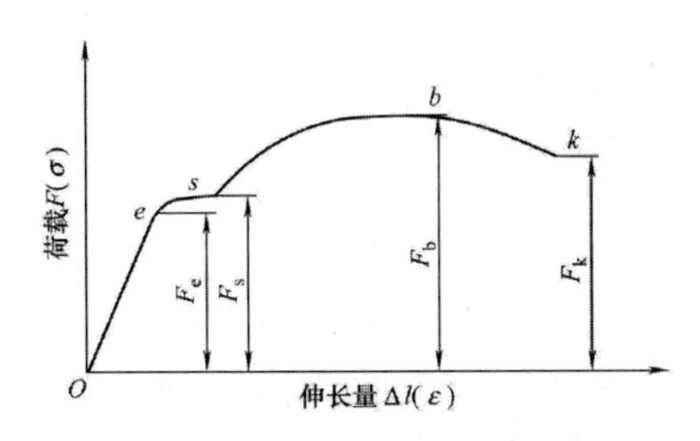

图 1.6　低碳钢的拉伸曲线

（1）强度

强度是材料在力的作用下，抵抗塑性变形和断裂的能力。强度有多种判断依据，工程上以屈服强度和抗拉强度最为常用。

①屈服强度

屈服强度指拉伸试样产生屈服现象时的应力，以 σ 表示。它可按下式计算：

$$\sigma = \frac{F_S}{A_0}$$

式中，F_s 为试样发生屈服时所承受的最大载荷，N；A_0 为试样的原始截面积，mm^2。

对于许多没有明显屈服现象的金属材料，工程上规定以试样产生 0.2% 塑性变形时的应力作为该材料的屈服强度，此时的屈服强度用 $\sigma_{0.2}$ 表示。

②抗拉强度

抗拉强度指金属材料在拉断前所能承受的最大应力，以 σ_b 表示。它可按下式计算：

$$\sigma_b = \frac{F_b}{A_0}$$

式中，F_b 为试样在拉断前所承受的最大载荷，N；A_0 为试样的原始截面积，mm^2。

屈服强度 σ 和抗拉强度 σ_b 在选择、评定金属材料及设计机械零件时具有重要意义。机器零件或构件工作时，通常不允许发生塑性变形，因此多以 σ 作为强度设计的依据。对于脆性材料，因断裂前基本不发生塑性变形，故无屈服点可言，在计算强度时，则以 σ 为依据。

（2）塑性

塑性是指金属材料产生塑性变形而不被破坏的能力，通常以伸长率 δ 来表示：

$$\delta = \frac{l_1 - l_0}{l_0} \times 100\%$$

式中，l_0 为试样原始的标距长度，mm；l_1 为试样的拉断后的标距长度，mm。

必须指出，伸长率的数值与试样尺寸有关，因而试验时应对所选定的试样尺寸做出规

定，以便进行比较。

金属材料的塑性也可用断面收缩率 ф 表示：

$$\phi = \frac{A_1 - A_0}{A_0} \times 100\%$$

δ 和 ф 值愈大，材料的塑性愈好。良好的塑性不仅是金属材料进行轧制、锻造、冲压、焊接的必要条件，而且使金属材料在使用时万一超载，出于产生塑性变形的原因，能够避免突然断裂。

2. 硬度

金属材料抵抗局部变形，特别是塑性变形、压痕的能力，称为硬度。硬度是衡量金属软硬程度的依据。硬度直接影响到材料的耐磨性及切削加工性，因为机械制造中的刃具、量具、模具及工件的耐磨表面都应具有足够高的硬度，才能保证其使用性能和寿命。若所加工的金属坯料的硬度过高，则会给切削加工带来困难。显然，硬度也是重要的力学性能指标，且应用十分广泛。金属材料的硬度是在硬度计上测定的。常用的有布氏硬度法和洛氏硬度法，有时还采用维氏硬度法。

（1）布氏硬度（HB）

布氏硬度的测试原理如图 1.7 所示。以直径为 D 的淬火钢球或硬质合金球为压头，在载荷 F 的静压力下，将压头压入被测材料的表面［见图 1.7（a）］，停留若干秒后，卸去载荷［见图 1.7（b）］。然后，采用带刻度的专用放大镜测出压痕直径 d，并依据 d 的数值从专门的硬度表格中查出相应的 HB 值。

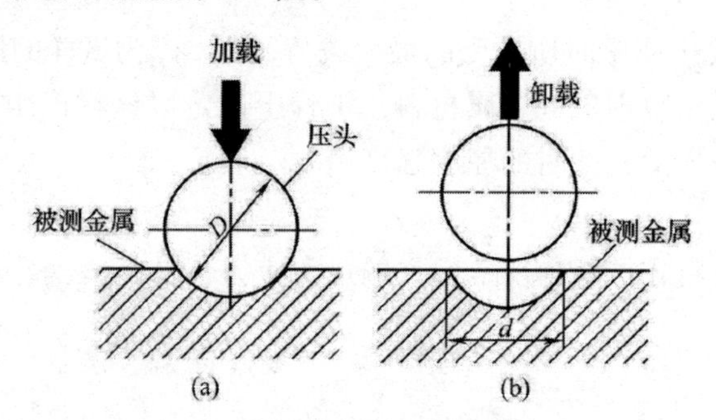

图 1.7　布氏硬度法

布氏硬度计的压头直径有 10mm、5mm、2.5mm 三种，而载荷有 30000N、7500N、1870N 等数种，供不同材料和不同厚度试样测试时选用。布氏硬度法因压痕面积较大，其硬度值比较稳定，故测试数据重复性好，准确度较洛氏硬度法高。缺点是测量费时，且因压痕较大，不适于成品检验。测试过硬的材料可导致钢球的变形，因此，布氏硬度通常用于 HB 值小于 450 的材料，如灰铸铁、非铁合金及较软的钢材。

必须看到，新型布氏硬度计设计有硬质合金球压头，从而可用于测试淬火钢等较硬金属的硬度，这使布氏硬度法的适用范围扩大。

为了区别不同压头测出的硬度值，将钢球压头测出的硬度值标以符号 HBS，而将硬质合金球压头测出的硬度值标以 HBW。

（2）洛氏硬度（HR）

洛氏硬度的测试原理是以顶角为120°的金刚石圆锥体为压头，在规定的载荷下，垂直地压入被测金属表面，卸载后依据压入深度 h，由刻度盘上的指针直接指示出 HR 值（见图 1.8）。

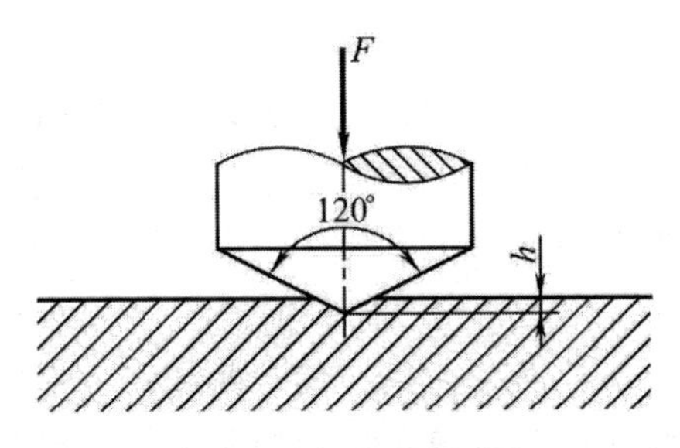

图 1.8　洛氏硬度测量

为便于洛氏硬度计能够测试从软到硬各种材料的硬度，其压头及载荷可以变更，而刻度盘上也有三个不同的硬度标尺。

洛氏硬度测试简单、迅速，因压痕小，可用于成品检验。它的缺点是测得的硬度值重复性较差，这对存有偏析或组织不均匀的被测金属尤为明显，为此，必须在不同部位测量数次。

硬度试验设备简单，测试迅速，不损坏被测零件。同时，硬度和强度间有一定的换算关系（可参阅有关手册），故在零件图的技术条件中，通常标注出硬度要求。

3. 韧性

金属材料断裂前吸收的变形能量称为韧性。韧性的常用指标为冲击韧度。冲击韧度通常采用摆锤式冲击试验机测定。测定时，一般是将带缺口的标准冲击试样（参见 GB/T 229—94）放在试验机上，然后用摆锤将其一次冲断，并以试样缺口处单位截面积上所吸收的冲击功表示其冲击韧度，即

$$a_k = \frac{A_k}{A}$$

式中，a_k 为冲击韧度（冲击值）；A_k 为冲断试样所消耗的冲击功，J；A 为试样缺口处的截面积，cm^2。

对于脆性材料（如铸铁、淬火钢等）的冲击试验，试样一般不开缺口，因为开缺口的试样冲击值过低，难以比较不同材料冲击性能的差异。

冲击值的大小与很多因素有关。它不仅受试样形状、表面粗糙度、内部组织影响，还与试验时的环境温度有关。因此，冲击值一般作为选择材料的参考，不直接用于强度计算。必须指出，承受冲击载荷的机器零件，很少是在大能量下一次冲击而破坏的，而大多是受到小能量多次重复冲击而破坏的，如连杆、曲轴、齿轮等。因此，在大能量、一次冲断条件下来测定冲击韧度，虽然方法简便，但对大多数在工作中承受小能量重复冲击的机件来说就不一定适合。不过，试验研究表明：在冲击载荷不太大的情况下，金属材料承受多次重复冲击的能力，主要取决于强度，而不要求过高的冲击韧度。例如，用球墨铸铁制

造的曲轴，只要强度足够，其冲击韧度达到 8 ~ 15J/cm² 时，就能获得满意的使用性能。

还须指出，冲击值对组织缺陷很敏感，它能反映出材料品质、宏观缺陷和显微组织等方面的变化，因此，冲击试验是生产上用来检验冶炼、热加工、热处理等工艺质量的有效方法。

4. *疲劳强度*

机械上的许多零件，如曲轴、齿轮、连杆、弹簧等是在周期性或非周期性动载荷（称为疲劳载荷）的作用下工作的。这些承受疲劳载荷的零件发生断裂时，其应力往往大大低于该材料的强度极限，这种断裂称为疲劳断裂。

金属材料所承受的疲劳应力（σ）与其断裂前的应力循环次数（N），具有如图 1.9 所示的疲劳曲线关系。在应力下降到某值之后，疲劳曲线成为水平线，这表示该材料可经受无数次应力循环而仍不发生疲劳断裂，这个应力值称为疲劳极限或疲劳强度，亦即金属材料在无数次循环载荷作用下不致引起断裂的最大应力。当应力按正弦曲线对称循环时，疲劳强度以符号 σ_{-1} 表示。

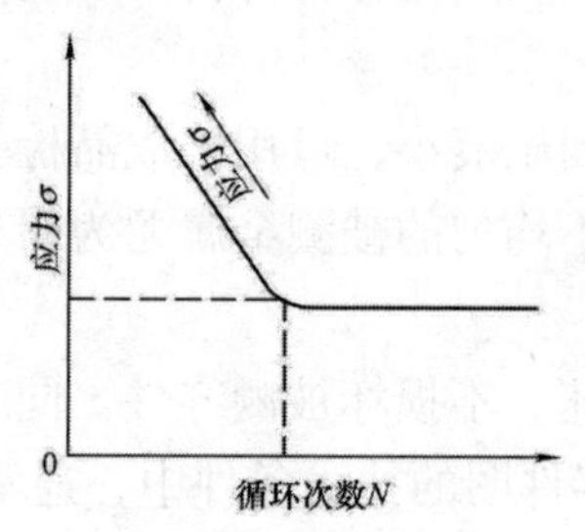

图 1.9　疲劳曲线

由于实际测试时不可能做到无数次应力循环，所以规定各种金属材料应有一定的应力循环基数。如钢材以 10^7 为基数，即钢材的应力循环次数达到 10^7 仍不发生疲劳断裂，就认为不会再发生疲劳断裂了。对于非铁合金和某些超高强度钢，则常以 10^7 为基数。产生疲劳断裂的原因，一般认为是材料含有杂质、表面划痕及其他能引起应力集中的缺陷，导致产生微裂纹。这种微裂纹随应力循环次数的增加而逐渐扩展，致使零件有效截面逐步缩减，直至不能承受所加载荷而突然断裂。

为了提高零件的疲劳强度，除改善其结构形状、减少应力集中外，还可采取表面强化的方法，如提高零件的表面质量、喷丸处理、表面热处理等。同时，应控制材料的内部质量，避免气孔、夹杂等缺陷。

1.2.2　材料的物理、化学性能

材料的物理性能主要有密度、熔点、热膨胀性、导热性、导电性和磁性等。机器零件的用途不同，对其物理性能的要求也有所不同。例如，飞机零件常选用密度小的铝、镁、钛合金来制造；设计电机、电器零件时，常要考虑金属材料的导电性等。

材料的化学性能主要指在常温或高温时，抵抗各种介质侵蚀的能力，如耐酸性、耐碱

性、抗氧化性等。对于在腐蚀介质中或在高温下工作的机器零件，由于比在空气中或室温时遇到的腐蚀更为强烈，在设计这类零件时应特别注意金属材料的化学性能，并采用化学稳定性良好的合金。如化工设备、医疗用具等常采用不锈钢来制造，而内燃机排气阀和电站设备的一些零件则常选用耐热钢来制造。

材料的品种繁多，又具有不同的性能，在工程实际中，往往从材料的用途、零件的工作条件和失效分析出发选取材料的某些性能作为使用的依据。其中，材料的物理化、学性能是材料被选用的重要依据。

1. 密度

密度是指材料单位体积的质量。材料的密度直接关系到产品的总质量和效能。航空、交通等工业产品往往要求质轻、强度高的材料，如钛合金在航空、航天工业上，铝合金和高分子材料及复合材料在交通工业上都得到了广泛的应用。

2. 熔点

熔点是指材料的融化温度。金属都有固定的熔点，这取决于它的化学成分。金属与合金的冶炼、铸造和焊接等都要利用这个性能。熔点低的金属称易熔金属（如 Sn、Pb 等），可用来生产保险丝、焊丝等。熔点高的金属称难熔金属或耐热金属（如 W、Mo 等），可用来生产高温零件如燃气轮机转子等。陶瓷的熔点一般都高于常规的金属和合金的熔点，加上其具有良好的绝缘性，所以在一些要求高温绝缘的机件中一直得到很好的应用，如用于制造汽车火花塞、高压开关等。

3. 热膨胀性

热膨胀性是材料受热后的体积膨胀，通常用热膨胀系数表示。对精密仪器或机器的零件，特别是高精度配合零件，热膨胀系数就是其在使用中的一个尤为重要的性能参数。如发动机活塞与缸套的材料就要求两种材料的膨胀量尽可能接近，否则将影响密封性。一般情况下，陶瓷材料的热膨胀系数较低，金属次之，而高分子材料最大。工程上有时也利用不同材料的膨胀系数的差异制造一些控制部件，如电热式仪表的双金属片等。

4. 导电性

材料传导电流的能力称为导电性，一般用电阻率表示。金属一般都具有良好的导电性，Ag 的导电性最好，Cu 和 Al 次之。出于价格因素，导线主要用 Cu 或 Al 制作。合金的导电性一般比纯金属差，所以用 NiCr 合金、FeMnAl 合金等制作电阻丝。导电性与环境的温度也有关系。一般情况下，金属的电阻率随温度的升高而增加，而非金属材料的电阻率则随温度升高而变小。高分子材料一般都是绝缘体，但有的高分子复合材料也具有良好的导电性，正像陶瓷材料一样，一般都是良好的绝缘体，但有些特殊成分的陶瓷却是具有一定导电性的半导体。

5. 导热性

材料热传导的能力称导热性，一般用热导率表示。材料的热导率大，说明导热性好。在金属中，导热性以 Ag 最好，Cu 和 Al 次之。纯金属的导热性比合金好，而合金又比非金属好。

导热性对金属热加工工艺很重要。材料在加热和冷却的过程中，由于表面与内部产生较大温差，极易产生内应力，甚至变形和开裂。导热性好的材料散热性也好，利用这个性能可制作热交换器、散热器等器件。相反，利用导热性较差的材料可制作保温部件。

6. 磁性

材料能导磁的性能叫磁性。磁性材料可分为软磁材料和硬磁材料。软磁材料容易磁化，导磁性良好，但当外磁场去掉后，磁性基本消失，如硅钢片等；硬磁材料具有外磁场去掉后，保持磁场，磁性不易消失的特点，如稀土钴等。许多金属都具有较好的磁性，如Fe、Ni、Co等，利用这些磁性材料，可制作磁芯、磁头和磁带等电器元件。也有许多金属是无磁性的，如Al、Cu等。非金属材料一般无磁性。

7. 光电性能

材料对光的辐射、吸收、透射、反射和折射以及其荧光性等都属于光电性能。金属对光具有不透明性和高反射率，而陶瓷材料、高分子材料反射率均较小。某些材料通过激活剂引发荧光性，可制作荧光灯、显示管等。玻璃纤维可作为光通信的传输介质。利用材料的光电性能制作的一些光电器元件的使用前景十分广阔。

8. 抗腐蚀性

材料对周围介质（如水汽、大气）及各种电解液的侵蚀的抵抗能力叫抗腐蚀性。研究抗腐蚀性对金属的使用和维护意义重大。

金属的腐蚀可分化学腐蚀和电化学腐蚀两类。化学腐蚀是指金属与周围介质接触时单纯由化学作用引起的腐蚀，多发生在干燥气体或非导电的流体场合中，在金属表面上形成某种化合物，从而使金属表面因腐蚀而损坏。电化学腐蚀是金属和电解质溶液构成原电池而引起的腐蚀，大多数的腐蚀过程属于此类，所以电化学腐蚀危害更大。

金属材料在高温条件下的抗蚀性可用高温抗氧化性来表述。机件工作温度越高，氧化损耗就越严重，而材料在高温条件下迅速氧化，在表面形成一层连续、致密并与基体结合牢固的氧化膜，从而阻止材料的进一步氧化。许多材料，如Al、Cr等都具有这种防护功能。

9. 耐磨性

耐磨性指材料表面在工作中承受磨损的能力。因为磨损分为磨料磨损、黏着磨损、疲劳磨损、微动磨损、冲蚀磨损和腐蚀磨损等多种类型，所以材料的耐磨性与材料的硬度、热稳定性、表面摩擦因数、表面粗糙度以及工作时两摩擦表面的相对运动速度、载荷性质和润滑状况等多种因素有关。耐磨性是材料表面性质和工作条件的综合体现，许多零件往往是由于磨损失效而丧失了工作能力的。

金属材料的物理性能有时对加工工艺也有一定的影响。例如，高速钢的导热性较差，锻造时应采用较低的速度来加热升温，否则容易产生裂纹；而材料的导热性对切削刀具的温升有重大影响。又如，锡基轴承合金、铸铁和铸钢的熔点不同，故所选的熔炼设备、铸型材料等均有很大的不同。

1.2.3 材料的工艺性能

材料的工艺性能指在制造机件的过程中采用某种加工方法制成成品的难易程度，是材料物理、化学性能和力学性能在加工过程中的综合反映。材料的工艺性能按工艺方法的不

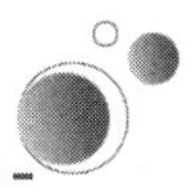

同，可分为铸造性能、锻造性能、焊接性能、热处理性能以及切削加工性能等。材料工艺性能的好坏，会直接影响到制造零件的工艺方法、质量以及制造成本。

1. 铸造性能

铸造性能指浇注铸件时，金属及合金易于成形并获得优质铸件的性能。流动性好、收缩率小、偏析倾向小是表示铸造性能好的指标。在常用的金属材料中，灰铸铁与锡青铜的铸造性较好，可浇铸较薄、结构较复杂的铸件。工程塑料在一些成形工艺方法中也要求有好的流动性和小的收缩率。

2. 锻造性能

锻造性能一般用材料的可锻性来衡量。可锻性是指材料是否易于进行压力加工的性能。可锻性包括材料的塑性及变形抗力两个方面。塑性好或变形抗力小，锻压所需外力小，则可锻性好。一般钢的可锻性良好，而铸铁则不能进行压力加工。热塑性塑料可经挤压和压塑成形，这与金属挤压和模压成形相似。

3. 焊接性能

焊接性能一般用材料的可焊性来衡量。可焊性是指材料是否易于焊接在一起并能保证焊缝质量的性能。可焊性的好坏一般用焊接处出现各种缺陷的倾向来衡量。可焊性好的材料可用一般的焊接方法和工艺，焊时不易形成裂纹、气孔、夹渣等。低碳钢具有优良的可焊性，而高碳钢、铸铁和铝合金的可焊性就较差。

4. 切削加工性能

切削加工性能指材料在切削加工时的难易程度。它与材料的种类、成分、硬度、韧性、导热性及内部组织状态等许多因素有关。切削加工性好的材料切削容易，刀具寿命长，易于断屑，加工出的表面也比较光洁。从材料种类看，铸铁、铜合金、铝合金及一般碳钢的切削加工性能较好。

在设计零件和选择工艺方法时，都要考虑金属材料的工艺性能。例如，灰铸铁的铸造性能优良，是其被广泛用来制造铸件的重要原因，但它的可锻性极差，不能进行锻造，其焊接性也较差。又如，低碳钢的焊接性优良，而高碳钢则很差，因此，焊接结构广泛采用低碳钢。

1.3　钢的热处理

1.3.1　概述

钢的热处理就是将钢在固态下，通过加热、保温和冷却，以改变钢的组织，从而获得所需性能的工艺方法。由于热处理时起作用的主要因素是温度和时间，所以各种热处理都可以用温度、时间为坐标的热处理工艺曲线（见图1.10）来表示。

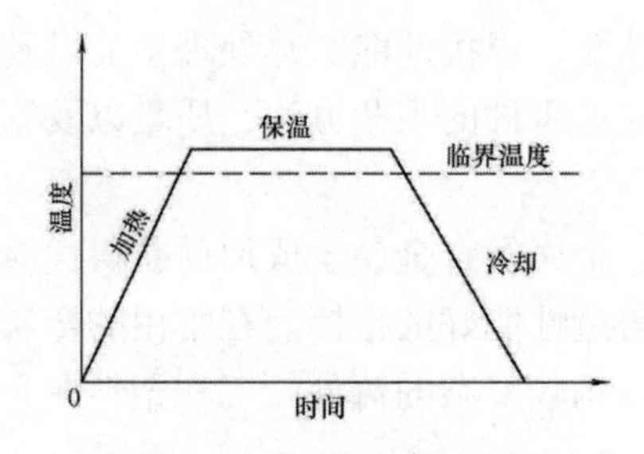

图 1.10　热处理工艺曲线

热处理与其他加工方法（如铸造、锻压、焊接、切削加工等）不同，它只改变金属材料的组织和性能，而不以改变其形状和尺寸为目的。

热处理的作用日趋重要，因为现代机器制造对金属材料的性能不断提出更高的要求，如果完全依赖原材料的原始性能来满足这些要求，常常是不经济的，甚至是不可能的。热处理可提高零件的强硬度、韧性、弹性，同时，还可改善毛坯或原材料的切削性能，使之易于加工。可见，热处理是改善原材料或毛坯的工艺性能、保证产品质量、延长使用寿命、挖掘材料潜力的不可缺少的工艺方法。热处理在机械制造业中的应用日益广泛。据统计，在机床制造中，要进行热处理的零件占60% ~70%；而在汽车、拖拉机制造中则占了70% ~80%；在各类工具（刃具、模具、量具等）和滚动轴承制造中，100% 的零件需要进行热处理。

热处理的工艺方法很多，常用的有如下几种：

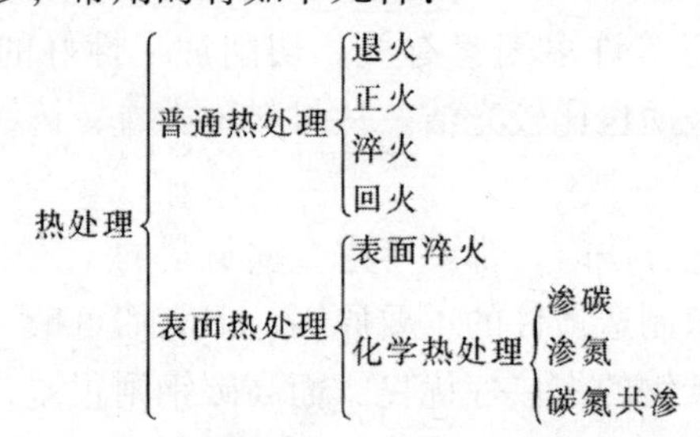

大多数热处理是要将钢加热到临界温度以上，使原有组织转变为均匀的奥氏体后，再以不同的冷却方式使其转变成不同的组织，并获得所需要的性能。

1.3.2　普通热处理

1. 退火

退火的主要目的是使钢材软化以利于切削加工；消除内应力以防止工件变形；细化晶粒、改善组织，为零件的最终热处理做好准备。退火主要用于铸、锻、焊毛坯或半成品零件，为预先热处理。根据钢的成分和退火目的的不同，常用的退火方法有完全退火、等温退火、球化退火、均匀化退火、去应力退火和再结晶退火等。

（1）完全退火

完全退火主要用于亚共析钢和合金钢的铸件、锻件及热轧型材，有时也用于焊接结构

件。其目的在于细化晶粒，消除内应力与组织缺陷，降低硬度，为随后的切削加工和淬火做好组织准备。

完全退火是把钢加热到某一温度范围，保温一定时间，随炉缓慢冷却到600℃以下，再出炉，在空气中冷却至室温。完全退火可获得接近平衡状态的组织，过共析钢不宜采用完全退火，以避免二次渗碳体以网状形式沿奥氏体晶界析出，给切削加工和以后的热处理带来不利影响。

（2）等温退火

等温退火与完全退火的加热温度完全相同，只是冷却方式有差别。等温退火是以较快速度冷却到某一温度，等温一定时间，使奥氏体组织转变为珠光体组织，然后空冷。对某些奥氏体比较稳定的合金钢，采用等温退火可缩短退火时间。生产中为提高生产效率，往往采用等温退火代替完全退火。

（3）球化退火

球化退火主要用于共析钢和过共析钢及合金钢，其目的在于使钢中的渗碳体球状化，以降低钢的硬度，改善切削加工性能，并为淬火做好组织准备。

球化退火是将钢加热到某一温度范围，保温一段时间后，随炉冷却到600℃以下，出炉空冷。球化退火随炉冷却，通过临界温度时，冷却应足够缓慢，以使共析渗碳体球化。若钢的原始组织中有严重的渗碳体网时，应在球化退火前进行正火消除后，再进行球化退火。

（4）均匀化退火

均匀化退火主要用于合金钢铸锭和铸件。其目的是消除铸造中产生的枝晶偏析，使成分均匀化。

均匀化退火是将钢加热到某一温度范围，保温10～15h，然后再随炉缓慢冷却到350℃，再出炉冷却。均匀化退火以钢中成分能进行充分扩散而达到均匀化为目的，故均匀化退火也称扩散退火。

由于温度高、时间长，均匀化退火易使晶粒粗大，所以必须再进行一次完全退火或正火来消除过热缺陷。

（5）去应力退火

去应力退火又称低温退火，它主要用于消除铸件、锻件、焊接件和冷冲压件的残余应力。去应力退火是将工件缓慢加热到500～600℃，保温一定时间，然后随炉缓慢冷却至200℃，再出炉冷却。一些大型焊接结构件，由于体积过大，无法装炉退火，可采用火焰加热或感应加热等局部加热的方法，对焊缝及热影响区进行局部去应力退火。

（6）再结晶退火

把冷变形金属加热到再结晶温度以上，使其发生再结晶的热处理工艺，称为再结晶退火。它主要用于消除冷变形加工产品的加工硬化，提高其塑性。也常用于作为冷变形加工过程的中间退火，恢复金属材料的塑性以便于继续加工。

2. 正火

钢的正火是将钢加热到某一温度范围，保温一定时间，出炉后在空气中冷却的热处理工艺。

同退火相比较，正火的冷却速度更快，得到的组织比较细小，处理后材料的强度和硬度也稍高一些，并且操作简便、省时，能耗也较小，所以在可能条件下，应优先采用正火处理。正火主要有以下几个方面的应用：

（1）可作为普通结构零件的最终热处理，用以消除铸件和锻件生产过程中产生的过热缺陷，细化组织，提高力学性能。

（2）改善低碳钢和低碳合金钢的切削加工性能。

（3）作为中、低碳钢结构件的预先热处理，消除热加工中所造成的组织缺陷。

（4）代替调质处理，为后续高频感应加热表面淬火做好组织准备。

（5）消除过共析钢中的二次渗碳体网，为球化退火做好组织准备。

3. 淬火

淬火是将钢加热到某一温度范围，保温后在淬火介质中快速冷却，以获得马氏体组织的热处理工艺。淬火是强化钢最常用的方法。通过淬火，配以不同温度的回火，可使钢获得所需的力学性能。

现以共析钢为例，分析淬火时钢的组织转变。共析钢被加热到规定温度以上后，将全部转变成奥氏体。奥氏体若在缓慢冷却条件下，将转变成铁素体和渗碳体的机械混合物——珠光体。然而，淬火时的冷却速度极快，奥氏体仅能发生 γ-Fe 向 α-Fe 的同素异晶转变，而 α-Fe 中的过饱和 C 原子在低温下却难以从晶格内扩散出去，这样就形成了 C 原子在 α-Fe 中的严重过饱和固溶体，这种严重过饱和固溶体称为马氏体，以符号“M”表示。

马氏体中的 C 原子在 α-Fe 的晶格中严重过饱和，致使晶格发生严重的畸变，增加了变形的抗力，因此，马氏体通常具有高的硬度和耐磨性，但塑性和韧性很差。马氏体的实际硬度与钢的含 C 质量分数密切相关。含 C 质量分数愈高，晶格畸变愈大，钢的硬度愈高，因此，要求高硬度和高耐磨性的工件多采用中、高碳钢来制造。马氏体的比容比奥氏体大，致使形成马氏体的过程将伴随着体积膨胀，造成淬火内应力。同时，马氏体含 C 质量分数愈高，脆性愈大，这些都使工件在淬火时容易产生裂纹或变形。为防止上述缺陷的产生，除选用适合的钢材和正确的结构外，在工艺上还应采取如下措施：

（1）严格控制淬火加热温度。若淬火加热温度不足，未能完全形成奥氏体，致使淬火后的组织中除马氏体外，还残存少量铁素体，使钢的硬度不足。若淬火加热温度过高，奥氏体晶粒长大，淬火后的马氏体晶粒也变粗大，会增加钢的脆性，致使工件产生裂纹、变形倾向。

（2）合理选择淬火介质。淬火时工件的快速冷却是依靠淬火介质来实现的。水和油是最常用的淬火介质。水的冷却能力强，使钢易于获得马氏体，但工件的淬火内应力大，易产生裂纹和变形。油的冷却能力较水低，工件不易产生裂纹和变形，但用于碳钢件淬火时，难以使马氏体转变充分。通常，碳素钢应在水中淬火；合金钢则因淬透性较好，以在油中淬火为宜。

（3）正确选择淬火方法。采用适合的淬火方法也可有效地防止工件产生裂纹和变形。生产中最常用的是单介质淬火法，它是在一种淬火介质中连续冷却到室温的方法。单介质

淬火法操作简单，便于实现机械化和自动化生产，故应用最广。对于容易产生裂纹、变形的工件，有时采用先水后油的双介质淬火法或分级淬火等其他淬火法。

4. 回火

将淬火钢重新加热到某一温度范围内，保温后冷却的热处理工艺，称为回火。回火的主要目的是消除淬火内应力，以降低钢的脆性，防止产生裂纹，同时使钢获得所需的力学性能。

淬火所形成的马氏体是在快速冷却条件下被强制形成的不稳定组织，因而具有重新转变成稳定组织的自发趋势。回火时，由于被重新加热，原子活动能力加强，所以随着温度的升高，马氏体中过饱和的C原子将以碳化物形式析出。总的趋势是回火温度愈高，析出的碳化物愈多，钢的强度、硬度下降，而塑性、韧性升高。

根据回火温度的不同，可将钢的回火分为如下三种：

（1）低温回火（150～250℃）。目的是降低淬火钢的内应力和脆性，但基本保持淬火所获得的高硬度（56～64HRC）和高的耐磨性。淬火后低温回火用途最广，主要用于工具钢的热处理，如各种刃具、模具、滚动轴承和耐磨件等。

（2）中温回火（350～500℃）。目的是使钢获得高弹性，保持较高硬度（35～50HRC）和一定的韧性。中温回火主要用于各种弹簧、发条、锻模等。

（3）高温回火（500～650℃）。淬火后高温回火的热处理合称为调质处理。调质处理广泛用于承受疲劳载荷的中碳钢重要件，如连杆、曲轴、主轴、齿轮、重要螺钉等。其硬度为20～35HRC。这是由于调质处理后其渗碳体呈细粒状（细球状），与正火后的片状渗碳体组织相比，在载荷下不易产生应力集中，使钢的韧性显著提高，所以，调质处理的钢可获得强度及韧性都较好的综合力学性能。

1.3.3 表面处理技术

1. 表面淬火

表面淬火是将钢件的表面层淬透到一定的深度，而心部仍保持未淬火状态的一种局部淬火方法。表面淬火时，通过快速加热，使钢件表面层很快达到淬火温度，在热量来不及传到工件心部时就立即冷却，实现局部淬火。表面淬火的目的在于获得高硬度、高耐磨性的表层，而心部仍保持原有的良好韧性，常用于机床主轴、齿轮，发动机的曲轴等。表面淬火所采用的快速加热方法有多种，如电感应加热、火焰加热、电接触加热、激光加热等，目前应用最广的是电感应加热法，如图1.11所示。感应加热表面淬火法就是在一个感应线圈中通一定频率（有高频、中频、工频三种）的交流电，使感应圈周围产生频率相同的交变磁场，置于磁场中的工件就会产生与感应线圈频率相同、方向相反的感应电流，这个电流

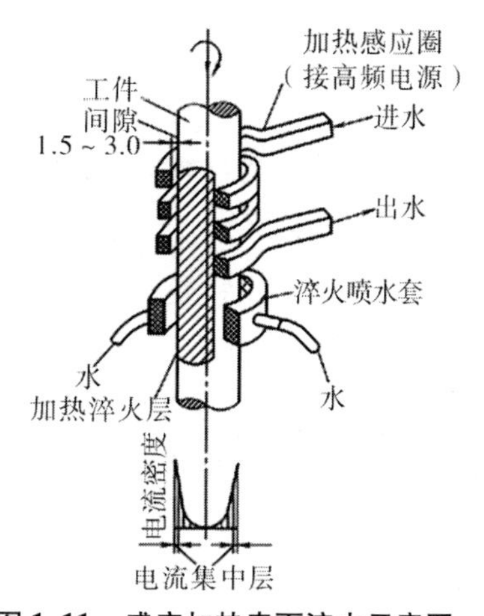

图1.11　感应加热表面淬火示意图

叫作涡流。由于集肤效应，涡流主要集中在工件表层。由涡流所产生的电阻热使工件表层被迅速加热到淬火温度，随即向工件喷水，将工件表层淬硬。

感应电流的频率愈高，集肤效应愈强烈，故高频感应加热用途最广。高频感应加热常用频率为200～300Hz，其加热速度极快，通常只有几秒钟，淬硬层深度一般为0.5～2mm。其主要用于要求淬硬层较薄的中、小型零件，如齿轮、轴等。感应加热表面淬火零件宜选用中碳钢和中碳低合金结构钢。目前应用最广泛的是汽车、拖拉机、机床、工程机械中的齿轮、轴类等，也可用于高碳钢、低合金钢制造的工具、量具、铸铁冷轧辊等。经感应加热表面淬火的工件，具有表面不易氧化、脱碳，耐磨性好，工件变形小，淬火层深度易控制，生产效率高，适用于批量生产，表面硬度比普通淬火高2～3HRC等特点。

2. 化学热处理

化学热处理是将工件置于一定的化学介质中加热和保温，使介质中的活性原子渗入工件表层，以改变工件表层的化学成分和组织，从而获得所需的力学性能或理化性能的处理方法。如可提高工件表面硬度、耐磨性、疲劳强度，增强耐高温、耐腐蚀性能等。

化学热处理的种类很多，依照渗入元素的不同，有渗碳、渗氮、碳氮共渗、渗硼、渗铝、多元共渗等，以适用于不同的场合，其中以渗碳应用最广。

渗碳是向钢的表层渗入C原子。渗碳时，通常是将钢件放入密闭的渗碳炉中，通入气体渗碳剂（如煤油等），加热到900～950℃，经较长时间的保温，使工件表层增碳。渗碳件都是低碳钢或低碳合金钢。渗碳后，工件表层的含碳量将增到1%左右，经淬火和低温回火后，表层硬度达56～64HRC，因而耐磨；而心部因仍然是低碳钢，故保持其良好的塑性和韧性。可以看出，渗碳工艺可使工件具有外硬内韧的性能。

渗碳主要用于既受强烈摩擦、又承受冲击或疲劳载荷的工件。如汽车变速箱齿轮、活塞销、凸轮、自行车和缝纫机零件等。

1.4 非金属材料

非金属材料指除金属材料以外的其他一切材料。这类材料发展迅速，种类繁多，已在工业领域中广泛应用。非金属材料主要包括有机高分子材料（如塑料、合成橡胶、合成纤维、胶黏剂、涂料及液晶等）和陶瓷材料（如陶瓷、玻璃、水泥、耐火材料及各类新型陶瓷材料等），其中，工程塑料和工程陶瓷的应用在工程结构中占有重要的地位。

人类已进入21世纪，随着科学技术的迅速发展，在传统金属材料与非金属材料仍大量应用的同时，各种适应高科技发展的新型材料不断涌现，为新技术取得突破创造了条件。所谓新型材料，是指那些新发展或正在发展中的、采用高新技术制取的、具有优异性能和特殊性能的材料。新型材料是相对于传统材料而言的，二者之间并没有截然的分界。新型材料的发展往往以传统材料为基础，传统材料进一步发展也可以成为新型材料。材

料，尤其是新型材料，是21世纪知识经济时代的重要基础和支柱之一，它将对经济、科技、国防等领域的发展起到至关重要的推动作用，对机械制造业更是如此。

1.4.1　工程塑料

1. 塑料的组成

塑料一般以合成树脂（高聚物）为基体，再加入各种添加剂而制成。

（1）合成树脂

合成树脂即人工合成线型高聚物，是塑料的主要成分（约占40%～100%），对塑料的性能起着决定性作用，故绝大多数塑料以树脂的名称命名。合成树脂受热时呈软化或熔融状态，因而塑料具有良好的成形能力。

（2）添加剂

添加剂是为改善塑料的使用性能或成形工艺性能而加入的辅助成分。

①填料（填充剂）。填料主要起增强作用，还可使塑料具有所要求的性能，如在塑料中加入铝粉，可提高其对光的反射能力和防老化，加入二硫化铝可提高其自润滑性，加入云母粉可提高其电绝缘性，加入石棉粉可提高其耐热性等。另外，有一些填料比树脂便宜，加入后可降低塑料成本。

②增塑剂。增塑剂是为提高塑料的柔软性和可成形性而加入的物质，主要是一些低熔点的低分子有机化合物。合成树脂中加入增塑剂后，大分子链间距离增大，降低了分子链间的作用力，增加了大分子链的柔顺性，因而使塑料的弹性、韧性、塑性提高，强度、刚度、硬度、耐热性降低。加入增塑剂的聚氯乙烯比较柔软，未加入增塑剂的聚氯乙烯则比较刚硬。

③固化剂（交联剂）。固化剂加入某些树脂中，可使线型分子链间产生交联，从而由线型结构变成体型结构，固化成刚硬的塑料。

④稳定剂（防老化剂）。稳定剂其作用是提高树脂在受热、光、氧等作用时的稳定性。此外，为防止塑料在成形过程中粘连在模具上，并使塑料表面光亮、美观而加入润滑剂；为使塑料具有美丽的色彩而加入有机染料或无机颜料等着色剂；以及为使塑料具有不同性能而加入发泡剂、阻燃剂、抗静电剂等。总之，根据不同的塑料品种和性能要求，可加入不同的添加剂。

2. 塑料的分类

（1）按树脂的热性能分类

①热塑性塑料

这类塑料为线型结构分子链，加热时会软化、熔融，冷却时会凝固、变硬，此过程可以反复进行。典型的品种有聚乙烯、聚氯乙烯、聚丙烯、聚苯乙烯、聚酰胺（尼龙）、ABS、聚甲醛、聚碳酸酯、聚砜、聚四氟乙烯、聚苯醚、聚氯醚、有机玻璃（聚甲基丙烯酸甲酯）等。这类塑料机械强度较高，成形工艺性能良好，可反复成形和再生使用，但耐热性与刚性较差。

②热固性塑料

这类塑料为密网型结构分子链，其形成是固化反应的结果。具有线型结构的合成树脂，初加热时软化、熔融，进一步加热、加压或加入固化剂，通过共价交联而固化。固化后再加热，则不再软化、熔融。品种有由酚醛塑料、氨基塑料、环氧树脂、不饱和聚酯树脂、有机硅树脂等构成的塑料。这类塑料具有较高的耐热性与刚性，但脆性大，不能反复成形与再生使用。

（2）按应用范围分类

①通用塑料

主要指产量大、用途广、价格低廉的聚乙烯、聚氯乙烯、聚苯乙烯、聚丙烯、酚醛塑料等几大品种，它们约占塑料总产量的75%以上，广泛用于工业、农业和日常生活的各个方面，但其强度较低。

②工程塑料

主要指用于制作工程结构、机器零件、工业容器和设备的塑料。最重要的有聚甲醛、聚酰胺（尼龙）、聚碳酸酯、ABS四种，还有聚砜、聚氯醚、聚苯醚等。这类塑料具有较高的强度（60～100MPa）、弹性模量、韧性、耐磨性，耐蚀和耐热性也较好。目前，工程塑料发展十分迅速。

③其他塑料

其他塑料例如耐热塑料，一般塑料的工作温度不超过100℃，耐热塑料可在100～200℃，甚至更高的温度下工作，如聚四氟乙烯、聚三氟乙烯、有机硅树脂、环氧树脂等。目前，耐热塑料的产量较少，价格较贵，仅用于特殊用途，但很有发展前途。

随着塑料性能的改善和提高，新塑料品种不断出现，通用塑料、工程塑料和耐热塑料之间没有明显的界线了。

3. 常用工程塑料的性能和用途

工程塑料相对金属来说，具有密度小、比强度高、电绝缘性好、耐腐蚀、耐磨和自润滑性好等特点，还有透光、隔热、消音、吸振等优点，也有强度低、耐热性差、容易蠕变和老化的缺点。

不同类别的塑料有着不同的性能特点及用途，如表1.2。除此之外，还有以两种或两种之上的聚合物，用物理或化学方法共混而成的共混聚合物，这在塑料工业中称为塑料合金。这使可供选用的工程塑料的性能范围更加广泛。

表1.2　常用通用工程塑料的特点及用途

名称	特点	优、缺点	用途
PS	它是透明的仿玻璃状材料，刚硬而脆，无毒，无味，流动性好，分解温度高，是注塑机测定塑化效率的指标性参数	优点：其电绝缘性优良，有较强的表面光泽，能自由着色，无味，无毒，不致菌类生长	它用于生产透明镜片、注塑灯罩等低档日用品及玩具外壳
		缺点：其机械性能差，质硬而脆，易开裂；表面硬度低，易刮伤；耐热性差	它用于挤出吹塑容器、中空制品

续表

名称	特点	优、缺点	用途
ABS	它具有良好的耐化学腐蚀性和表面硬度、耐冲击性、良好的刚性和流动性	优点：它具有良好的光泽，且质硬、坚韧，是良好的壳体材料。它适于印刷以及做电镀等表面处理 缺点：ABS耐气候性差，易受阳光的作用而变色、变脆	它具有良好的综合机械性能，特别适用于做家用电器外壳及各种制品的外壳，还可做一些非承重载荷结构件
AAS	它是不透明的微黄色颗粒，略重于水，具有坚韧、硬质和刚性的特征	优点：AAS主要是为了解决ABS的不耐气候性而研究的。其耐气候性比ABS高10倍以上，同时，加工性能也好于ABS	由于其具有良好的耐气候和耐老化性能，故可以代替ABS用于生产在室外和光照的场合下使用的外壳和结构件
ACS	它是不透明的微黄色颗粒，具有坚韧、硬质和刚性的特征	优点：ACS的机械性能略高于ABS，其耐室外环境、耐气候性高于ABS 10倍，也优于AAS。ACS的热稳定性优于ABS，加工不易变色 缺点：不耐有机溶剂	它也常用于代替ABS生产在室外和光照的场合使用的外壳和结构件
AS	它是一种透明的颗粒，略重于水。其表面有较强的光泽，制品有坚韧、硬质和刚性的特征	优点：AS具有较高的透明性和良好的机械性能，耐化学腐蚀，耐油脂，印刷性能良好，是优秀的透明制品的原料 缺点：它对缺口非常敏感，有缺口就会有裂纹，不耐疲劳，不耐冲击	它适合于生产镜片、家用电器、餐具、日用品、仪表表盘及透明盖等

1.4.2　合成橡胶

1. 橡胶的特性和应用

橡胶是在室温下处于高弹态的高分子材料，最大的特性是高弹性，其弹性模量很低，只有1~10MPa；其弹性变形量很大，可达100%~1000%；具有优良的伸缩性和积储能量的能力。此外，还有良好的耐磨性、隔音性、阻尼性和绝缘性。

橡胶在工业上应用相当广泛，可用于制作轮胎、动静态密封件（如旋转轴、管道接口密封件）、减震防震件（如机座减震垫片、汽车底盘橡胶弹簧）、传动件（如三角胶带、传动滚子）、运输胶带、管道、电线、电缆、电工绝缘材料和制动件等。

2. 橡胶的组成

橡胶制品是以生胶为基础，加入适量的配合剂而制成的。

（1）生胶。未加配合剂的天然或合成的橡胶统称生胶。天然橡胶综合性能好，但产量不能满足日益增长的需要，不能满足某些特殊性能要求，因此合成橡胶得到了广泛的应用。

（2）配合剂。为了提高和改善橡胶制品的各种性能而加入的物质称为配合剂。配合剂的种类很多，主要的是硫化剂，其作用类似于热固性塑料中的固化剂，它使橡胶分子链间形成横链，适当交联，成为网状结构，从而提高橡胶的力学性能和物理性能。常用的硫化剂是硫黄和硫化物。

为提高橡胶的力学性能，如强度、硬度、耐磨性和刚性等，还需加入填料。使用最普遍的是炭黑，以及作为骨架材料的织品、纤维，甚至是金属丝或金属编织物。填料的加入还可减少胶用量，降低成本。其他配合剂还有为加速硫化过程、提高硫化效果而加入的硫化促进剂；用以增强橡胶塑性、改善成形工艺性能的增塑剂；以及防止橡胶老化而加入的防老化剂（抗氧化剂）等。

3. 常用橡胶

橡胶的品种很多，主要有天然橡胶和合成橡胶两类。合成橡胶按用途及使用量分为通用橡胶和特种橡胶。

（1）天然橡胶。天然橡胶是橡胶树流出的胶乳，经凝固、干燥等工序制成的弹性固状物，其单体为异戊二烯高分子化合物。它具有很好的弹性，但强度、硬度不高。为提高强度及硬度，需进行硫化处理。天然橡胶是优良的绝缘体，但耐热老化性和耐大气老化性较差，不耐臭氧、油和有机溶剂，且易燃。天然橡胶广泛用于制造轮胎、胶带和胶管等。

（2）合成橡胶。合成橡胶是指具有类似橡胶性质的各种高分子化合物。它的种类很多，主要有以下几种：

①丁苯橡胶。它是合成橡胶中应用最广、产量最大的一种，则于二烯和苯乙烯聚合而成，具有较好的耐磨、耐自然老化、耐臭氧性，但加工性能不如天然橡胶，广泛用于制造轮胎胶、布胶鞋、胶管等。

②顺丁橡胶。顺丁橡胶是以丁二烯为原料，在催化剂的作用下，经聚合反应而得到的产品，产量仅次于丁苯橡胶。顺丁橡胶具有良好的耐磨性、耐老化性、耐寒性和高弹性，但不易加工，强度较差，主要用于制造轮胎、三角胶带、减振器和橡胶弹簧等。

③氯丁橡胶。氯丁橡胶是由氯丁二烯经聚合反应得到的产品，具有良好的耐臭氧、耐油和耐溶剂性能，但绝缘性能较差，主要用于制造胶带、胶管、汽车门窗嵌条等。

④丁腈橡胶。它是由丙烯腈和丁二烯经聚合反应得到的产品，具有良好的耐油性、耐磨性、耐热性，耐臭氧性、耐寒性较差，加工性能不好，主要用于制造耐油制品，如输油管、耐油密封圈等。

⑤聚氨酯橡胶。它是由氨基甲酸酯经聚合而成，属特种橡胶，具有良好的耐磨性、耐油性，但耐水、酸、碱性能较差，主要用于制造胶辊、实心轮胎和耐磨制品。

⑥硅橡胶。它是指分子链中含有硅氧键，经硫化后具有弹性的有机硅聚合物，属特种橡胶。它具有耐高温、耐寒、电绝缘性能优良的特点，但抗拉强度低，价格较贵，主要用于制造耐高温、耐寒或电绝缘制品等。

⑦氟橡胶。氟橡胶主要是全氟丙烯和偏二氟乙烯的共聚物，属特种橡胶。它具有良好的耐高温、耐腐蚀、耐臭氧和大气老化性能，但加工性能差，价格贵，主要用于制造高级密封件、高真空耐蚀件等。

橡胶按原料来源分为天然橡胶与合成橡胶，按用途分为通用橡胶和特种橡胶。天然橡胶属通用橡胶，广泛用于制造轮胎、胶带、胶管等。其中，产量最大的是丁苯橡胶，占橡

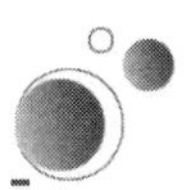

胶总产量的60%～70%；发展最快的是顺丁橡胶。

特种橡胶价格较贵，主要用于要求耐热、耐寒、耐蚀的特殊环境。

1.4.3　陶瓷材料

陶瓷是由金属和非金属元素组成的无机化合物材料，其性能硬而脆，比金属材料和工程塑料更能抵抗高温环境的作用，已成为现代工程材料的三大支柱之一。

1. 陶瓷的分类

陶瓷种类繁多，工业陶瓷大致可分为普通陶瓷和特种陶瓷两大类。

（1）普通陶瓷（传统陶瓷）。除陶、瓷器之外，玻璃、水泥、石灰、砖瓦、搪瓷、耐火材料都属于陶瓷材料。人们一般所说的陶瓷常指日用陶瓷、建筑瓷、卫生瓷、电工瓷、化工瓷等。普通陶瓷以天然硅酸盐矿物，如黏土（多种含水的铝酸盐混合料）、长石（碱金属或碱土金属的铝硅酸盐）、石英（SiO_2）、高岭土（$Al_2O_3 \cdot 2SiO_2 \cdot 2H_2O$）等为原料烧结而成。

（2）特种陶瓷（现代陶瓷）。特种陶瓷采用纯度较高的人工合成原料，如氧化物、氮化物、硅化物、硼化物、氟化物等制成，具有各种特殊力学、物理、化学性能。

按性能和应用不同，陶瓷也可分为工程陶瓷和功能陶瓷两大类。

（1）工程陶瓷。在工程结构上使用的陶瓷称为工程陶瓷。现代工程陶瓷主要在高温下使用，故也称高温结构陶瓷。这些陶瓷具有在高温下优越的力学、物理和化学性能，在某些科技场合和工作环境往往是唯一可用的材料。工程陶瓷有许多种，目前应用广泛和有发展前途的有氧化铝、氮化硅、碳化硅和增韧氧化物等材料。

（2）功能陶瓷。利用陶瓷特有的物理性能可制造出种类繁多、用途各异的功能陶瓷材料。例如导电陶瓷、半导体陶瓷、压电陶瓷、绝缘陶瓷、磁性陶瓷、光学陶瓷（如光导纤维、激光材料）等，以及利用某些精密陶瓷对声、光、电、热、磁、力、湿度、射线及各种气氛等信息显示的敏感特性而制得的各种陶瓷传感器材料。

2. 陶瓷材料的性能

（1）力学性能。和金属材料相比，大多数陶瓷的硬度高，弹性模量大，脆性大，几乎没有塑性，抗拉强度低，抗压强度高。

（2）热性能。陶瓷材料熔点高，抗蠕变能力强，热硬性可达1000℃。但陶瓷热膨胀系数和热导率小，承受温度快速变化的能力差，在温度剧变时会开裂。

（3）化学性能。陶瓷的化学性能最突出的特点是化学稳定性很好，有良好的抗氧化能力，在强腐蚀介质、高温共同作用下有良好的抗蚀性能。

（4）其他物理性能。大多数陶瓷是电绝缘体，功能陶瓷材料具有光、电、磁、声等特殊作用。

3. 常用工程陶瓷的种类、性能和用途

（1）普通陶瓷

普通陶瓷按用途可分为日用陶瓷、建筑用瓷、电瓷、卫生瓷、化学瓷与化工瓷等。这类陶瓷质地坚硬、不氧化、耐腐蚀、不导电、成本低，但含有相当数量的玻璃相，强度较低，使用温度不能过高。普通陶瓷产量大、种类多，广泛应用于电气、化工、建筑等行业。

（2）特种陶瓷

氧化铝陶瓷的主要特点是耐高温性能好，可在1600℃的高温下长期使用，耐蚀性很强，硬度很高，耐磨性好，因此可用于制造熔化金属的坩埚、高温热电耦套管、刀具与模具等。氧化铝有很好的电绝缘性能，在高频下的电绝缘性能尤为突出。其缺点是脆性大，不能承受冲击载荷，也不适于温度急剧变化的场合。

氮化硅陶瓷的原料丰富，加工性能优良，用途广泛。可以用较低的成本生产各种尺寸精确的部件，尤其是形状复杂的部件，其成品率高于其他陶瓷材料。

氮化硅是键性很强的共价键化合物，稳定性极强，能耐各种酸和碱的腐蚀，也能抵抗熔融有色金属的侵蚀。氮化硅的硬度很高，耐磨性好，摩擦因数小，可在无润滑的条件下工作，是一种优良的耐磨材料。氮化硅陶瓷的热膨胀系数小，有极好的抗温度急变性。氮化硅陶瓷的使用温度不如氧化铝陶瓷，但它的硬度在1200℃时仍不降低。

氮化硅陶瓷的制造方法有热压烧结和反应烧结两种。热压烧结氮化硅陶瓷组织致密，强度与韧性均高于反应烧结氮化硅陶瓷，但受模具限制，只能制作形状简单且精度要求不高的零件。热压烧结氮化硅陶瓷主要用于制造刀具，可切削淬火钢、铸铁、钢结硬质合金等，可制作高温轴承等。反应烧结氮化硅陶瓷的强度低于热压烧结氮化硅陶瓷，多用于制造形状复杂、尺寸精度要求高的零件，可用于要求耐磨、耐腐蚀、耐高温、绝缘等的场合，如泵的机械密封环、热电耦套管、燃气轮机叶片等。

碳化硅和氮化硅一样，也是键能很高的共价键结合的晶体。碳化硅陶瓷的生产方式除反应烧结与热压烧结以外，新近还开发了一种常压烧结的方法。

碳化硅陶瓷的最大特点是高温强度好，在1400℃时抗弯强度仍保持在500～600MPa的较高水平。碳化硅陶瓷有很好的耐磨损、耐腐蚀、抗蠕变性能，热传导能力很强，可用于制作火箭尾喷管的喷嘴、炉管、高温轴承与高温热交换器等。

氮化硼有两种晶型：六方晶型和立方晶型。六方氮化硼的结构、性能均与石墨的相似，故有“白石墨”之称，它有良好的耐热性、热稳定性、导热性和高温介电强度，是理想的散热材料、高温绝缘材料，如可用来制作冶金用高温容器、半导体散热绝缘材料、高温轴承、热电耦套管等。六方氮化硼陶瓷的硬度不高，是目前唯一易于机械加工的陶瓷。立方氮化硼陶瓷结构牢固，硬度接近金刚石，是极好的耐磨材料，作为超硬工模具材料，现已用于高速切削刀具的拔丝模具等。

此外，其他应用较多的特种陶瓷还有氧化物陶瓷，如氧化锆陶瓷、氧化镁陶瓷等。近几年，在氧化锆陶瓷的增韧研究方面已取得了突破性进展，在氧化锆中加入某种稳定剂，可形成部分稳定氧化锆陶瓷，其断裂韧性远高于其他结构陶瓷，有“陶瓷钢”之称。

1.4.4 新型材料

目前，对各种新型材料的研究和开发速度正在加快。新型材料的特点是高性能化、功能化、复合化。传统的金属材料、有机材料、无机材料的界限正在消失，新型材料的分类变得困难起来，材料的属性区分也变得模糊起来。例如，传统认为导电性是金属固有的，而如今，有机、无机材料也均可出现导电性。复合材料更是融多种材料性能于一体，甚至出现一些与原来截然不同的性能。

1. 高温材料

所谓高温材料，一般指在600℃以上，甚至在1000℃以上能满足工作要求的材料，这种材料在高温下能承受较高的应力并具有相应的使用寿命。常见的高温材料是高温合金，出现于20世纪30年代，其发展和使用温度的提高与航天航空技术的发展紧密相关。现在高温材料的应用范围越来越广，从锅炉、蒸汽机、内燃机到石油、化工用的各种高温物理化学反应装置、原子反应堆的热交换器、喷气涡轮发动机和航天飞机的许多部件都有广泛的使用。高新技术领域对高温材料的使用性能不断提出要求，促使高温材料的种类不断增多，耐热温度不断提高，性能不断改善。反过来，高温材料的性能提高，又扩大了其应用领域，推动了高新技术的发展。

到目前为止，开发使用的高温材料主要有以下几类：

（1）铁基高温合金

铁基高温合金由奥氏体不锈钢发展而来。这种高温合金加入比较多的Ni以稳定奥氏体基体。现代铁基高温合金中，有的含Ni质量分数接近50%。另外，加入10%~25%的Cr可以保证获得优良的抗氧化及抗热蚀能力；W和Mo主要用来强化固溶体的晶界，Al、Ti、Nb起沉淀强化作用。我国研制的FeNiCr系铁基高温合金有GH1140、GH2130、K214等。用作导向叶片的工作温度最高可达900℃。一般而言，这种高温合金的抗氧化性和高温强度都还不足，但其成本较低，可用于制作一些使用温度要求较低的航空发动机和工业燃气轮机的部件。

（2）镍基高温合金

这种合金以Ni为基体，含Ni质量分数超过50%，使用温度可达1000℃。

镍基高温合金可熔解较多的合金元素，可保持较好的组织稳定性，其高温强度、抗氧化性和抗蚀性都较铁基高温合金好。在现代喷气发动机中，涡轮叶片几乎全部采用镍基高温合金制造。镍基高温合金按其生产方式可分为变形合金与铸造合金两大类。由于使用温度越高的镍基高温合金，其锻造性能越差，所以，现在的发展趋势是耐热温度高的零部件大多选用铸造镍基高温合金制造。

为适应现代工业更高的要求，高温合金的研究开发尽管难度极大，但也在不断地取得进展。现在已经使用或正在研制的新型高温合金有定向凝固高温合金、单晶高温合金、粉末冶金高温合金、快速凝固高温合金、金属间化合物高温合金和其他难熔金属高温合金等。单晶高温合金一般采用选晶法或籽晶法制取。单晶高温合金消除了晶界，去除了晶界强化元素，使合金的初熔温度大为提高，这样可加入更多的强化元素并采取更高的固溶处理温度，使强化元素的作用充分发挥。单晶高温合金的工作温度比普通铸造高温合金高约100℃。对涡轮叶片而言，每提高25℃，相当于提高三倍叶片寿命，发动机的推力将会有较大幅度的增加。因此，单晶高温合金等新型高温合金的问世极大地促进了航空航天等工业的发展。

（3）高温陶瓷材料

高温高性能结构陶瓷正在得到普遍关注。以氮化硅陶瓷为例，其已成为制造新型陶瓷发动机的重要材料，目前采用的镍基汽轮机叶片的使用温度可达1050℃。氮化硅陶瓷不仅有良好的高温强度，且热膨胀系数较小，热导率高，抗热震性能好。用它制成的发动机可在更高的温度工作，效率将会有较大的提高。

2. 形状记忆材料

形状记忆指某些材料在一定条件下，虽经变形但仍然能够恢复到变形前的原始形状的能力。最初具有形状记忆功能的材料是一些合金材料，如Ni-Ti合金。目前，高分子形状记忆材料因为其优异的综合性能已成为重要的研究与应用对象。

材料的形状记忆现象是由美国海军军械实验室的科学家布勒（W. J. Buchler）在研究Ni-Ti合金时发现的。典型的形状记忆合金的应用例子是制造月面天线。半球形的月面天线直径达数米，用登月舱难以运载进入太空。科学家们利用Ni-Ti合金的形状记忆效应，首先将处于一定状态下的Ni-Ti合金丝制成半球形的天线，然后压成小团，用阿波罗火箭送上月球，放置在月球上，小团被阳光晒热后恢复成原状，即可成功地用于通信。

（1）形状记忆合金

目前，形状记忆合金主要分为Ni-Ti系、Cu系和Fe系合金等。Ni-Ti系形状记忆合金是最具有实用化前景的形状记忆材料，其室温抗拉强度可达1000MPa以上，密度为6.45g/cm^2，疲劳强度高达480MPa，而且具有很好的耐蚀性。近年来又发展了一系列改良型的Ni-Ti合金，如在Ni-Ti合金中加入微量的Fe、Cr、Cu等元素，以进一步扩大NiTi材料的应用范围。铜系形状记忆合金主要是Cu-Zn-Al合金和Cu-Ni-Al合金，与Ni-Ti合金相比，其加工制造较容易，价格便宜，记忆性能也较好，但主要问题是合金的热稳定性等较差。铁系形状记忆合金，如FePt、FeNiCoTi等系列合金在价格上有明显优势，目前处于研究应用的初始阶段。

（2）形状记忆高聚物

高聚物材料的形状记忆机理与金属不同。目前开发的形状记忆高聚物具有两相结构，即固定成品形状的固定相以及某种温度下能可逆地发生软化和固化的可逆相。固定相的作用是记忆初始形态，第二次变形和固定是由可逆相来完成的。凡是有固定相和软化固化可逆相的聚合物都可以作为形状记忆高聚物。根据固定相的种类，分为热固性和热塑性两类。如聚乙烯类结晶性聚合物、苯乙烯丁二烯共聚物等。

（3）形状记忆材料的应用

形状记忆材料可用于各种管接头、电路的连接，自控系统的驱动器和热机能量转换材料等。图1.12为形状记忆材料在铆钉中的应用实例。

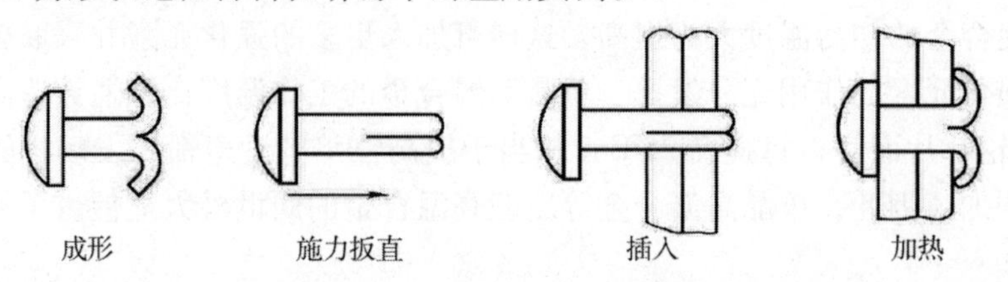

图1.12　形状记忆铆钉的应用

大量使用形状记忆材料的是各种管接头。在相变温度以下马氏体非常软，接头内径很容易扩大。在此状态下，把管子插入接头，加热后接头内径即可恢复原来的尺寸，完成管子的连接过程。因为形状恢复力很大，故连接很严密，很少有漏油、脱落等事故发生。形状记忆材料还可用于各种温度控制仪器，如温室窗户的自动开闭装置，防止发动机过热用的风扇离合器等。形状记忆材料具有感知和驱动的双重功能，因此可能成为未来微型机械手和机器人的理想材料。

3. 超导材料

超导材料是近年来发展最快的功能材料。超导体指在一定温度下，材料电阻为零，物质内部失去磁通，具有完全抗磁性的物质。

超导现象是荷兰物理学家昂内斯（Onnes）在1911年首先发现的。他在检测水银低温电阻时发现，在温度低于4.2K时水银的电阻突然消失。这种零电阻现象称为超导现象，出现零电阻的温度称为临界温度T_c。T_c是物质常数，同一种材料在相同条件下有确定值。T_c的高低是超导材料能否实际应用的关键。1933年，迈斯纳（Meissner）发现了超导的第二个标志——完全抗磁。当金属在超导状态时，它能将通过其内部的磁力线排出体外，称为迈斯纳效应。零电阻和完全抗磁是超导材料的两个最基本的宏观特性。

此后，人们不仅在超导理论研究上做了大量工作，而且在研究新超导材料、提高超导零电阻温度上进行了不懈努力。T_c值愈大，超导体的使用价值愈大。由于大多数超导材料的Tc值都太低，必须用液氦才能降到所需温度，这样不仅费用较多，而且操作不便，所以许多科学家都致力于提高T_c值的研究工作。1973年应用溅射法制成的Nb3Ge薄膜，其T_c值从4.2K提高到23.2K。到20世纪80年代中期，超导材料研究取得突破性进展。中国、美国、日本等国先后获得了T_c高达90K以上的高温超导材料，而后又研制出T_c超过120K的高温超导材料。这些结果已成为技术发展史上的重要里程碑，使在液氮温度下使用的超导材料变为现实，这必将对许多科学技术领域产生难以估量的深远影响。至今，高温超导材料的研究仍方兴未艾。超导材料在工业中也有重大应用价值。

在电力系统方面，超导电力储存是目前效率最高的电力储存方式。利用超导输电可降低目前高达7%的输电损耗。超导磁体用于发电机，可大大提高电机中的磁感应强度，提高发电机的输出功率。利用超导磁体实现磁流体发电，可直接将热能转换为电能，使发电效率提高50%～60%。

在运输方面，超导磁悬浮列车是在车底部安装许多小型超导磁体，在轨道两旁埋设一系列闭合的铝环。列车运行时，超导磁体产生的磁场相对于铝环运动，铝环内产生的感应电流与超导磁体相互作用，产生的浮力使列车浮起。列车浮力愈大，速度愈高。磁悬浮列车速度可达500km/h。在其他方面，超导材料可用于制作各种高灵敏度的器件，利用超导材料的隧道效应可制造运算速度极快的超导计算机。

4. 超硬结构材料

切削物体或对物体进行塑性变形加工的工具材料分为高碳钢、高速钢、超硬质合金、金刚石，其中，可列入超硬质材料范畴的是超硬质合金和金刚石等材料。

金属陶瓷可作为超硬质材料，它是具有耐磨、耐高温等优良特性的陶瓷和具有韧性的金属组合而成的复合材料。碳化物基金属陶瓷已工业化规模生产，这类超硬质合金的组成成分有 WC-Co、WC-C-Co、TiC-Ni-Mo、Cr_2O_3-Ni 等，其中，应用最多的是前两种。WC-Co 可用于制造耐磨、抗冲击工具等；WC-C-Co 可用于切削钢的工（刀）具；TiC-Ni-Mo 也主要用来切削钢；Cr_2O_3-Ni 仅作为抗蚀材料。硅化物、硼化物、氮化物基金属陶瓷方面的研究进程也发展很快。

从经济角度考虑，若切削工具由于刀片尖端产生一定磨损就报废整块材料，是很可惜的，所以，涂层刀片就显得很重要。涂层刀片是在超硬质合金刀片表面覆盖非常耐磨的成分，形成叠层结构。表面薄薄的涂层可以显著延长刀具的使用寿命。如用化学气相沉积法在刀片的表面覆盖约 5μm 的 TiC，由于约 5μm 耐磨涂覆层使这种刀片的耐磨性大大提高，且韧性并不显著下降，目前，表面覆有这种 TiN 或 Al_2O_3 的刀片已得到大量应用。WC 基超硬质合金的热导率高，能适应温度急剧变化而引起的热冲击，可作为基体。

金刚石具有极高的硬度，因此，人工合成金刚石是科学工作者一直探索的课题。采用超高压高温装置可以形成完整结晶的金刚石，这可作为加工硬质岩石的材料；一些不规则形状的强度较低的结晶可用树脂结合起来做成砂轮，用来研磨超硬质合金。目前，人造金刚石专门用于岩石、玻璃、硬质金属的研磨和切削，也可以用来制作地质钻头。

5. 纳米材料

（1）纳米技术

①神奇的介观

世界直到 20 世纪 80 年代，科学家们才惊奇地发现，在宏观与微观之间的纳米体系（介观）中，许多我们认为理所当然的性质都完全变了模样：在介观状态时，金属 Ag 竟会失去典型的金属特征；纳米 SiO_2 比典型的粗晶 SiO_2 的电阻下降了几个数量级；常态下电阻较小的金属到了纳米级，电阻会增大，电阻温度系数会下降，甚至出现负数；原始绝缘体的氧化物到了纳米级，电阻反而下降；10～25nm 的铁磁金属颗粒，其矫顽力比相同的宏观材料大 1000 倍，而当颗粒尺寸小于 10nm，矫顽力变为零，表现为超顺磁性现象。

②巨大的应用价值

1959 年，美国物理学家理查德·费曼大胆地提出了一个设想："如果有一天，可以按照人的意志安排一个个原子的话，将会产生怎样的奇迹？" 1989 年，美国 IBM 公司的科学家用单个原子排列写出 IBM 的商标，日本科学家用单个原子排列了汉字"原子"的字形。此后，科学家们都在研究利用纳米材料的奇特物理、化学和力学性能，设计纳米复合材料，设计纳米组装体系和纳米结构材料，并将其应用到各个领域中。

把金属的纳米颗粒放入常规的陶瓷中，可大大提高材料的力学性能；把纳米 Si_2O_3 和 SiO_2 离子放入橡胶中，可提高橡胶的介电性和耐磨性；放入金属或合金中，可以使晶粒细化，大大提高力学性能，既不影响透明度，又提高了高温冲击韧性；纳米氧化铝的悬浮液被用于高级光学玻璃、石英晶体及各种宝石的抛光；纳米微粒加入油墨中可改善油墨的流动性。

目前，一般彩电等电器是黑色家电，需要树脂加炭黑来进行静电屏蔽。日本松下公司已成功研制具有良好静电屏蔽作用的纳米涂料，可以通过控制纳米微粒的种类来控制涂料

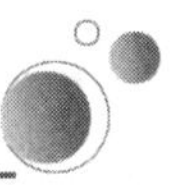

的颜色。在化纤制品和纺织品中添加纳米微粒还具有杀菌作用，把纳米微粒加入袜子中，可以清除脚臭；医用纱布中放入纳米粒子，有消毒杀菌作用。

③产品创新的好思路

人们普遍认为，纳米技术将是21世纪新产品诞生的源泉，纳米技术会引起新一轮的产业革命，必将推动生产力的发展，改善人类的生活环境。有信息表明，不少国产无菌冰箱上用了纳米材料制成的抗菌塑料；深圳一家公司推出了包括无菌餐具、无菌扑克牌在内的一系列纳米材料制成的产品。

（2）纳米 TiO_2 应用

随着工业的飞速发展，环境污染问题日益突出。而纳米 TiO_2 在治理环境污染方面可以达到现有的处理方法难以达到理想的效果。

①纳米 TiO_2 光催化降解有机物水处理技术具有明显的优势——无二次污染，纯净度高。

②降解空气中的有害有机物，降解效果好，可达到100%。其机理是在光照条件下将这些有害物质转化为 CO_2、H_2O、有机酸。

③可以降解有机磷农药。

④可以加速城市生活垃圾的降解。

⑤纳米 TiO_2 表面具有超亲水性和超亲油性，因此，其表面具有防污、防雾、易洗、易干的特点。如在汽车挡风玻璃、后视镜表面镀上纳米 TiO_2 薄膜，可防止镜面起水雾。

⑥纳米 TiO_2 在可见光的照射下对碳氢化合物有催化作用，利用这一效应可以在玻璃、陶瓷和瓷砖的表面涂上一层纳米 TiO_2 薄层，这会有很好的自洁作用。如日本已经制成自洁玻璃和自洁瓷砖。任何黏在其表面上的物质，包括油污、细菌在光的照射下由纳米 TiO_2 光起催化作用，使这些碳氢化合物进一步氧化变成气体。日本已经用这种保洁瓷砖装饰了一家医院的墙壁，经使用证明，这种保洁瓷砖有明显的杀菌作用。

（3）纳米陶瓷极具市场潜力

氧化物陶瓷进入规模生产以来，其研究朝着高纯超细的方向发展，在一定程度上改善了陶瓷性能和微观结构。如氧化铝陶瓷：从普通瓷到高铝瓷到75瓷（指75% Al_2O_3）到95瓷到99瓷，其强度性能有了很大提高。随着科技的发展，对高性能的陶瓷要求不断提高。实验表明，在95瓷中添加少量的纳米 Al_2O_3，可以使陶瓷更加致密，强度和抗冷热疲劳等性能大大提高。如果把纳米 SiO_x 粉体添加到95瓷中，不但能提高陶瓷材料的强度、韧性，而且能提高材料的硬度和弹性模量等性能，其效果比添加 Al_2O_3 更理想。目前，主要研究方向为如何添加纳米以使常规陶瓷综合性能得到改善，特别是陶瓷的韧性得到提高。研究表明，纳米氧化铝粉体添加到常规85瓷、95瓷中，常规85瓷、95瓷的强度和韧性均可以提高50%以上。

（4）其他方面的应用

①涂料。我国是涂料生产和消费大国，但是，当前国产涂料普遍存在性能方面的不足，如悬浮稳定性差、触变性差、耐候性差、耐洗刷性差等，致使每年要进口大量高质量的涂料。上海、北京、杭州、宁波等地的一些涂料生产企业，成功地实现了纳米 SiO_x 在

涂料中的应用，这种纳米改性涂料一改以往产品的不足，经测试，其主要性能指标均大幅提高。

②橡胶。橡胶是一种伸缩性优异的弹性体，但其综合性能并不令人满意，橡胶制品在生产过程中通常需要在胶料中加入炭黑来提高其强度、耐磨性、抗老化性，但是，炭黑的加入使得制品均为黑色，且档次不高。1997 年，舟山明日纳米公司通过和首都师范大学新材料研究所合作，成功开发出纳米 SiO_2 改性的彩色场地材料。在普通橡胶中添加少量纳米 SiO_x 后，产品的强度、耐磨性、抗老化性能等性能均达到或超过高档橡胶制品，而且可以保持颜色长久不变。原化工部橡胶研究所利用纳米 SiO_x 替代炭黑成功研发出新型橡胶，其耐磨性、抗拉强度、抗折性能、抗老化性能均明显提高，且色彩鲜艳，保色效果优异。如轮胎侧面的抗折性能由原来的 10 万次提高到 50 万次以上，而且在不久的将来，将实现国产汽车、摩托车轮胎的彩色化。

③纳米材料。纳米材料在电子封装材料、树脂基复合材料、塑料、颜（染）料、密封胶及黏结剂、玻璃钢制品、药物载体、化妆品、抗菌材料等方面也具有十分重要的意义。如飞机的窗口材料常用的是有机玻璃钢（PMMA），当飞机在高空飞行时，窗口玻璃经紫外线辐射易老化，会造成透明度下降。上海华东理工大学研究人员利用纳米 SiO_x 极强的紫外线反射性能，在有机玻璃生产过程中加入表面修饰后的纳米 SiO_x，生产出的产品抗紫外线辐射能力提高一倍以上，抗冲击强度提高 80%。一般家电，其外壳都是由树脂加炭黑的涂料喷涂而形成的一个光滑表面，由于炭黑有导电作用，所以表面的涂层就有静电屏蔽作用，如果不能进行静电屏蔽，电器的信号就会受到外部静电的严重干扰。例如，人体接近屏蔽效果不好的电视机时，人体的静电就会对电视图像产生严重的干扰。日本松下公司已成功研制出具有良好静电屏蔽的纳米涂料，不但可起到良好的静电屏蔽效果，而且也克服了炭黑静电屏蔽涂料只有单一颜色的单调性，其所应用的纳米微粒有 Fe_2O_3、TiO_2、Cr_2O_3、ZnO 等。这些具有半导体特性的纳米氧化物粒子在室温下具有比常规氧化物更高的导电性，因而能起到静电屏蔽作用，同时，氧化物纳米微粒的颜色不同，TiO_2、SiO_2 纳米粒子为白色，Cr_2O_3 为绿色，Fe_2O_3 为褐色，这样就可以复合控制涂料的颜色。

（5）纳米半导体的研究和应用

在 21 世纪特别引人注目的是纳米半导体的研究和应用。虽然由于成本太高，目前已经商用化的光伏电池难以大规模推广应用，但是，自从 Crabel 首次报道经染料敏比的纳米晶光伏电池优异的光电转换特性以来，各国科学家围绕纳米晶光伏电池的研究越来越多。这是由于纳米晶光伏电池的制备较为简单，且具有较高的界面电荷转移效率，利用太阳作为辐照光源即可获得较高的光电转换效率。研究表明，除了纳米晶体 TiO_2 光伏电池外，其他如 ZnO、Fe_2O_3、WO_3、SnO_2 等单一氧化物和 CdSe 等单一硒化物纳米晶光伏电池亦显示出较好的光电转换特性。纳米半导体粒子的高比表面、高活性等特性使之成为应用于传感器方面最有前途的材料。它对温度、光、湿气等环境因素相当敏感，外界环境的改变会迅速引起其表面或界面离子价态及电子输运的变化。利用其电阻的显著变化可做成传感器，特点是响应速度快、灵敏度高、选择性优良。

纳米半导体微粒是在纳米尺度原子和分子的集合体，这个过去从来没有被人们注意的

非宏观、非微观的中间层次出现了许多新问题，例如电子的平均自由程比传统固体短，周期性被破坏，过去建立在平移周期上对电子的布洛赫波已不适用，建立在亚微米范围内的半导体PN结理论对于小于10μm的微粒已经失效。对纳米尺度上电子行为的描述必须引入新的理论，这也将促进介观物理和混沌物理的发展。纳米科学与技术为现代材料的开发引发了新的革命。

思考练习题

1. 什么是强度？什么是塑性？衡量这两种性能的指标有哪些？各用什么符号表示？
2. 什么是硬度？HBS、HBW、HRA、HRB、HRC各代表用什么方法测出的硬度？各种硬度测试方法的特点有何不同？
3. 合金钢中经常加入的合金元素有哪些？按其与碳的作用如何分类？
4. 根据碳在铸铁中存在的形态的不同，铸铁可分为几种？
5. 为什么含Ti、Cr、W等的合金钢的回火稳定性比碳素钢的高？
6. 合金渗碳钢中常加入哪些合金元素？它们对钢的热处理、组织和性能有何影响？
7. 什么是热处理？热处理的目的是什么？热处理有哪些基本类型？
8. 正火与退火的主要区别是什么？生产中如何选择正火与退火？
9. 简述橡胶的组成及其性能、特点。
10. 陶瓷材料的生产制作过程是怎样的？
11. 陶瓷材料的优点是什么？简述其原因。
12. 举出四种常见的工程陶瓷材料，并说明其性能及在工程上的应用。

第 2 章　毛坯生产

2.1　金属液态成型

金属的凝固成型是将液态金属浇注到与构件形状和尺寸相适应的铸型型腔中，冷却后得到毛坯或零件的方法。此铸造方法可以获得形状复杂的构件，但尺寸精度不高，表面质量较低，且构件内部易出现气孔、砂眼、缩孔和缩松，结晶后易出现晶粒粗大等缺陷。

铸造可按金属液的浇注工艺分为重力铸造和压力铸造。重力铸造是指金属液在地球重力作用下注入铸型的工艺，也称浇铸。广义的重力铸造包括砂型浇铸、金属型浇铸、熔模铸造、泥模铸造等；狭义的重力铸造专指金属型浇铸。压力铸造是指金属液在其他外力（不含重力）的作用下注入铸型的工艺。广义的压力铸造包括压铸机的压力铸造和真空铸造、低压铸造、离心铸造等；狭义的压力铸造专指压铸机的金属型压力铸造，简称压铸。

2.1.1　砂型铸造

砂型铸造是将液态金属浇入砂型，经冷凝后获得铸件的方法。

1. *砂型铸造的工艺过程*

砂型铸造是一种以砂作为主要造型材料，制作铸型的传统铸造工艺，具体工艺过程如图 2.1 所示。

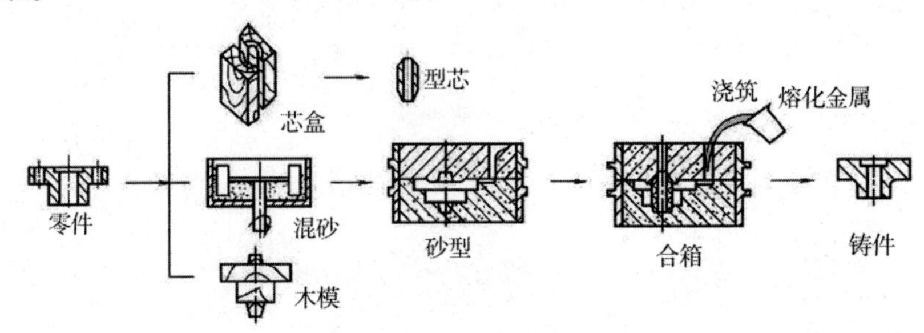

图 2.1　砂型铸造工艺过程

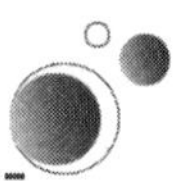

2. 砂型铸造的造型方法

砂型铸造常用的造型方法分为手工造型和机器造型。

（1）手工造型

手工造型按模型特征分为整模造型、分模造型、活块造型、刮板造型、成型底板造型和挖砂造型等，如图 2.2 所示；按砂箱特征分为两箱造型、三箱造型、地坑造型、脱箱造型等，如图 2.3 所示。

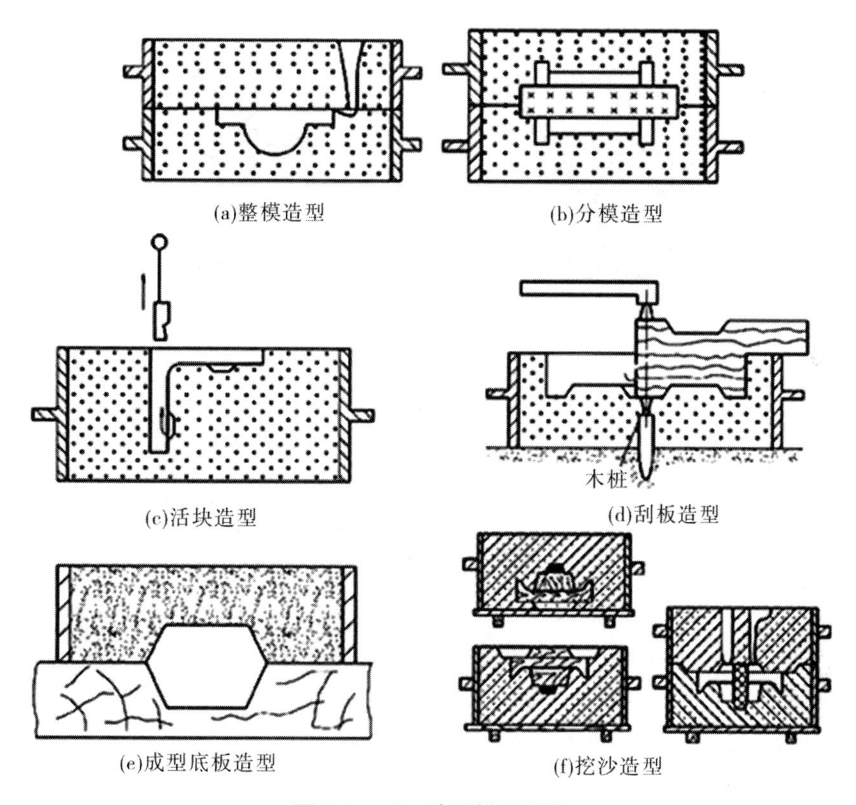

(a)整模造型　(b)分模造型　(c)活块造型　(d)刮板造型　(e)成型底板造型　(f)挖沙造型

图 2.2　手工造型模型分类

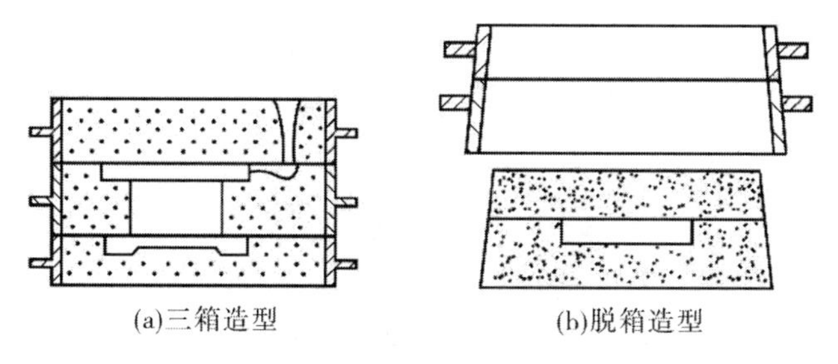

(a)三箱造型　(b)脱箱造型

图 2.3　砂箱造型分类

（2）机器造型

目前，机器造型绝大部分，是以压缩空气为动力来紧实型砂的，主要有压实、振实、振压、抛砂等基本方式，其中，以主要用于中小铸型制造的振压式应用最广，其工作过程如图 2.4 所示。型砂紧实以后，就要从型砂中顺利起出模样，使砂箱内留下完整的型腔。

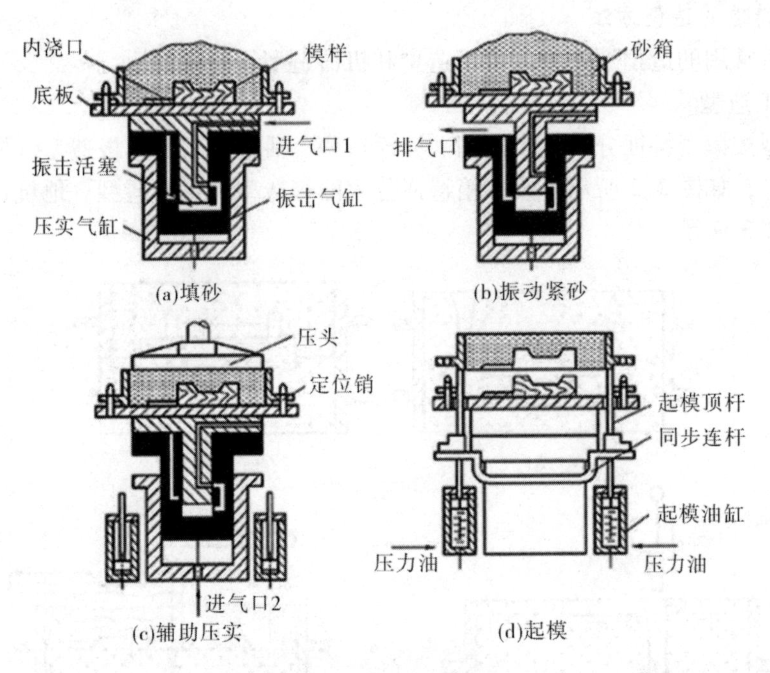

图 2.4　机器造型流程

3. 型芯

俗称“泥芯”“芯子”。铸造时用以形成铸件内部结构，常由原砂和黏结剂（水玻璃、树脂等）配成的芯砂，在芯盒中由手工或机器（如吹芯机、射芯机等）制成。芯盒用木材或金属制成。在浇铸前，芯盒装置在铸型内，金属液浇入、冷凝，出砂时将它清除，在铸件中即可形成空腔。为增加型芯强度，通常在型芯内安置由铁丝或铸铁制成的骨架，称“芯骨”（俗称“泥芯骨”或“芯铁”）。在金属型铸造中，常用金属制的型芯，在金属凝固后应及时将其拔除。在成批或大量生产较复杂的铸件（如气缸头等）、生产大型铸件时，型芯亦用以组成铸型，即称“组芯造型”。现在，小批量生产铸件用自硬树脂、自硬水玻璃组作型芯黏结剂，大批量生产铸件，用热芯盒、冷芯盒、覆膜砂工艺做型芯。

4. 型芯头与型芯座

型芯头用于型芯的定位并起排气作用；型芯座用于型芯头的安装，如图 2.5 所示。

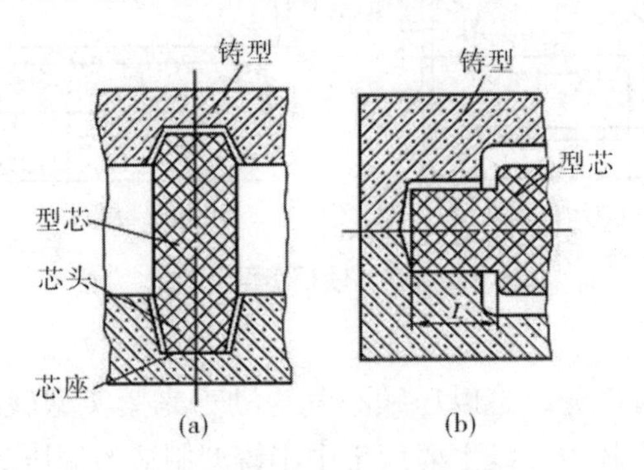

图 2.5　型芯头及型芯座

2.1.2　特种铸造

砂型铸造以外的铸造方法统称为特种铸造。不同的铸造方法适用于不同的材质或不同类型的铸件。

1. 熔模铸造

用蜡料做模样时，熔模铸造又称“失蜡铸造”。熔模铸造通常指在易熔材料制成模样，在模样表面包覆若干层耐火材料制成的型壳，再将模样熔化，排出型壳，从而获得无分型面的铸型，经高温焙烧后即可填砂浇注的铸造方案。由于模样广泛采用蜡质材料来制造，故常将熔模铸造称为“失蜡铸造”。

可用熔模铸造法生产的合金种类有碳素钢、合金钢、耐热合金、不锈钢、精密合金、永磁合金、轴承合金、铜合金、铝合金、钛合金和球墨铸铁等。

（1）熔模铸造的工艺流程

熔模铸造的工艺流程如图2.6所示。

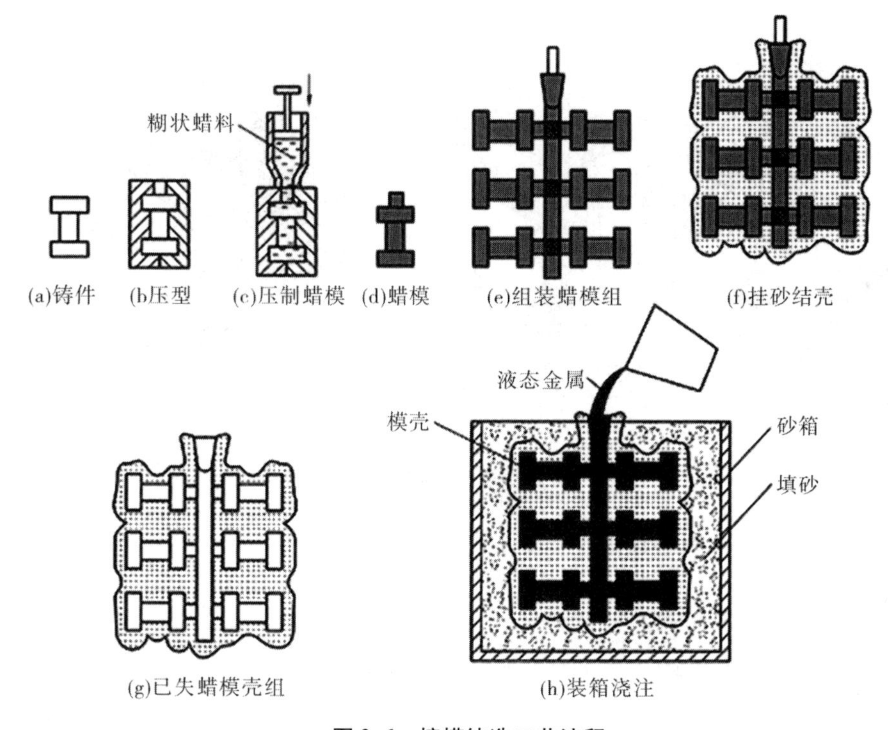

图2.6　熔模铸造工艺流程

（2）熔模铸造的特点和应用

①可铸出形状复杂的薄壁件，使铸件机加工量减少，提高了金属的利用率。

②铸件表面光洁，并且尺寸精度高。

③型壳的耐火度高，能够适于高熔点合金的铸造。

④铸件的批量不受限制。

⑤工序比较复杂，生产周期长。

⑥铸件重量不能过大，一般小于25kg。

熔模铸造可应用于批量生产形状复杂、精度要求高或难以进行切削加工的小型零件，如汽轮机叶片、大模数滚刀等。

2. 金属型铸造

金属型铸造又称硬模铸造，它是将液体金属浇入金属铸型，以获得铸件的一种铸造方法。铸型是用金属制成，可以反复使用多次（几百次到几千次）。金属型铸造目前所能生产的铸件，在重量和形状方面还有一定的限制，如对黑色金属只能是形状简单的铸件；铸件的重量不可太大；壁厚也有限制，较小的铸件壁厚无法铸出。金属型和砂型，在性能上有显著的区别，如砂型有透气性，而金属型则没有；砂型的导热性差，金属型的导热性很好；砂型有退让性，而金属型没有。

（1）金属铸型的结构及铸造工艺

金属铸型的结构及铸造工艺如图2.7所示。

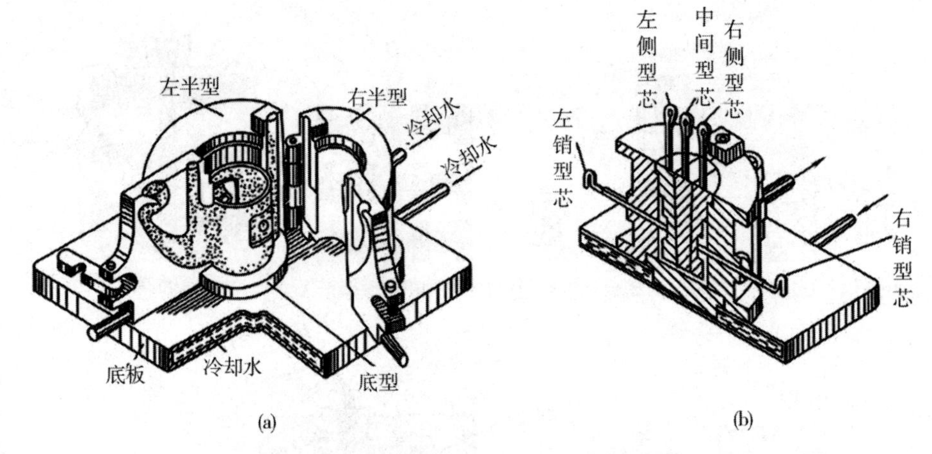

图2.7　金属铸型的结构及铸造工艺

（2）金属型铸造的特点及应用

①一型多铸。

②铸件精度高，表面质量好。

③铸件冷却速度快，凝固后铸件的晶粒细小，机械强度高。

④铸型制作成本高，加工周期长。

⑤铸造工艺规程要求严格。

⑥铸造铸铁件时容易产生白口组织。

金属型铸造主要应用于批量大而形状简单的有色合金铸件，如铝活塞、气缸、缸盖、油泵壳体等。

3. 压力铸造

高压下，把液态金属快速充满型腔，并在压力下凝固的方法称为压力铸造。压力铸造

的铸型为金属铸型。在压铸机上完成铸造过程，压铸机分为立式和卧式两种，压力一般为50～150MPa。

（1）压力铸造的工艺过程

图2.8为卧式压铸机工作过程的示意图。铸型合型后定量注入金属液体到压室中，压射活塞将金属液压入铸型，并保持压力。金属凝固后，压射活塞返回，动型移开，顶出机构将铸件顶出。

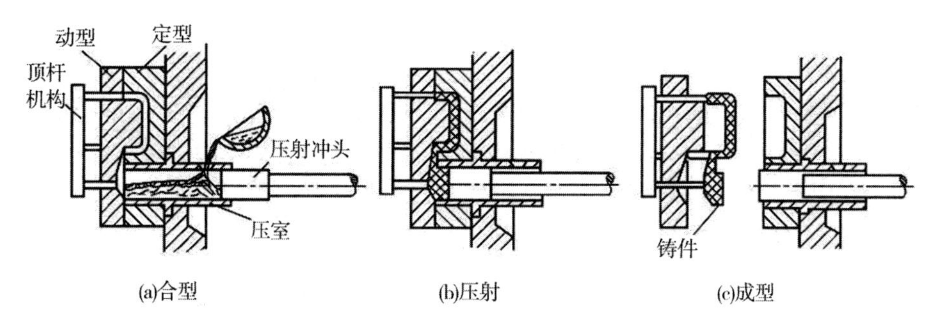

图2.8　压力铸造工艺流程

（2）压力铸造的特点及应用

金属液体在高速、高压下注入型腔，充型能力强，可铸出形状复杂、轮廓清晰的薄壁铸件。铸件的尺寸精度高，表面质量好，一般无须机械加工就可直接使用。液体在压力下凝固，铸件的组织结构细密，强度高。压力铸造的生产效率高，劳动条件好。

压力铸造方法存在设备投资大、铸型制造成本高、加工周期较长、铸型因工作条件恶劣而易损坏的缺点。因此，压力铸造主要用于大批量生产低熔点合金的中小型铸件，如汽车、拖拉机、航空、仪表、电器等方面的零件。

4. 低压铸造

（1）低压铸造的方法

低压铸造是把铸型安放在密封的坩埚上方，坩埚中通以压缩空气，在金属液体表面形成60～150kPa的较低压力，使金属液通过升液管充填铸型的铸造方法，如图2.9所示。

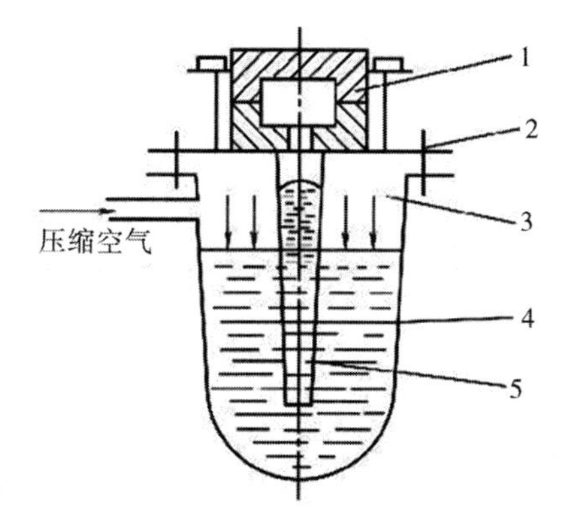

1—铸型；2—密封盖；3—坩埚；4—金属液体；5—升液管。

图2.9　低压铸造示意图

(2) 低压铸造的特点及应用

低压铸造的铸型一般采用金属铸型，铸造压力介于金属型铸造和压力铸造之间，多用于生产有色金属铸件。由于充型压力低，液体进入型腔的速度容易控制，充型较为平稳，对铸型型腔的冲刷作用较小。液体金属在一定的压力下结晶，对铸件有一定的补缩作用，故铸件组织致密，强度高。与压力铸造方法相比，低压铸造的设备投资较少。因此，低压铸造广泛用于大批量生产铝合金和镁合金铸件，如发动机的缸体和缸盖、内燃机活塞等。

5. 离心铸造

(1) 离心铸造的方法

将液态金属注入高速旋转的特定铸型中，利用离心力使液态金属填充铸型的方法称为离心铸造。离心铸造必须在离心铸造机上进行，工作原理如图 2.10 所示。按铸型旋转轴线的空间位置不同，离心铸造分为立式和卧式两种。

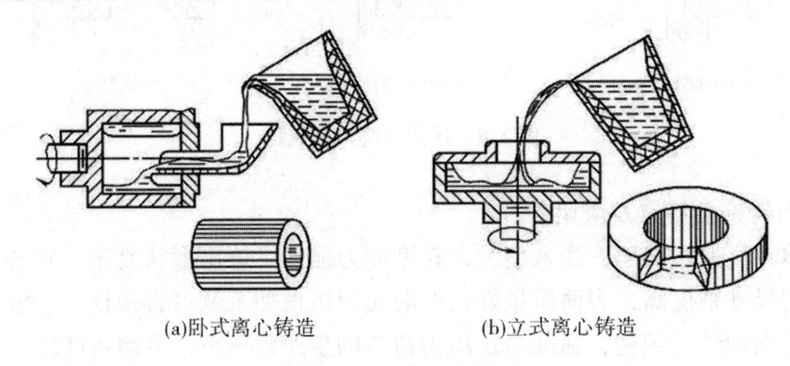

(a)卧式离心铸造　　(b)立式离心铸造

图 2.10　离心铸造

(2) 离心铸造的特点及应用

对于空心铸件，离心铸造不需要型芯，不需要专门的浇注系统和冒口，金属的利用率高。在离心力的作用下，金属液体中的气体和夹杂物因密度小而集中在铸件内表面，有利于通过机械加工，去除内表面的上述缺陷。结晶时，液体金属由外及内顺序凝固。因此，铸件组织结构致密，无缩孔、气孔、夹渣等缺陷。但是铸件内孔尺寸误差大，内表面质量差。由于离心力的作用，偏析大的合金不适于离心铸造。离心铸造方法主要用于空心回转体，如铸铁管、气缸套、活塞环及滑动轴承等。利用离心铸造的特点，可以生产出双金属铸件。

2.2　金属塑性成型

锻造是一种利用锻压机械对金属坯料施加压力，使其产生塑性变形以获得具有一定机械性能、一定形状和尺寸的锻件的加工方法，是锻压（锻造与冲压）的两大组成部分之一。锻造能消除金属在冶炼过程中产生的铸态疏松等缺陷，优化微观组织结构，同时，由

于保存了完整的金属流线，锻件的机械性能一般优于同样材料的铸件。相关机械中负载高、工作条件严峻的重要零件，除形状较简单的可用轧制的板材、型材或焊接件外，多采用锻件。

2.2.1　自由锻

金属锻造时的变形在上下两铁砧之间自由流动的变形称为自由锻。

自由锻的锻件表面粗糙，尺寸精度差，生产效率低，自由锻适于单件或小批量生产。

(1) 自由锻的工序

自由锻的工序包括基本工序、辅助工序、精整工序。

基本工序：变形的主要工序，包括镦粗、拔长、冲孔、切割、扭转、错移等。

辅助工序：为方便基本工序的操作所设置的工序，包括压钳口、倒棱、压肩等。

精整工序：包括整形、精压等。

(2) 自由锻工艺规程的制定

自由锻工艺规程的制定主要包括绘制锻件图、确定锻造工序、计算坯料尺寸等，同时也要考虑锻造的锻造比、加热范围、锻造设备和辅助工具等。

①自由锻的锻件图的绘制

自由锻的锻件图包括锻件的各部尺寸、机械加工余量、简化锻件的敷料、锻件的公差等内容。其中，敷料又称余块，是为了简化锻件的形状而添加的金属部分。

②确定锻造工序

锻件形状不同，锻造工序也不相同。盘类件一般需要以镦粗为主的锻造工序，轴类件需要以拔长为主的锻造工序。

③坯料尺寸的计算

根据锻件塑性变形前后的体积不变定律，按照锻件图中锻件的形状和尺寸，可以确定坯料质量的大小。

计算锻件质量时还要考虑夹持钳口部分的质量大小，有关钳口参数需查阅相关手册。根据已计算出的锻件质量大小，可以确定出原始坯料的尺寸。

由原始坯料的尺寸和锻件尺寸，可以计算出锻件的锻造比。经过轧制的碳钢锻件，一般将锻造比控制在1.3～1.5。典型锻件如图2.11所示。

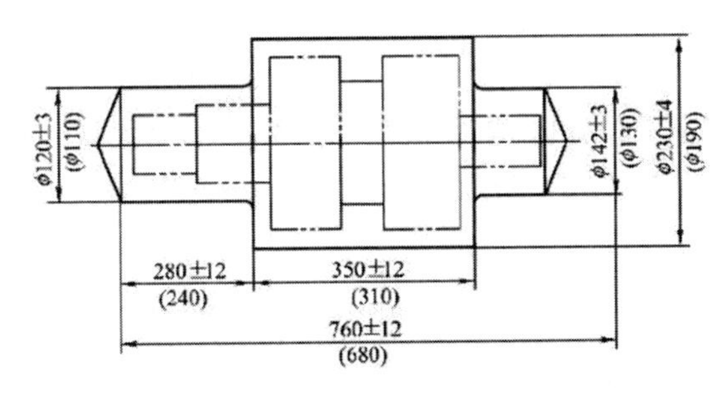

图2.11　典型锻件图

2.2.2 模型锻造

迫使坯料在一定形状的锻模模膛内产生塑性流动成形的方法称为模锻。模锻的生产效率、允许锻件的复杂程度、尺寸精度、表面质量均高于自由锻。

（1）模锻方法

模型锻造分为锤上模锻、压力机上模锻等。锤上模锻打击速度快，应用较多，如图2.12所示。压力机上模锻时，变形缓慢，适于塑性较差的锻件。

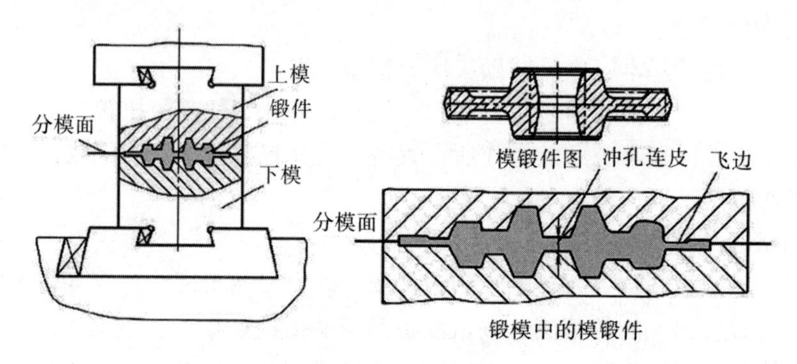

图2.12 锤上锻模

模膛按功能不同，分为制坯模膛和模锻模膛。

①制坯模膛

制坯模膛为了使金属易于充满模膛，对形状复杂的锻件，预先将坯料在制坯模膛内制坯，使坯料逐步接近锻件的形状。根据坯件形状的需要，分别有拔长、滚挤、镦粗、弯曲等模膛。

②模锻模膛

模锻模膛包括预锻模膛和终锻模膛。终锻模膛与锻件的形状和尺寸基本一致，设有飞边槽。为了减少终锻模膛的磨损，保证锻坯的最后成形，采用预锻模膛，从而使锻坯的形状和尺寸接近锻件的形状和尺寸。图2.13为弯曲连杆的锻模图。

（2）模锻工艺规程的制定

模锻工艺规程包括分模面、锻件敷料、机械加工余量、锻件公差的确定及绘制模锻锻件图。

①分模面的选取

上下模分开面应选在锻件的最大水平截面上。模膛不要太深，模膛位于中心，敷料最少，分模面尽量为平面，如图2.14所示。

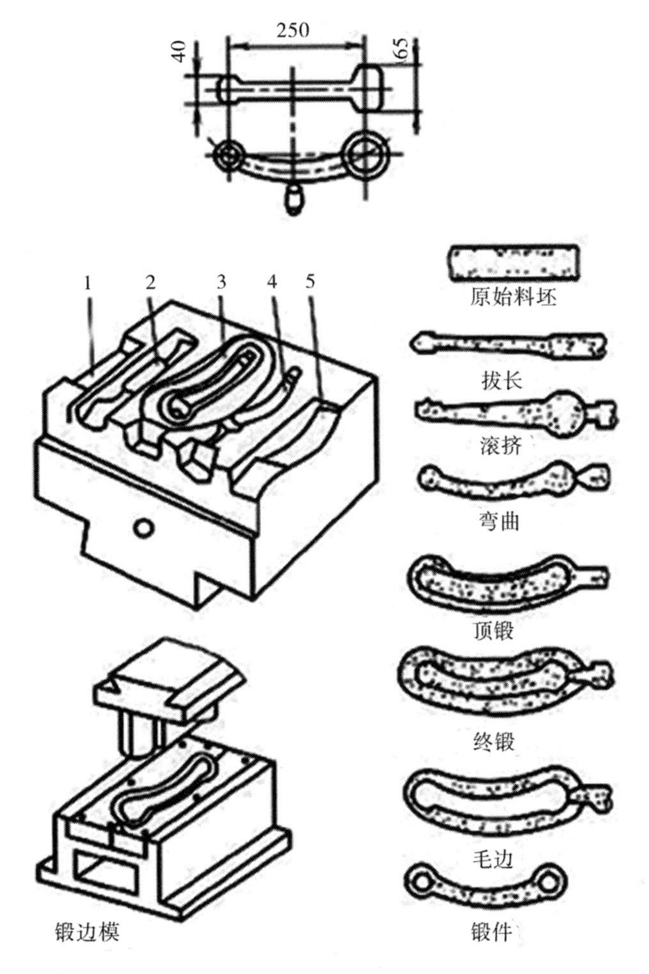

1—拔长模膛；2—滚挤模膛；3—终锻模膛；4—预锻模膛；5—弯曲模膛。

图2.13 弯曲连杆锻模

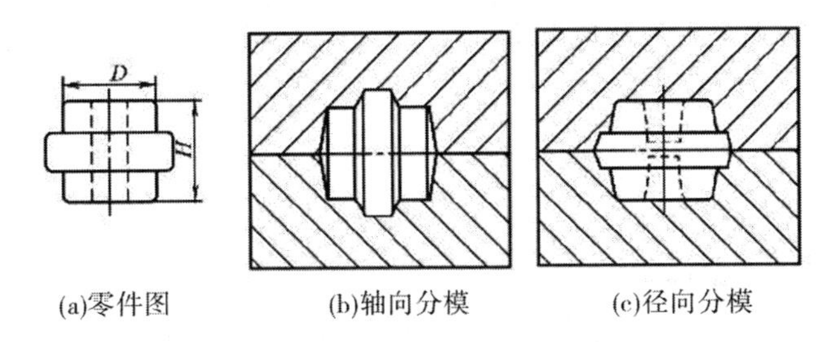

图2.14 锻件分模面选取

②模锻件加工余量和公差的确定

机加工构件的表面，必须留机械加工余量。多数中小模锻件的机加工余量为1～4mm，锻件尺寸越大，余量取值越大。模锻时模膛因磨损、测量误差等引起的锻件尺寸误差，需要确定锻件的公差，以便将锻件尺寸的误差控制在一定范围内。多数中小模锻件的公差在0.3 ~ 3mm 的范围内。模锻件较大时，取大值。

③模锻斜度和模锻圆角

为了易于出模，锻件垂直于分模面的侧面应有一定的斜度——模锻斜度。为了利于金属在模膛内流动，减少锻模的磨损，需把锻件转角处均设计为圆角。

④模锻件图的绘制

模锻件图在零件图的基础上绘制，包括锻件分模面的选取、机械加工余量、敷料、模锻斜度和圆角、锻件公差、冲孔连皮等。

2.2.3 冲压

冲压指利用冲模对板料施加冲压力，使其分离或变形，得到一定形状和尺寸制品的加工方法。冷冲压件的表面质量和尺寸精度较高，冷变形时又可产生形变强化。根据冲压作用的不同，冲压分为板料的分离工序和成形工序等基本工序。

(1) 板料的分离

分离工序（冲裁工序）包括板料的切断、冲孔和落料等。

①切断：将板料沿不封闭边界切下的方法。

②落料：将板料沿封闭轮廓切下，落下的部分为所需部分。

③冲孔：在板料上冲出孔洞，落下的部分为废料。

冲裁凸模和凹模具有锋利的刃口，之间留有间隙，板料的冲裁过程可分为弹性变形、塑性变形、断裂分离三个阶段，如图 2.15 所示。

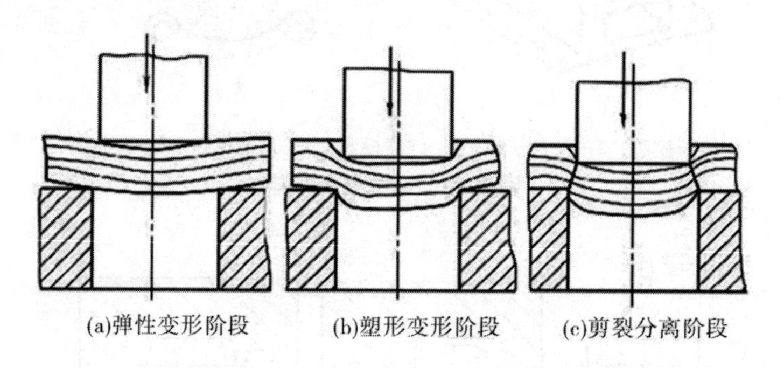

(a)弹性变形阶段　(b)塑形变形阶段　(c)剪裂分离阶段

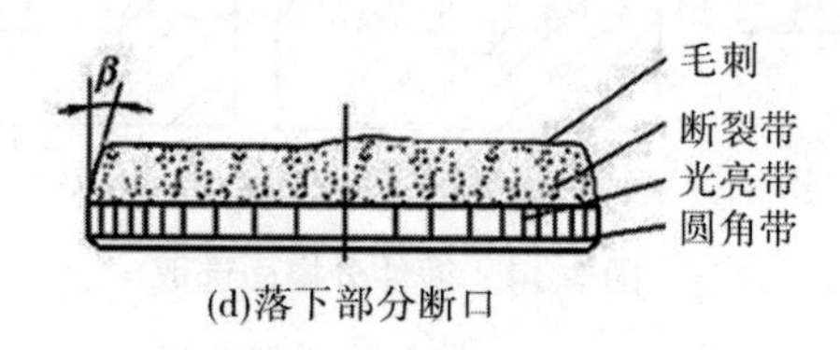

(d)落下部分断口

图 2.15　冲裁过程

板料经过分离后，其尺寸精度尚不够高并可能带有毛刺，通过修整能够去除毛刺，提高尺寸精度。

(2) 板料的成形

①弯曲

将平直的坯料或半成品弯曲成一定形状或角度的方法称为弯曲，如图2.16所示。弯曲结束后，坯料产生一定回弹，使被弯曲的角度变大——回弹现象。为了抵消回弹的影响，可以适当增加变形角度，一般回弹角为0°~10°。弯曲半径过小，弯曲处的外沿塑性变形严重，将会造成材料开裂，因而对弯曲件必须限制弯曲半径。最小弯曲半径与坯料的厚度有关。最小弯曲半径 r_{min} 为（0.25~1）S，其中S为板料厚度。如果材料的塑性较大，最小弯曲半径可适当减小。

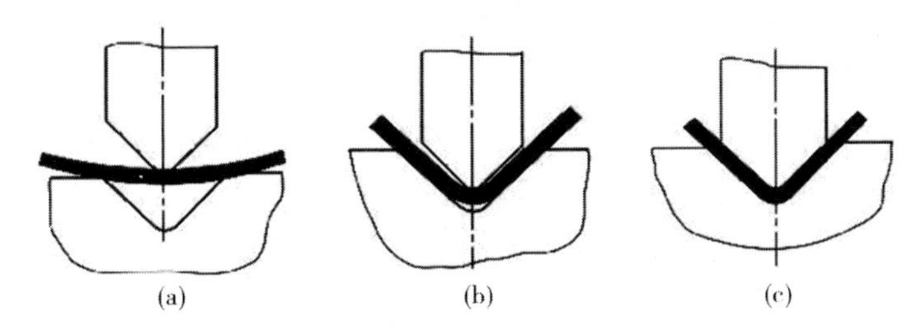

图2.16 弯曲示意图

②拉深

利用拉深模具将板料冲压成为一端开口的空心件的方法，如图2.17所示。深度较大时，要经多次拉深。为避免一次拉深量过大，产生开裂，需对每次的拉深量进行限制，即由拉深系数控制。对于圆形件，拉深系数为拉深后直径与拉深前直径的比值，其取值范围为0.5~0.8。

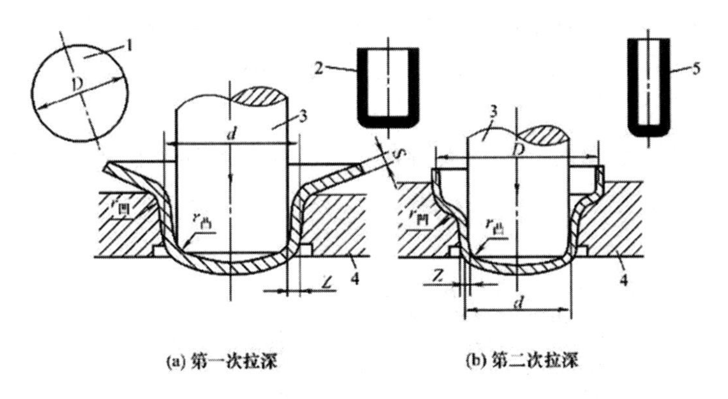

图2.17 板料拉深

$$m = \frac{d_1}{d_0}$$

式中，m 为拉深系数；d_1 为拉深后的直径；d_0 为拉深前的直径。

多次拉伸时，为减小形变强化的影响，可以穿插进行再结晶退火。拉深易出现的缺陷为褶皱、拉穿，如图2.18所示。

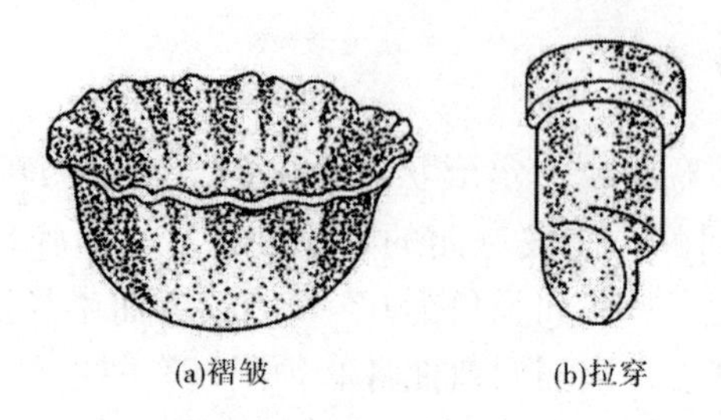

图 2.18 拉深件废品

可采用压边圈防止褶皱，如图 2.19 所示。

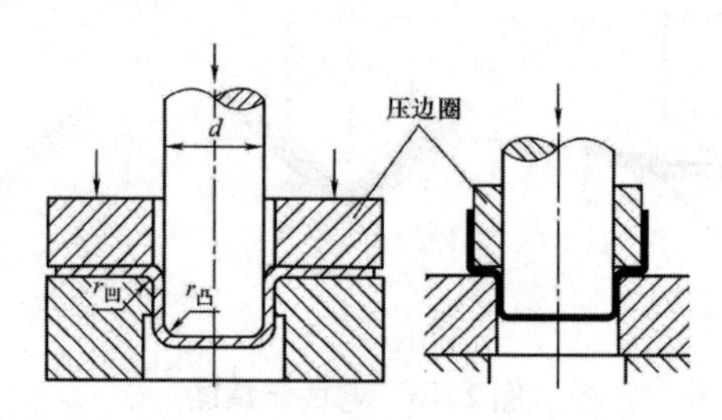

图 2.19 压边圈防止褶皱

③压筋

压筋是对材料进行较浅的变形，是形成局部凹下与凸起的成形方法，常用于冲压加强筋和花纹等，如图 2.20（a）所示。

④翻边

将坯料孔的边缘或其外缘翻出一定高度的方法称为翻边。翻边的变形量由翻边系数控制，为翻边前孔径与翻边后孔径的比值，翻边系数愈小，变形量愈大。

⑤胀形

利用弹性物质作为成形的凸模，板料在胀形的作用下受到扩张，沿凹模成形的方法，如图 2.20（b）所示。

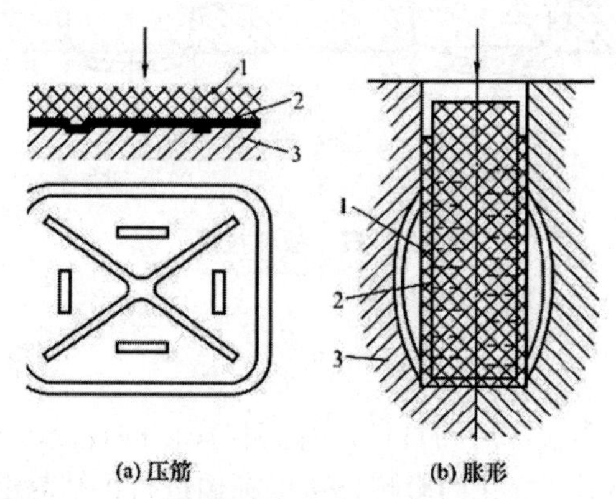

1—硬橡胶；2—工件；3—凹模。

图 2.20 压筋与胀形

⑥旋压

旋压成形必须有专门的旋压机，适于制造数量较少的空心件，如图 2. 21 所示。

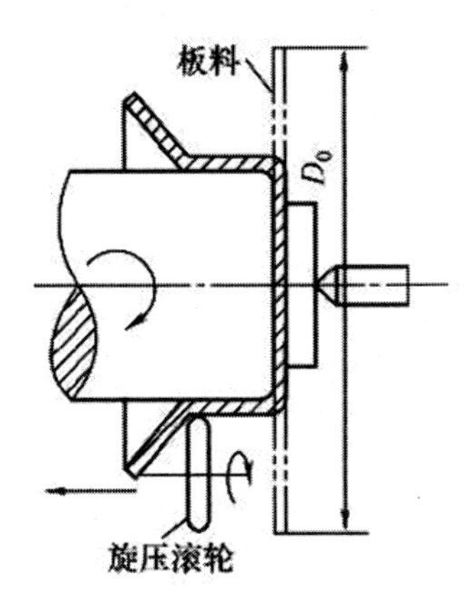

图 2. 21　旋压

(3) 冲压模具

冲压模具有多种形式，按组合方式可以分为简单模、连续模和复合模。

①简单模

在一次行程中，只能完成一道工序。模具的结构简单、生产效率低。在压力机的一次行程中只完成一道工序的模具称为简单冲模，如图 2. 22 所示。凹模 2 用压板 7 固定在下模板 4 上，下模板用螺栓固定在压力机的工作台上，凸模 1 用压板 6 固定在上模板 3 上，上模板则通过模柄 5 与压力机的滑块连接。因此，凸模可随滑块做上下运动，用导柱 12 和套筒 11 使凸模向下运动能对准凹模孔，并使凸凹模间保持均匀间隙。工作时，条料在凹模上，在两个导板 9 之间送进。

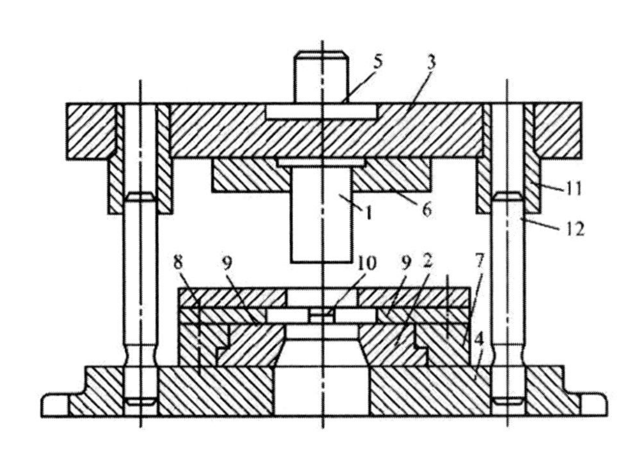

1—凸模；2—凹模；3—上模板；4—下模板；5—模柄；6—压板；7—压板；
8—卸料板；9—导板；10—定位销；11—套筒；12—导柱。

图 2. 22　简单冲模

②连续模

一次行程中，在不同工位上同时完成两个以上的工序。坯料在不同工位分别定位，因定位次数多而精度较低。其效率高于简单模。连续模进模前后如图 2. 23 所示。

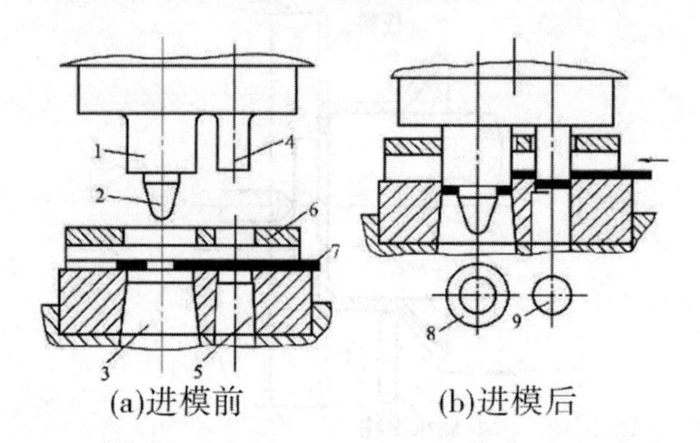

1—落料凸模；2—定位销；3—落料凹模；4—冲孔凸模；
5—冲孔凹模；6—卸料板；7—坯料；8—成品；9—废料。

图 2. 23　连续模

③复合模

一次行程中，在同一个工位上完成两个以上的工序。定位次数少，精度高，但结构复杂。适于批量大、精度要求高的冲压件，如图 2. 24 所示。

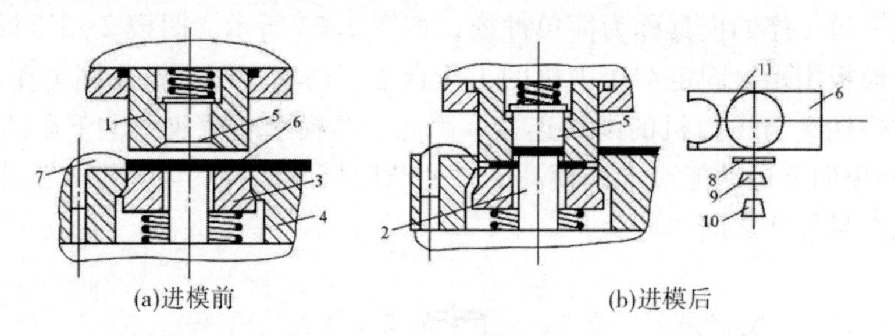

1—凸凹模；2—拉深凸模；3—压板（卸料器）；4—落料凹模；5—顶出器；6—条料；7—挡料销；
8—坯料；9—拉深件；10—零件；11—切余材料。

图 2. 24　复合模

（4）冲压件的结构工艺性

①冲裁件的形状要尽量简单、对称，凸凹部位不能过深和太狭窄，孔间距或孔离边沿不宜太近，孔的直径不宜过小。

②冲裁件的外形要利于充分利用材料。

③弯曲件的弯曲半径不要小于“最小弯曲半径”，弯曲时的弯曲轴线应垂直于坯料的纤维方向。

④弯曲带孔件时，孔不可太靠近弯曲部位；弯曲件的弯曲边高不宜太小。

⑤拉深件的形状要简单、对称，拉深件的转弯处要有过渡圆角。

⑥对复杂冲压件采用分体组合方案，以简化工艺。

2.3　金属连接成型

2.3.1　焊接方法

焊接也称作熔接、镕接，是一种以加热、高温或者高压的方式接合金属或其他热塑性材料（如塑料）的制造工艺及技术。焊接通过下列三种途径达成接合的目的：

①加热欲接合工件使之局部熔化，形成熔池，熔池冷却凝固后便接合，必要时可加入熔填物辅助。

②单独加热熔点较低的焊料，无须熔化工件本身，借焊料的毛细作用连接工件，如软钎焊、硬焊。

③在相当于或低于工件熔点的温度下辅以高压、叠合挤塑或振动等使两工件间相互渗透接合，如锻焊、固态焊接。

依具体的焊接工艺，焊接可细分为气焊、电阻焊、电弧焊、感应焊接及激光焊接等。焊接的能量来源有很多种，包括气体焰、电弧、激光、电子束、摩擦和超声波等。除了在工厂中使用外，焊接还可以在多种环境下进行，如野外、水下和太空。无论在何处，焊接都可能给操作者带来危险，所以，在进行焊接时必须采取适当的防护措施。焊接给人体可能造成的伤害包括烧伤、触电、视力损害、吸入有毒气体、紫外线照射过度等。

焊接件的特点如下：

①焊接结构不可拆卸，更换修理部分的零部件不便。

②焊接结构容易引起较大残余应力和焊接变形。

③焊接接头中存在一定数量的缺陷，如裂纹、夹渣、气孔、未焊透等。

④焊接接头存在性能不均匀性。

（1）焊条电弧焊

焊条电弧焊属用手工操作焊条进行焊接的电弧焊方法。电弧焊是指利用电弧作为热源的熔焊方法。电弧焊是目前生产中应用最多、最普遍的一种金属焊接方法。常见的接头形式如图 2. 25 所示。

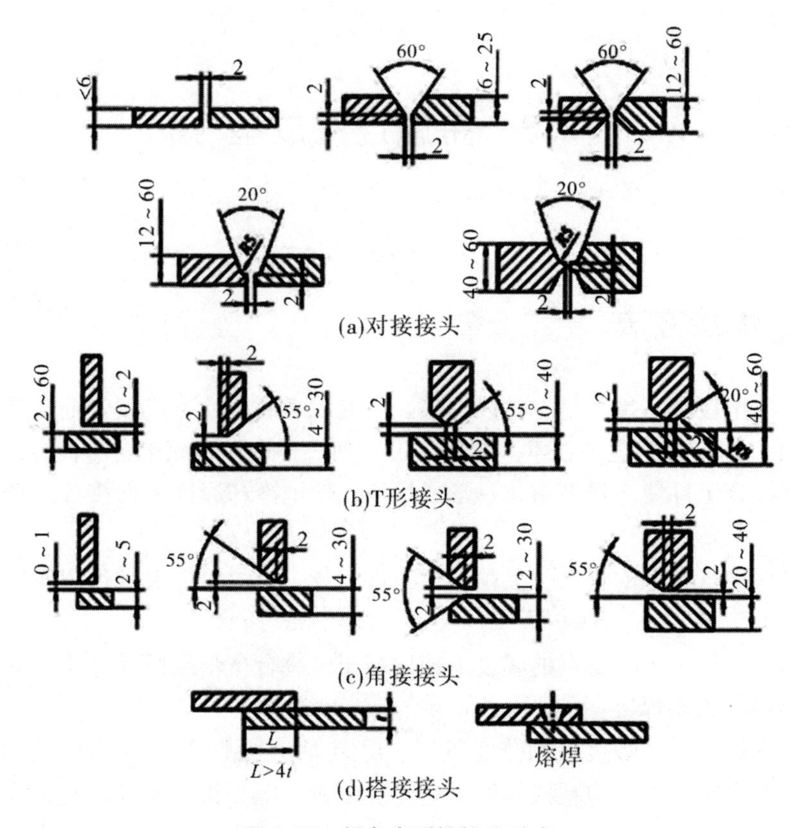

图 2.25 焊条电弧焊接头形式

（2）埋弧焊

埋弧焊（含埋弧堆焊及电渣堆焊等）是一种电弧在焊剂层下燃烧进行焊接的方法。其固有的焊接质量稳定、焊接生产率高、无弧光及烟尘很少等优点，使其成为压力容器、管段制造、箱型梁柱等重要钢结构制作中的主要焊接方法。其焊接过程如图 2.26 所示。

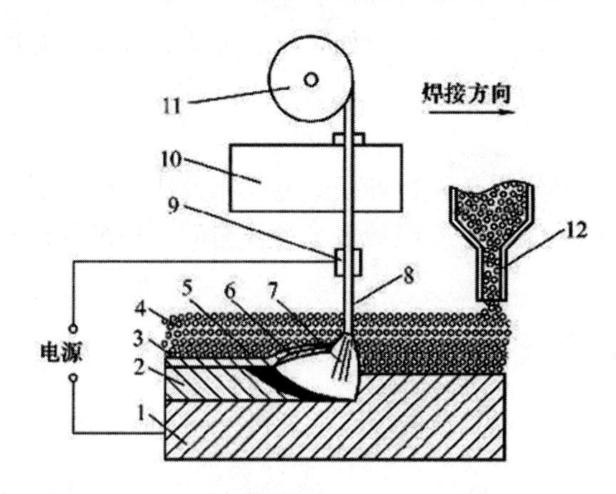

1—焊件；2—焊缝；3—渣壳；4—焊剂；5—熔池；6—熔渣；7—电弧；8—焊丝；9—导电嘴；10—焊接机头；11—焊丝盘；12—焊剂漏斗。

图 2.26 埋弧焊

(3) 氩弧焊

氩弧焊技术是在普通电弧焊的原理的基础上，利用氩气对金属焊材的保护，通过高电流使焊材在被焊基材上融化成液态，形成熔池，使被焊金属和焊材达到冶金结合的一种焊接技术。在高温熔融焊接中不断送上氩气，使焊材不能和空气中的氧气接触，从而防止了焊材的氧化，所以可以焊接不锈钢、铁类五金金属。氩弧焊按照电极的不同分为熔化极氩弧焊和非熔化极氩弧焊两种，如图2.27所示。

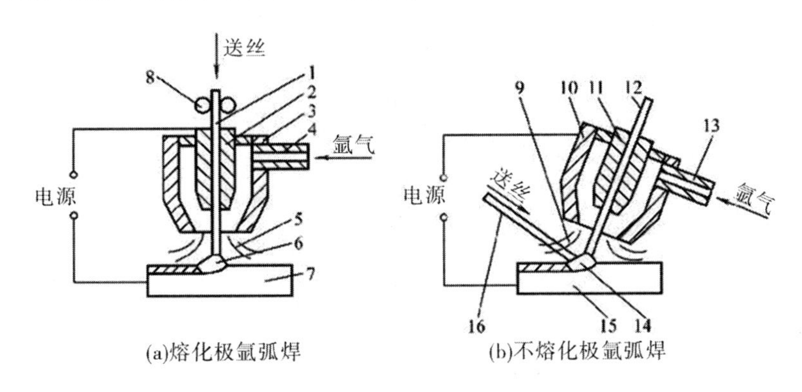

1，16—焊丝；2，11—导电嘴；3，10—喷嘴；4，13—进气管；
5，9—气流；6，14—电弧；7，15—焊件；8—送丝轮；12—钨棒。

图2.27 氩弧焊示意图

(4) 二氧化碳气体保护焊

二氧化碳气体保护焊是焊接方法中的一种，是以二氧化碳气为保护气体进行焊接的方法。其在应用方面操作简单，适合自动焊和全方位焊接。在焊接时不能有风，适合室内作业。目前已成为黑色金属材料重要的焊接方法之一，如图2.28所示。

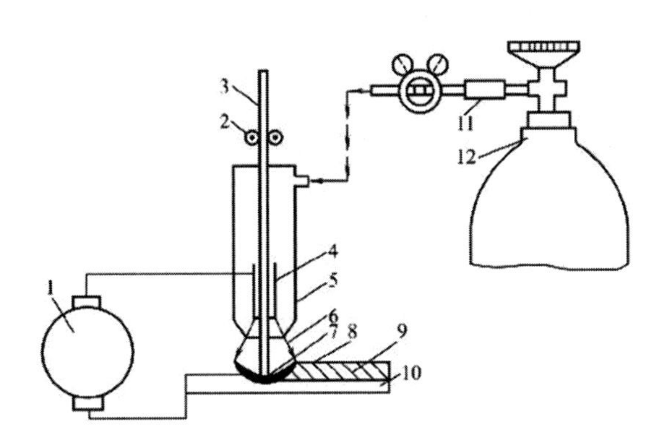

1—焊接电源；2—送丝滚轮；3—焊丝；4—导电嘴；5—喷嘴；6—CO_2气体；
7—电弧；8—熔池；9—焊缝；10—焊件；11—预热干燥器；12—CO_2气瓶。

图2.28 CO_2气体保护焊过程

(5) 等离子弧焊

等离子弧切割是一种常用的金属和非金属材料的切割工艺方法。它利用高速、高温和高能的等离子气流来加热和熔化被切割材料，并借助内部的或者外部的高速气流或水流将熔化材料排开直至等离子气流束穿透背面而形成割口，如图 2. 29 所示。

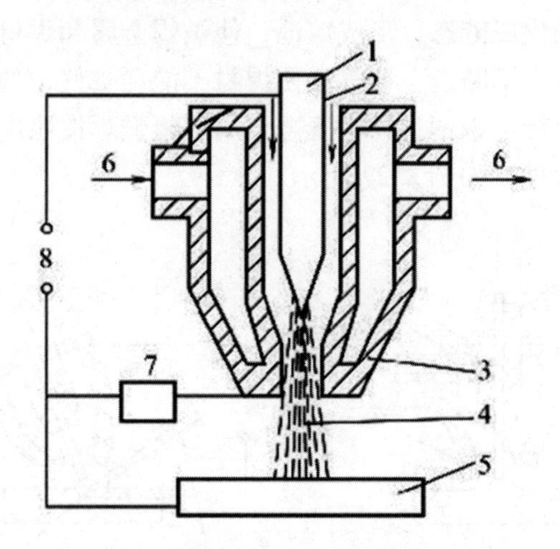

1—钨极；2—等离子气；3—喷嘴；4—等离子弧；5—焊件；6—冷却水；7—限流电阻；8—电源。

图 2. 29　等离子弧发生装置示意

（6）激光焊

激光焊接是激光材料加工技术应用的重要方面之一。20 世纪 70 年代主要用于焊接薄壁材料和低速焊接，焊接过程属热传导型，即激光辐射加热工件表面，表面热量通过热传导向内部扩散，通过控制激光脉冲的宽度、能量、峰值功率和重复频率等参数，使工件熔化，形成特定的熔池。其由于独特的优点，已成功应用于微型、小型零件的精密焊接中，如图 2. 30 所示。

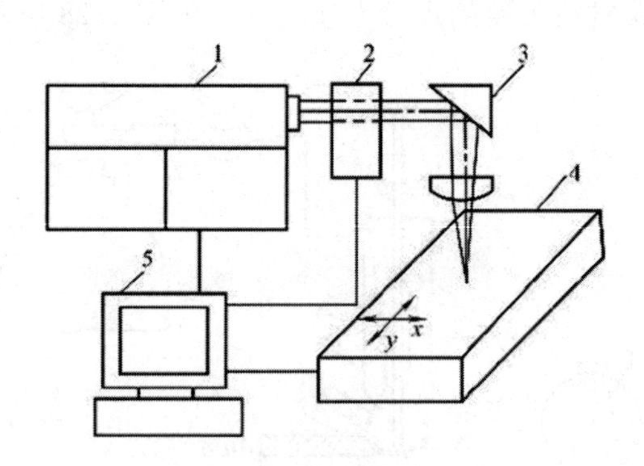

1—激光器；2—光束检测仪；3—偏传聚焦系统；4—工作台；5—控制系统。

图 2. 30　激光焊示意图

其他常用的焊接方法还有摩擦焊、对焊、钎焊等。

2.3.2 其他连接成型方法

（1）机械连接

常见的机械连接有螺栓连接及铆接等，如图2.31所示。

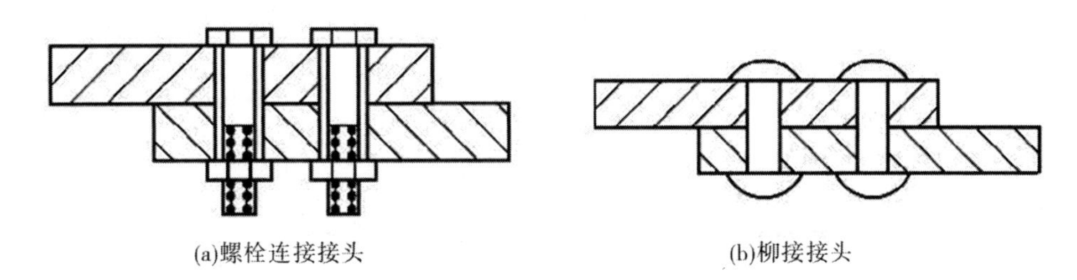

图2.31 螺栓、铆钉连接

（2）胶接

胶接（Bonding）是利用在连接面上产生的机械结合力、物理吸附力和化学键合力而使两个胶接件连接起来的工艺方法。胶接不仅适用于同种材料，也适用于异种材料。胶接工艺简便，不需要复杂的工艺设备，胶接操作不必在高温、高压下进行，因而胶接件不易产生变形，接头应力分布均匀。在通常情况下，胶接接头具有良好的密封性、电绝缘性和耐腐蚀性。

2.4 毛坯的选材

机械零件的选材是一项十分重要的工作。选材是否恰当，特别是一台机器中关键零件的选材是否恰当，将直接关系到产品的使用性能、使用寿命及制造成本。

1. 材料的使用性能原则

材料的使用性能是指机械零件在正常工作条件下应具备的力学、物理、化学等性能，是保证该零件可靠工作的基础，是选材时考虑的最主要根据。

（1）分析零件工作条件，提出使用性能要求。在分析零件工作条件和失效的基础上，提出对所用材料的性能要求。

①受力状况。它主要包括载荷的类型（如静载、动载、循环载荷或单调载荷等）、载荷的形式（如拉伸、压缩、弯曲、扭转等）、载荷的大小及分布特点（如均布载荷或集中载荷）。

②环境状况。它主要是指温度（如低温、室温、高温、交变温度）及介质情况（如腐蚀或摩擦）。

③特殊功能。它主要包括导电性、磁性、热膨胀性、相对密度以及外观等情况。

一般零件的使用性能主要是指材料的力学性能，其性能参数与零件尺寸参数、形状相配合，即构成零件的承载能力。常用零件的工作条件、主要失效方式及所要求的主要力学性能如表 2.1 所示。

表 2.1 常用零件的工作条件、主要失效方式及所要求的主要力学性能

零件（工具）	工作条件			常见失效形式	要求的主要力学性能
	应力类型	载荷性质	其他		
重要螺栓	交变拉应力	静		过量变形、断裂	屈服强度、疲劳强度、塑性、HRC
曲轴、轴类	弯、扭应力	循环、冲击	轴颈处摩擦、震动	疲劳破坏、过量变形、轴颈磨损、咬蚀	屈服强度、疲劳强度、HRC
传动齿轮	压、弯应力	循环、冲击	强烈摩擦、冲击震动	磨损、疲劳麻点、齿折断	表面硬度及弯曲疲劳强度、接触疲劳强度、心部屈服强度、韧性
弹簧	交变拉应力	循环、冲击	震动	弹力丧失、疲劳破断	弹性极限、屈服比、疲劳强度
冷作模具	复杂应力	循环、冲击	强烈摩擦	磨损、脆断	硬度、足够的强度、韧性
滚动轴承	交变压应力、滚动摩擦	循环、冲击	强烈摩擦	疲劳断裂、磨损、麻点剥蚀	抗压强度、疲劳强度、HRC

零件实际受力条件是较复杂的，而且选材时还应考虑到短时过载、润滑不良、材料内部缺陷等影响因素，因此，力学性能指标常成为材料选择的主要依据。

（2）选材注意事项。各种材料的力学性能指标数值一般可从机械设计手册中查到，但是在利用具体性能指标时，必须注意以下几个问题：

①同种材料，若采用不同工艺，其性能指标数值不同。例如，同种材料采用锻压成形比用铸造成形强度高；使用调质处理比用正火的力学性能沿截面分布更均匀。

②在手册上查到的性能指标是小尺寸光滑试样或标准试样，是在规定载荷下测定的。

③对于在复杂条件下工作的零件，必须采用特殊实验室性能指标作为选材依据，如高温强度、抗磨蚀性等。

④因测试条件不同，测定的性能指标数值会产生一定的变化。

2. 材料的工艺性能原则

任何材料都是由不同的工程材料通过一定的加工工艺制造出来的，因此，材料的工艺性能，即加工成零件的难易程度，是选材时必须考虑的重要问题，它直接影响到零件的加工质量和费用。

（1）铸造性能。铸造性能是指材料在铸造生产工艺过程中所表现出来的性能，它包含流动性、收缩性、疏松及偏析倾向、吸气性、熔点高低等。

（2）压力加工性能。压力加工性能是指材料的塑性和变形抗力，包括锻造性能、冷冲压性能等。塑性好，则易成形，加工面质量优良，不易产生裂纹；变形抗力小，则变形比

较容易，变形功小，金属易于充满模腔，不易产生缺陷。一般低碳钢的压力加工性能比高碳钢好，非合金钢的压力加工性能比合金钢好。

（3）焊接性能。焊接性能指材料对焊接成形的适应性，即在一定焊接工艺条件下，材料获得优质焊接接头的难易程度。它包括焊接应力、变形及晶粒粗化倾向，焊缝脆性、裂纹、气孔及其他缺陷倾向等。

（4）切削加工性能。切削加工性能指材料接受切削加工而成为合格工件的难易程度，通常用切削抗力大小、零件表面粗糙度、排除切削难易程度及刀具磨损量等来综合衡量其性能好坏。一般材料硬度值为170～230HBW时，切削加工性好。

（5）热处理工艺性能。热处理工艺性能指材料对热处理工艺的适应性能。通常用材料的热敏感性、氧化、脱碳倾向、淬透性、回火脆性、淬火变形和开裂倾向等来评定。一般碳钢的淬透性差，强度较低，加热时易过热，淬火时易变形开裂，而合金钢的淬透性优于碳钢。

（6）黏结固化性能。黏结固化性能是指高分子材料、陶瓷材料、复合材料及粉末冶金材料，大多数靠黏合剂在一定条件下将各组分黏结固化而成。因此，这些材料应注意在成形过程中，各组分之间的黏结固化倾向，才能保证顺利成形及成形质量。

3. 经济性原则

除了使用性能和工艺性能外，经济性也是选材必须考虑的重要问题。所谓的经济性是指所选用的材料加工成零件后，它的生产和使用的总成本最低，经济效益最好。选材时应注意以下几点：

（1）材料的价格。不同材料的价格差异很大（见表2.2），设计人员在对材料的市场价格有所了解的基础上，应尽可能选用价格比较低的材料。

表2.2 常见金属材料的相对价格

材料	相对价格/元	材料	相对价格/元
碳素合金钢	1	铬不锈钢	约6
低合金高强度结构钢	1.2～1.7	铬镍不锈钢	12～14
优质碳素结构钢	1.3～1.5	普通黄铜	9～17
易切削钢	约1.7	锡青铜、铝青铜	15～19
合金结构钢（铬镍合金结构钢除外）	1.7～2.5	灰铸铁	约1.4
铬镍合金结构钢（中合金钢）	约5	球墨铸铁	约1.8
滚动轴承钢	约3	可锻铸铁	2～2.2
碳素工具钢	约1.6	碳素铸钢件	2.5～3
低合金工具钢	3～6	铸造铝合金、铜合金	8～10
高速钢	10～18	铸造锡基轴承合金	约23
硬质合金（YT类刀片）	150～200	铸造铅基轴承合金	约10
钛合金	约40	镍	约25
铝及铝合金	5～10	金	约50 000

（2）材料的加工费用。零件的生产工艺与数量直接影响零件的加工费用，因此，应当合理地安排零件的生产工艺，尽量减少生产工序，并尽可能采用无切削加工新工艺，如精铸、模锻、冷拉毛坯等。对于单件生产，尽量不采用铸造方法。

（3）资源供应状况。随着工业的发展，资源和能源的问题日益突出，所选材料应立足于国内和资源较近的地区，并尽量减少所选材料的品种、规格，以简化采购、运输、保管及生产管理等各项工作。另外，所选材料应满足环境保护的要求，尽量减少污染。还要注意生产所用材料的能源消耗，尽量选用耗能低的材料。

思考练习题

1. 金属液态成型方法有哪些并做一简单介绍。
2. 简述砂型铸造和特种铸造的特点。
3. 简述熔模铸造的特点和应用。
4. 铸造成型的浇注系统由哪几部分组成？其功能是什么？
5. 金属塑性成型方法有哪些并做一简单介绍。
6. 金属连接成型方法有哪些并做一简单介绍。

第 3 章　金属切削基本知识

3.1　切削刀具的结构

金属切削刀具的种类很多，形状也各不相同，但它们切削部分的几何形状与参数方面却有着共同的内容，因而不论刀具构造多么复杂，也不论是单齿刀具或多齿刀具，就它们单个齿的切削部分而言，可以视为从外圆车刀的切削部分演变而来的。

图 3.1 为一把常见的外圆车刀，它由刀杆和刀头两部分组成。刀杆是车刀的夹持部分，刀头是车刀的切削部分，承担切削作用。它由以下几部分组成：

①前刀面 A_{γ}：刀具上切屑流出经过的表面，称为前刀面。

②主后刀面 A_{α}：与工件上过渡表面相对的表面，称为主后刀面。

③副后刀面 $A_{\alpha}^{'}$：与工件上的已加工表面相对的表面，称副后刀面。

④主切削刃 S：前刀面与主后刀面的交线称为主切削刃，在切削过程中，它承担主要切削工作。

⑤副切削刃 $S^{'}$：前刀面与副后刀面的交线，称为副切削刃。它配合主切削刃完成切削工作，并形成工件上的已加工表面。

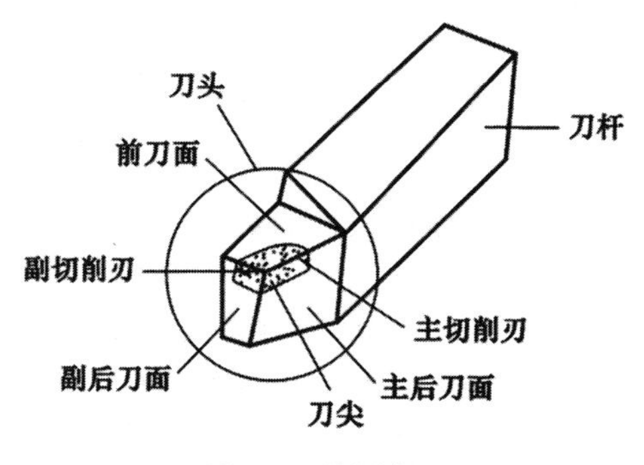

图 3.1　外圆车刀

⑥刀尖：主切削刃和副切削刃的连接部分，或者是主切削刃和副切削刃的交点。但在实际应用中，为了增强刀尖的强度和耐磨性，大多数情况下是在刀尖处磨成一小段直线或圆弧的过渡刀刃。刀尖的形状如图 3.2 所示。

应该注意：刀具每条切削刃都可以有自己的前刀面和后刀面，但为了制造和刃磨方便，往往是几条切削刃处在同一个前刀面上。

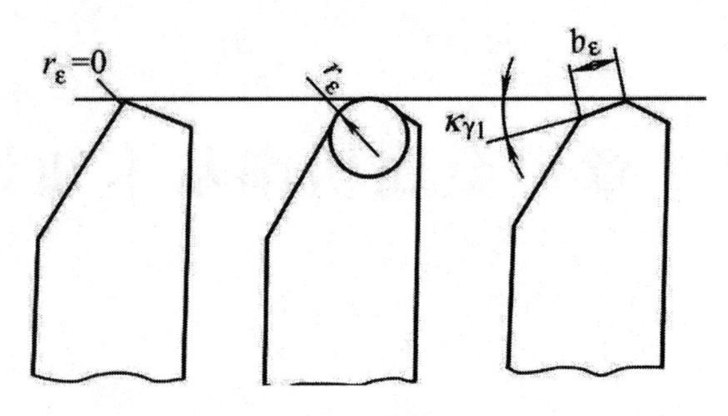

图 3.2　刀尖的形状

3.1.1　刀具几何角度

金属切削加工的刀具种类繁多，尽管有的刀具的结构相差很大，但刀具切削部分却具有相同的几何特征。

1. 刀具角度参考平面

切削平面：通过切削刃选定点与切削刃相切并垂直于基面的平面。

主切削平面：通过切削刃选定点与主切削刃相切并垂直于基面的平面。它切于过渡表面，也就是说，它是由切削速度方向与切削刃切线组成的平面。

副切削平面：通过切削刃选定点与副切削刃相切并垂直于基面的平面。

基面：通过切削刃选定点垂直于合成切削速度方向的平面。在刀具静止参考系中，它是过切削刃选定点的平面，平行或垂直于刀具在制造、刃磨和测量时适合于安装或定位的一个平面或轴线，一般说来，其方位要垂直于假定的主运动方向。

假定工作平面：在刀具静止参考系中，它是过切削刃选定点并垂直于基面，平行或垂直于刀具在制造、刃磨和测量时适合于安装或定位的一个平面或轴线，一般说来，其方位要平行于假定的主运动方向。

法平面：通过切削刃选定点并垂直于切削刃的平面。

2. 刀具角度参考系

刀具角度参考系包括正交平面参考系和法平面参考系。

（1）刀具标注角度

参考系用于定义和规定刀具角度的各基准坐标平面。参考系有两类：

①刀具标注角度参考系或静止参考系：刀具设计、刃磨和测量的基准，用此定义的刀具角度称刀具标注角度。

②刀具工作参考系：确定刀具切削工作时角度的基准，用此定义的刀具角度称刀具工作角度。

（2）测量车刀

为了便于测量车刀，在建立刀具静止参考系时，特做以下假设：

①不考虑进给运动的影响，即 f 为0。

②安装车刀时，刀柄底面水平放置，且刀柄与进给方向垂直；刀尖与工件回转中心等高。

由此可见，静止参考系是在简化了切削运动和设立标准刀具位置的条件下建立的参考系。

3. 正交平面参考系

正交平面参考系由三个平面组成：基面 P_r、切削平面 P_s 和正交平面 P_o 如图3.3所示。

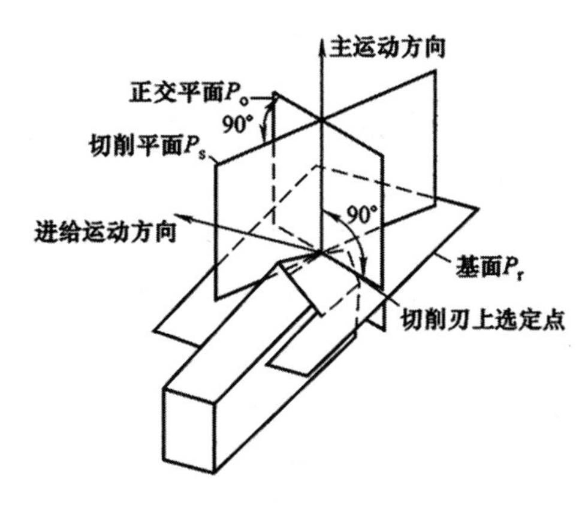

图3.3 正交平面参考系

（1）基面 P_r

基面指过主切削刃选定点，并垂直于该点切削速度方向的平面。车刀的基面可理解为平行刀具底面的平面。

（2）切削平面 P_s

切削平面指过主切削刃选定点，与主切削刃相切，并垂直于该点基面的平面。

（3）正交平面 P_o

正交平面指过主切削刃选定点，同时垂直于基面与切削平面的平面。

如图3.4所示，在正交平面参考系内标注角度如下：

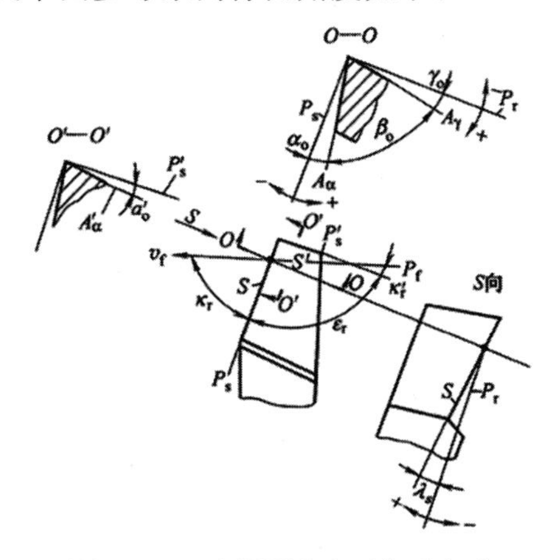

图3.4 正交平面参考系标注角度

在基面内定义的角度有：

主偏角 κ_r：主切削刃与进给运动方向之间的夹角，一般在0°~90°。

副偏角 κ_r'：是指副切削刃在基面上的投影与假定进给反方向之间的夹角。

在切削平面内定义的角度有刃倾角 λ_s，是指主切削刃与基面之间的夹角。切削刃与基面平行时，刃倾角为零；刀尖位于刀刃最高点时，刃倾角为正；刀尖位于刀刃最低点时，刃倾角为负。

过副切削刃上选定点且垂直于副切削刃在基面上投影的平面称为副正交平面。过副切削刃上选定点的切线且垂直于基面的平面称为副切削平面。副正交平面、副切削平面与基面组成副正交平面参考系。

在副正交平面内定义的角度有副后角 α_0'，是指副后刀面与副切削平面之间的夹角。

（4）其他参考系刀具标注角度

在标注可转位刀具或大刃倾角刀具时，常用法平面参考系。如图3.5所示，法平面参考系由 P_r、P_s、P_n（法平面）三个平面组成。法平面 P_n 是过主切削刃某选定点并垂直于切削刃的平面。

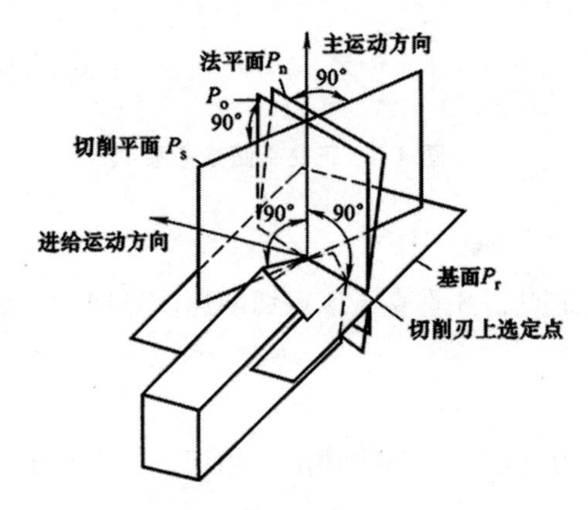

图3.5　法平面参考系

如图3.6所示，在法平面参考系内的标注角度有：

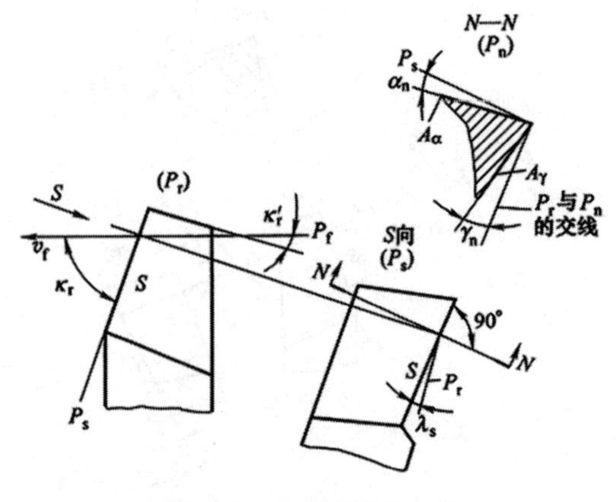

图3.6　参考系标注角度

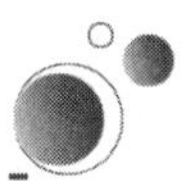

法前角 γ_n：是指在法平面内测量的前刀面与基面之间的夹角。

法后角 α_n：是指在法平面内测量的后刀面与切削平面之间的夹角。

其余角度与正交平面参考系的相同。

法前角、法后角与前角、后角可由下列公式进行换算：

$$\tan\gamma_n = \tan\gamma_o\cos\lambda_s$$

$$\cot\alpha_n = \cot\alpha_o\cos\lambda_s$$

4. 刀具工作角度

在实际的切削加工中，由于车刀的安装位置和进给运动的影响，上述车刀的标注角度会发生一定的变化。角度变化的根本原因是基面、切削平面和正交平面位置的影响。以切削过程中实际的基面、切削平面和正交平面为参考系所确定的刀具角度称为刀具的工作角度，又称实际角度。通常，刀具的进给速度很小，因此在正常的安装条件下，刀具的工作角度与标注角度基本相等。但在切断、车螺纹以及加工非圆柱表面等情况下，进给运动的影响就不能不考虑。为保证刀具有合理的切削条件，应根据刀具的工作角度来换算出刀具的标注角度。

（1）横向进给运动对工作角度的影响

如图3.7为切断车刀加工时横向进给运动对工作角度的影响的情况。加工时，切断车刀做横向直线进给运动，即工件转一转，车刀横向移动距离 f。横向进给运动对工作角度的影响切削速度由 v_c 变至合成切削速度 v_e，因而基面 P_r 由水平位置变至工作基面 P_{re}，切削平面 P_s 由铅垂位置变至工作切削平面 P_{se}，从而引起刀具的前角和后角发生变化：

$$r_{0e} = r_0 + \mu \quad (3-1)$$

$$\alpha_{0e} = \alpha_0 - \mu \quad (3-2)$$

$$\mu = \arctan\frac{f}{\pi d} \quad (3-3)$$

式中，r_{0e}、α_{0e} 分别为工作前角和工作后角。

由式（3-3）可知，进给量 f 增大，则 μ 值增大；瞬时直径 d 减小，μ 值也增大。

因此，车削至接近工件中心时，μ 值增大很快，工作后角将由正变负，致使工件最后被挤断。

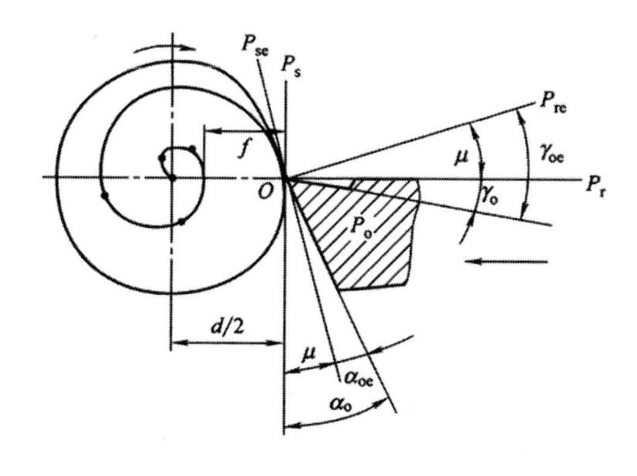

图3.7　横向进给运动对工作角度的影响

（2）轴向进给运动对工作角度的影响

如图 3.8 所示，车削外圆时，假定车刀 $\lambda_s = 0$，如不考虑进给运动，则基面 P_r 平行于刀杆底面，切削平面 P_s 垂直于刀杆底面。若考虑进给运动，则过切削刃上选定点的相对速度是合成切削速度 v_e，而不是主运动 v_c，故刀刃上选定点相对于工作表面的运动就是螺旋线。这时，基面 P_r 和切削平面 P_s 就会在空间偏转一定的角度 μ，从而使刀具的工作前角 r_{0e} 增大，工作后角 α_{0e} 减小：

$$r_{0e} = r_0 + \mu \tag{3-4}$$

$$\alpha_{0e} = \alpha_0 - \mu \tag{3-5}$$

$$tan\mu = \frac{f\sin\kappa_r}{\pi d_w} \tag{3-6}$$

由式（3-6）可知，进给量 f 越大，工件直径 d_w 越小，则工作角度值的变化就越大。一般车削时，由进给运动所引起的 μ 值不超过 $30' \sim 1°$，故其影响常可忽略。但是在车削大螺距螺纹或蜗杆时，进给量 f 很大，故 μ 值较大，此时就必须考虑它对刀具工作角度的影响。

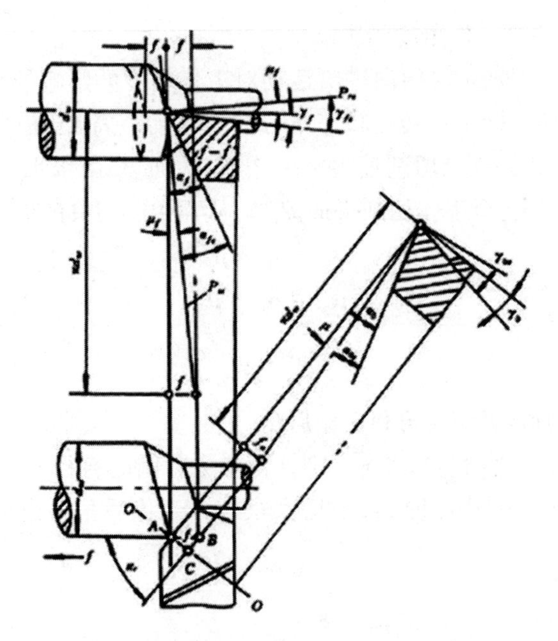

图 3.8　轴向进给运动对工作角度的影响

5. *刀具安装高低对工作角度的影响*

车削外圆时，车刀的刀尖一般与工件轴线是等高的。若车刀的刃倾角为 $\lambda_s = 0$，则此时刀具的工作前角和工作后角与标注前角和标注后角相等。如果刀尖高于或低于工件轴线，则此时的切削速度方向发生变化，引起基面和切削平面的位置改变，从而使车刀的实际车削角度发生变化。具体可见图 3.9，刀尖高于工件轴线时，工作切削平面变为 P_{se}，工作基面变为 P_{re}，则工作前角 r_{0e} 增大，工作后角 α_{0e} 减小；刀尖低于工件轴线时，则工作角摩的变化正好相反：

$$r_{0e}=r_0 \pm\theta$$
$$\alpha_{0e}=\alpha_0 \mp \theta$$
$$\tan\theta=\frac{h}{\sqrt{\left(\frac{d_w}{2}\right)^2-h^2}}\cos\kappa_r$$

上式中，h 为刀尖高于或低于工件轴线的距离（mm）。

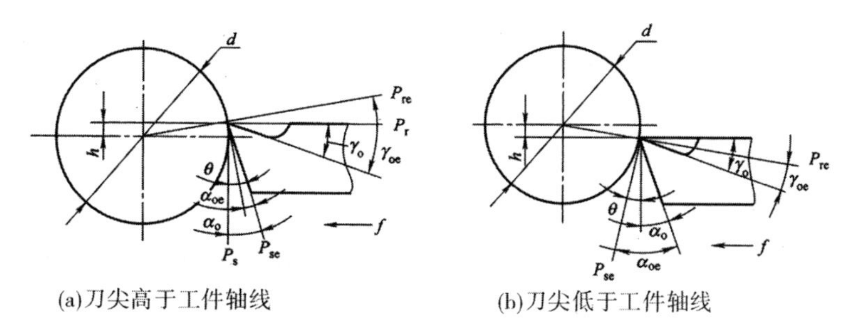

图3.9　刀具安装高低对工作角度的影响

6. 刀杆中心线偏斜对工作角度的影响

当车刀刀杆的中心线与进给方向不垂直时，车刀的主偏角 κ_r 和副偏角 κ_r' 将发生变化。刀杆右斜，如图3.10所示，将使工作主偏角 κ_{re} 增大，工作副偏角 κ_{re}' 减小；如果刀杆左斜，则 κ_{re} 减小，κ_{re}' 增大：

$$\kappa_{re}=\kappa_r \pm\varphi$$
$$\kappa_{re}'=\kappa_r' \mp \varphi$$

式中，φ 为进给方向的垂线与刀杆中心线间的夹角。

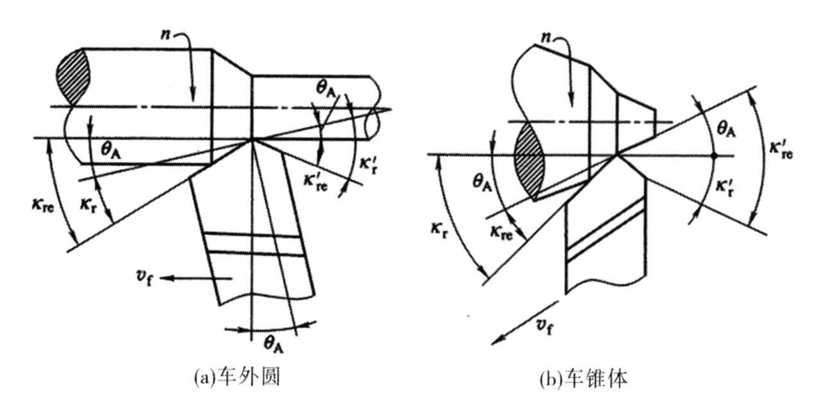

图3.10　刀杆中心线与进给方向不垂直对工作角度的影响

3.1.2　刀具几何参数的选择

刀具几何参数主要包括刃形、刀面形式、刃口形式和刀具角度等。刀具合理几何参数

是指在保证加工质量和刀具寿命的前提下，能达到提高生产效率，降低制造、刃磨和使用成本的刀具几何参数。

1. *刃形、刀面形式与刃口形式*

（1）刃形与刀面形式

刃形是指切削刃的形状，有直线刃和空间曲线刃等刃形。合理的刃形能强化切削刃、刀尖，减小单位刃长上的切削负荷，降低切削热，提高抗震性，提高刀具寿命，改变切屑形态，方便排屑，改善加工表面质量等。

刀面形式主要是前刀面上的断屑槽、卷屑槽等。

（2）刃口形式

刃口形式是切削刃的剖面形式。刀具或刀片在精磨之后，有时需对刃口进行钝化，以获得好的刃口形式，经钝化后的刀具能有效提高刃口强度、提高刀具寿命和切削过程的稳定性。有一个好的刃口形式和刃口钝化质量是刀具优质高效地进行切削加工的前提之一。从国外引进数控机床和生产线所用刀具，其刃口已全部经钝化处理。研究表明，刀具刃口钝化可有效延长刀具寿命至两倍或更多，大大降低刀具成本，给用户带来巨大的经济效益。

①锋刃。锋刃刃磨简便、刃口锋利、切入阻力小，特别适于精加工刀具。锋刃的锋利程度与刀具材料有关，与楔角的大小有关。

②倒棱刃。又称负倒棱，能增强切削刃，延长刀具寿命。加工各种钢材的硬质合金刀具、陶瓷刀具，除了微量切削加工外，都需磨出倒棱刃。一般加工条件下，取 $b_r = (0.3 \sim 0.8)f$，f 为进给量；$r_{o1} = -10° \sim -15°$；粗加工锻件、铸钢件或断续切削时，$b_r = (1.3 \sim 2)f$，$r_{o1} = -10° \sim -15°$。

③消振棱刃。消振棱刃能产生与振动位移方向相反的摩擦阻尼作用力，有助于消除切削低频振动。常用于切断刀、高速螺纹车刀、梯形螺纹精车刀以及熨压车刀的副切削刃上。常取 $b_d = 0.1 \sim 1.3\text{mm}$，$\alpha_{o1} = -5° \sim -20°$。

④白刃。又称刃带。铰刀、拉刀、浮动镗刀、铣刀等，为了便于控制外径尺寸，保持尺寸精度，并有利于支承、导向、稳定、消振及熨压作用，常采用白刃的刃区形式。常取 $b_d = 0.02 \sim 0.3\ \text{mm}$，$\alpha_{o1} = 0°$。

⑤倒圆刃。能增强切削刃，具有消振熨压作用。常取 $r_n = 1/3f = 1$ 或 $r_n = 0.02 \sim 0.05\text{mm}$。

根据不同的加工条件，合理选择刃口形式与刃口形状的参数，实际上就是正确处理好刀具“锐”与“固”的关系。“锐”是刀具切削加工必须具备的特征，同时考虑刃口的“固”也是为了更有效地进行切削加工，延长刀具寿命，减少刀具的消耗费用。刀具刃口钝化就是通过合理选择刃口形式与刃口形状的参数以达“锐固共存”的目的。精加工时刀具刃口“锐”一些，其钝化参数取小值；粗加工时刀具刃口钝一些，其钝化参数取大值。

2. *刀具角度的选择*

（1）前角的选择

前角的大小将影响切削过程中的切削变形和切削力，同时也影响共建的表面粗糙度和

刀具的强度与寿命。增大刀具前角，可以减小前刀面挤压被切削层，达到减小塑性变形、减小切削力和表面粗糙度的目的；但刀具前角过大，会降低切削刃和刀头的强度，刀头散热条件变差，切削时刀头容易崩刃，因此，合理前角的选择既要使切削刃锋利，又要有一定的强度和一定的散热体积。

对不同材料的工件，在切削时合理前角值不同，切削钢的合理前角比切削铸铁大，切削中硬钢的合理前角比切削软钢小。

对于不同的刀具材料，由于硬质合金的抗弯强度较低，抗冲击韧性差，所以合理前角就小于高速钢刀具的合理前角。

粗加工、断续切削或切削特硬材料时，为保证切削刃强度，应取较小的前角，甚至负前角。

（2）后角的选择

后角的大小将影响刀具后刀面与已加工表面之间的摩擦。后角增大可减小后刀面与加工表面之间的摩擦，后角越大，切削刃越锋利，但是切削刃和刀头的强度削弱，散热体积减小。

粗加工、强力切削及承受冲击载荷的刀具，为增加刀具强度，后角应取小些；精加工时，增大后角可提高刀具寿命和已加工表面的质量。

工件材料的硬度与强度高，取较小的后角，以保证刀头强度；工件材料的硬度与强度低，塑性大，易产生加工硬化，为了防止刀具后刀面磨损，后角应适当加大。加工脆性材料时，切削力集中在刃口附近，宜取较小的后角。若采用负前角，应取较大的后角，以保证切削刃锋利。

刀具尺寸精度高，取较小的后角，以防止重磨损后刀具尺寸的变化。

（3）主偏角的选择

主偏角和副偏角越小，刀头的强度越高，散热面积越大，刀具寿命长，而且，主偏角和副偏角减小，工件加工后的表面粗糙度会减小，但是，主偏角和副偏角减小时，会加大切削过程中的背向力，容易引起工艺系统的弹性变形和振动。

主偏角的选择原则与参考值：工艺系统的刚度较好时，主偏角可取小值，如 $\kappa_r=30°\sim45°$，在加工高强度、高硬度的工件材料时，可取 $\kappa_r=10°\sim30°$，以增加刀头的强度。当工艺系统的刚度较差或强力切削时，一般取 $\kappa_r=60°\sim75°$。车削细长轴时，为减小背向力，取 $\kappa_r=90°\sim93°$。在选择主偏角时，还要视工件形状及加工条件而定，如车削阶梯轴时，可取 $\kappa_r=90°$，用一把车刀车削外圆、端面和倒角时，可取 $\kappa_r=45°\sim60°$。

（4）副偏角的选择

副偏角主要根据工件加工表面的粗糙度要求和刀具强度来选择，在不引起振动的情况下，尽量取小值。粗加工时，取 $\kappa_r'=10°\sim15°$，精加工时，取 $\kappa_r'=5°\sim10°$。当工艺系统刚度较差或从工件中间切入时，可取 $\kappa_r'=30°\sim45°$。精车时，可在副切削刃上磨出一段 κ_r' 为 0°、长度为（1.2～1.5）f 的修光刃，以减小已加工表面的粗糙度值。

切断刀、锯片铣刀和槽铣刀等，为了保证刀具强度和使其重磨后宽度变化较小，副偏角宜取 1°30′。

（5）刃倾角的选择

刃倾角 λ_s 的正负要影响切屑的排除方向，精车和半精车时刃倾角宜选用正值，使切屑流向待加工表面，防止划伤已加工表面。加工钢和铸铁，粗车时取刃倾角 0°～-5°；车削淬硬钢时，取-5°～-15°，使刀头强固，刀尖可避免受到冲击，散热条件好，提高了刀具寿命。

加大 30°～45°，使切削刃变得锋利，可以切下很薄的金属层。当微量精车、精刨时，可取 45°～75°大刃倾角刀具，使切削刃加长，切削平稳，排屑顺利，生产效率高，加工表面质量好。工艺系统刚性差，切削时不宜选用负刃倾角。

3.1.3 常见刀具概述

金属切削刀具是完成切削加工的重要工具，它直接参与切削过程，从工件上切除多余的金属层。因为刀具变化灵活、收效显著，所以它是切削加工中影响生产率、加工质量和成本的最关键的因素。

1. 按照用途和加工方法划分

（1）切刀类：包括车刀、刨刀、插刀、镗刀、成形车刀、自动机床和半自动机床用的切刀以及一些专用切刀。一般多为只有一条切削刃的单刃刀具。

（2）孔加工刀具：是在实体材料上加工出孔或对原有孔扩大（包括提高原有孔的精度和减小表面粗糙度值）的一种刀具，如麻花钻、扩孔钻、锪钻、深孔钻、铰刀、镗刀等。

（3）拉刀类：在工件上拉削出各种内、外几何表面的刀具，生产率高，常大批量生产，刀具成本高。

（4）铣刀类：是一种应用非常广泛的在圆柱面或端面具有多齿、多刃的工具。它可以用来加工平面、各种沟槽、螺旋表面、轮齿表面和成形表面等。

（5）螺纹刀具：指加工内、外螺纹表面用的刀具。常用的有丝锥、板牙螺纹切头、螺纹滚压工具等。

（6）齿轮刀具：用于加工齿轮、链轮、花键等齿形的一类刀具，如齿轮滚刀、插齿刀、剃齿刀、花键滚刀等。

（7）磨具类：用于表面精加工和超精加工的刀具，如砂轮、砂带、抛光轮等。

（8）组合刀具、自动线刀具：根据组合机床和自动线特殊加工要求设计的专用刀具，可以同时或依次加工若干个表面。

（9）数控机床刀具：其刀具配置根据零件工艺要求而定，有预调装置、快速换刀装置和尺寸补偿系统。

（10）特种加工刀具，如水刀等。

2. 按照刀具材料划分

（1）整体式刀具：完全用一种刀具材料制造，对贵重的刀具材料消耗较大，一般只用来制造小尺寸刀具或某些复杂刀具，如中心钻、整体式立铣刀等。

（2）焊接式刀具：刀体用碳钢或低合金钢制造，形成切削刃的小部分用刀具材料，如

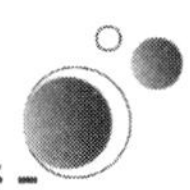

高速钢和硬质合金等制造。它用焊料焊接在刀体上预先加工出的刀槽中，再进行刀具的制造和刃磨。焊接式刀具结构简单、紧凑、刚性好，使用比较普遍。但硬质合金刀片经高温焊接后切削性能有所下降。

（3）机夹不重磨式刀具：是采用标准的可转位不重磨刀片，用机械夹固方法夹持在刀体上使用的刀具。刀具磨损后，将刀片转过一个角度，使下一个切削刃转到使用位置。不需要刃磨又可继续使用。这类刀具有如下特点：刀片不经高温焊接，也不经刃磨，更进一步提高了刀具耐用度；刀片磨损和转位使用，不会改变切削刃相对工件的位置，无须重新调刀，大大缩减了停机时间；刀片无须重磨，有利于涂层刀片、陶瓷刀片的推广使用，方便刀体和刀片的标准化，提高了经济性。正是由于这些优越性，机夹不重磨式刀具获得了越来越广泛的应用。但机夹不重磨式刀具的夹紧机构要设计合理、制造精良，以保证夹紧的可靠性和刀片转位后刀尖和切削刃的位置精度。

（4）机夹重磨式刀具：系采用普通刀片，用机械夹固方法夹持在刀体上使用的刀具。刀具磨损后，将刀片卸下，经过刃磨又可装上继续使用。这类刀具有如下特点：刀片不经高温焊接，提高了刀具耐用度；刀体可以多次使用，刀片利用率高。

3.2　刀具材料

刀具寿命、刀具消耗、工件加工精度、表面质量和加工成本等，在很大程度上取决于刀具材料。刀具材料的开发、推广和正确选用是推动机械制造技术发展进步的重要动力，也是提高产品质量、降低加工成本和提高生产率的重要手段。

3.2.1　刀具材料应具备的基本特性

切削加工时，机床主电动机运作时所做的功，除了少量被传动系统消耗外，绝大部分都在切削刃附近被转化成切削热。金属切削时产生的较大切削力，只作用在米粒大小面积的刀面上，使刀面承受很强的压力。刀具在高温、高压下进行切削工作，同时还要承受剧烈的摩擦、切削冲击和振动。为了使刀具在十分恶劣的工况下顺利工作，刀具切削部分的材料应具备以下基本特性：

1. 高硬度

刀具的材料硬度必须高于工件的材料硬度，常温硬度必须在62HRC以上，并要求保持较高的高温硬度（热硬性）。

2. 高耐磨性

耐磨性表示刀具材料抵抗机械磨损、粘结磨损、扩散磨损、氧化磨损、相变磨损和热电偶磨损的能力，它是刀具材料力学性能、组织结构和化学性能的综合反映。

3. 足够的强度和韧性

刀具材料必须有足够的强度和韧性，以便承受切削力及在承受振动和冲击时不致断裂和崩刀。

4. 良好的导热性

刀具热导率越大，则传出的热量越多，有利于降低切削区温度，提高耐热冲击性能和延长刀具的使用寿命。

5. 良好的工艺性与经济性

为了便于制造，刀具材料需要有较好的可加工性，包括锻、轧、焊接、切削加工和可磨锐性、热处理特性等。刀具材料分摊到每个加工工件上的成本低，材料符合本国资源国情，推广容易。

3.2.2 常用刀具材料分类

目前，我国应用最多的刀具材料是高速钢和硬质合金，其次是陶瓷刀具材料和超硬材料；碳素工具钢、合金工具钢则主要用在低速手动切削刀具领域。随着材料技术研究的不断深入，国内外新开发的刀具材料也在不断增加，但大多是在高速钢、硬质合金和陶瓷刀具材料基础上的改进。

具体来说，刀具材料有碳素工具钢、合金工具钢、高速钢、硬质合金、陶瓷、金刚石、立方氮化硼等，碳素工具钢（如 T10A 、T12A ）及合金工具钢（如 9SiCr 、CrWMn ），因耐热性较差，通常仅用于手工工具和切削速度较低的刀具，陶瓷、金刚石、立方氮化硼虽然性能好，但是由于成本较高，目前并没有广泛应用，刀具材料中使用最广泛的仍然是高速钢和硬质合金。

工具钢耐热性差，但抗弯强度高，价格便宜，焊接与刃磨性能好，故广泛用于中、低速切削的成形刀具，不宜高速切削。硬质合金耐热性好，切削效率高，但刀片强度、韧性不及工具钢，焊接刃磨工艺性也比工具钢差，故多用于制作车刀、铣刀及各种高效切削刀具。

一般刀体均用普通碳钢或合金钢制作，如焊接车、镗刀的刀柄，钻头、绞刀的刀体常用 45 钢或 40Cr 制造。尺寸较小的刀具或切削负荷较大的刀具宜选用合金工具钢或整体高速钢制作，如螺纹刀具、成形铣刀、拉刀等。机夹、可转位硬质合金刀具、镶硬质合金钻头、可转位铣刀等可用合金工具钢制作，如 9CrSi 或 GCr15 等。对于一些尺寸较小的精密孔加工刀具，如小直径镗、绞刀，为保证刀体有足够的刚度，宜选用整体硬质合金制作，以提高刀具的切削用量。

1. 工具钢

用来制造刀具的工具钢主要有三种，即碳素工具钢、合金工具钢和高速钢。

（1）碳素工具钢

碳素工具钢在切削温度高于 250 ~ 300℃时，马氏体要分解，使得硬度降低；碳化物分布不均匀，淬火后变形较大，易产生裂纹；淬透性差，淬硬层薄。所以，其只适于制造手

用和切削速度很低的刀具，如锉刀、手用锯条、丝锥和板牙等。

常用牌号有 T8A、T10A 和 T12A，其中，以 T12A 用得最多，其含碳量为 1.15% ~ 1.2%，淬火后硬度可达 58 ~ 64HRC，热硬性较低，允许切削速度可达 v_c =5 ~ 10 m/min。

（2）合金工具钢

合金工具钢是在高碳钢中加入 Si、Cr、W、Mn 等合金元素，其目的是提高淬透性和回火稳定性，细化晶粒，减小变形。常用牌号有 9SiCr、CrWMn 等。热硬性达 325 ~ 400℃，允许切削速度可达 10 ~ 15m/min。合金工具钢目前主要用于低速工具，如丝锥、板牙、铰刀等。

（3）高速钢

高速钢是含有 W、Mo、Cr、V 等合金元素较多的合金工具钢。

高速钢是综合性能较好、应用范围最广的一种刀具材料。热处理后硬度达 62 ~ 66HRC，抗弯强度约 9.3GPa，耐热性为 600℃左右，此外，它还具有热处理变形小、能锻造、易磨出较锋利的刃口等优点。高速钢的使用约占刀具材料总量的 60% ~70%，特别是用于制造结构复杂的成形刀具、孔加工刀具，例如各类铣刀、拉刀、螺纹刀具、切齿刀具等。

①通用型高速钢。这类高速钢应用最为广泛，约占高速钢总量的 75%。按钨、钼含量不同，分为钨系、钨钼系。主要牌号有以下几种：

- W9M03Cr4V（钨钼系高速钢），是根据我国资源研制的牌号。其抗弯强度与韧性均比 W6M05Cr4V 好。高温热塑性好，而且淬火过热、脱碳敏感性小，有良好的切削性能。
- W18Cr4V（钨系高速钢），具有较好的综合性能。因含钒量少，刃磨工艺性好。淬火时过热倾向小，热处理控制较容易。缺点是碳化物分布不均匀，不宜做大截面的刀具。热塑性较差。又因钨价高，国内使用逐渐减少，国外已很少采用。
- W6M05Cr4V（钨钼系高速钢），是国内外普遍应用的牌号。其减少钢中的合金元素，降低钢中碳化物的数量及分布的不均匀性，有利于提高热塑性、抗弯强度与韧度。主要缺点是淬火温度范围窄，脱碳过热敏感性大。

②高性能高速钢。在通用型高速钢中增加碳、钒，是添加钴或铝等合金元素的新钢种。其常温硬度可达 67 ~ 70HRC，耐磨性与耐热性有显著的提高，能用于不锈钢、耐热钢和高强度钢的加工。常用高性能高速钢主要有高钒高速钢、钴高速钢和铝高速钢。

③粉末冶金高速钢。指通过高压惰性气体或高压水雾化高速钢水而得到细小的高速钢粉末，然后压制或热压成形，再经烧结而成的高速钢。粉末冶金高速钢与熔炼高速钢相比有很多优点，如强度与韧性较高，热处理变形小，磨削加工性能好，材质均匀，质量稳定可靠，刀具使用寿命长。可以切削各种难加工材料，适合于制造各种精密刀具和形状复杂的刀具，如精密螺纹车刀、拉刀、切齿刀具等。

2. 硬质合金钢

硬质合金是由硬度和熔点很高的金属碳化物（如碳化钨 WC、碳化钛 TiC、碳化钽 TaC、碳化铌 NbC 等）和金属黏结剂（如钴 Co、镍 Ni、钼 Mo 等）通过粉末冶金工艺制成的。硬质合金的硬度特别是高温硬度、耐磨性、热硬性都高于高速钢，硬质合金的常温硬

度可达 89～93HRA，相当于 74～81HRC，热硬性可达 890～1000 ℃。但硬质合金较脆，抗弯强度低，韧性也很低。

（1）钨钴类硬质合金（YG）

一般用于切削铸铁等脆性材料和有色金属及其合金，也适于加工不锈钢、高温合金、钛合金等难加工材料。常用牌号有 YG3、YG6、YG6 X、YG8。精加工可用 YG3，半精加工选用 YG6、YG6X，粗加工宜用 YG8。

（2）钨钛钴类硬质合金（YT）

一般用于连续切削塑性金属材料，如普通碳钢、合金钢等。常用牌号有 YT5、YT14、YT15、YT30。精加工可用 YT30，半精加工选用 YT14、YT15，粗加工宜用 YT5。

（3）添加稀有金属碳化物的硬质合金（YA、YW）

在硬质合金中添加适量的稀有金属碳化物（碳化钛 TiC 或碳化铌 NbC），能提高硬质合金的硬度、耐磨性，且具有较好的综合切削性能，但价格较贵，主要适用于切削难加工材料。

（4）镍钼钛类硬质合金（YN）

它以镍、钼作为黏结剂，具有较好的切削性能，因此允许采用较高的切削速度。主要用于碳钢、合金钢等金属材料连续切削时的精加工。

另外，采用细晶粒、超细晶粒硬质合金比普通晶粒硬质合金刀具的硬度与强度高。硬质合金刀具表面若采用 TiC、TiN、Al_2O_3 及其复合材料涂层，有较好的综合性能，其基体强度和韧性较好，表面耐磨、耐高温，多用于普通钢材的精加工或半精加工。

3. 陶瓷

陶瓷主要有结构陶瓷、电子陶瓷、生物陶瓷等。陶瓷刀具属于结构陶瓷。20 世纪 90 年代前，主要是氧化铝硼化钛（Al_2O_3/TiB_2）陶瓷刀具、氮化硅基（Si_3N_4/TiC）陶瓷刀具及相变增韧（Al_2O_3/ZrO_2）陶瓷刀具材料；20 世纪 90 年代后，主要在发展晶须增韧陶瓷刀具材料。

陶瓷刀具是将氧化铝（Al_2O_3）等相关原材料粉末在超过 280MPa 的压强、1649℃的温度下烧结形成的。陶瓷刀具材料具有很高的硬度、高温硬度、耐磨性和化学稳定性以及低摩擦因数，且价格低廉。硬度达 91～95HRA，高于硬质合金刀具材料，其高温硬度在 1200℃时仍能保持 80HRA。耐磨性一般为硬质合金材料的 5 倍。

陶瓷刀具与加工金属的亲合力低，不易粘刀和产生积屑瘤，是精加工和高速加工中的佼佼者。

必须注意的是，因氧化物材料较脆，故要求机床、陶瓷刀具等组成的工艺系统的刚性要高且不能产生振动。

目前，我国对陶瓷刀具材料的应用还仅限于制造简单刃形的陶瓷刀片上，如机夹可转位陶瓷车刀、端铣刀和部分孔加工刀具等。

4. 涂层硬质合金

涂层硬质合金是在普通硬质合金刀片表面上，采用化学气相沉积或物理气相沉积的工艺方法，涂覆一薄层（4～12μm）高硬度难熔金属化合物（TiC、TiN、氧化铝等），既使刀片

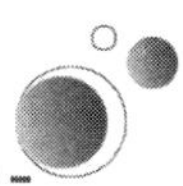

保持了普通硬质合金基体的强度和韧度，又使其表面有更高的硬度、耐磨损性和耐热性。这种刀片不仅寿命长，而且通用性好，一种涂层刀片可代替几种未涂层刀片使用。

涂层硬质合金刀具主要用于各种钢材、铸铁的精加工和半精加工，负荷较轻的粗加工也可使用。但含 Ti 的涂层材料不适合加工奥氏体不锈钢、高温合金及钛合金等材料。

5. 立方氮化硼（CBN）

立方氮化硼（CBN）是以六方氮化硼（俗称白石墨）为原料，利用超高温高压技术，继人造金刚石之后人工合成的又一种新型无机超硬材料。

其主要性能特点是：硬度高（高达 HV8000 ~ 9000），耐磨性好，能在较高切削速度下保持加工精度；热稳定性好，化学稳定性好，且有较高的热导率和较小的摩擦系数，但其强度和韧性较差。主要用于对高温合金、淬硬钢、冷硬铸铁等材料进行半精加工和精加工。

6. 金刚石

金刚石具有极高的硬度、耐磨性、热导率以及较低的热膨胀系数和摩擦因数，是目前已知硬度最高的材料，其硬度高达 10000HV（硬质合金的硬度仅为 1300 ~ 1800HV），刀具使用寿命比硬质合金长几倍至百倍，热导率为硬质合金和陶瓷的几倍至几十倍，而热膨胀系数只有硬质合金的 1/11 和陶瓷的 1/8。金刚石的这些性质使得金刚石刀具的切削刃钝圆半径可以磨得非常小，刀具表面粗糙度数值可以很低，切削刃非常锋利且不易产生积屑瘤。因此，金刚石是高速、精密和超精密刀具最理想的材料，用金刚石刀具可以实现镜面加工。

金刚石分为天然和人造两种，其代号分别用 JT 和 JR 表示，都是碳的同素异形体。天然金刚石大多属于单晶金刚石，可用于有色金属及非金属的超精密加工。由于价格十分昂贵，使用较少。人造金刚石可分为单晶金刚石和聚晶金刚石（包括聚晶金刚石复合刀片），可用静压熔媒法或动态爆炸法由纯碳转化而来。

使用金刚石刀具加工有色金属时，应选用相对较低的进给量和很高的切削速度（610 ~ 762m/min），获得满意的表面粗糙度。金刚石刀具的耐磨能力是硬质合金刀片的 20 倍，烧结多晶金刚石刀具用于加工磨削类材料和难加工材料。

金刚石刀具可以用于加工硬质合金、陶瓷、高硅铝合金及耐磨塑料等高硬度、高耐磨的难加工材料以及有色金属及其合金。但它不适于加工铁族材料，因为金刚石中的碳和铁有很强的化学亲和力，高温时，金刚石中的碳元素会很快扩散到铁中而失去其切削能力。还须注意的是，金刚石热稳定性差，在切削温度达到 700 ~ 800°C 时即完全失去其硬度。

3.3　金属切削过程及其物理现象

金属切削过程就是利用刀具从工件上切除多余的金属，产生切屑和形成已加工表面的整个过程。在这一过程中会产生许多物理现象，如形成切屑、切削变形、切削力、切削热、刀具磨损等，而它们对加工质量、生产率和生产成本有重要影响。

3.3.1 切屑的形成及控制

金属切屑过程实质上是一种挤压过程。在切削塑性金属过程中，金属在受到刀具前刀面的挤压下，将发生塑性剪切滑移变形。当剪应力达到并超过工件材料的屈服极限时，被切金属层将被切离工件形成切屑。简而言之，被切削的金属层在前刀面的挤压作用下，通过剪切滑移变形，形成了切屑。实际上，这一“塑性变形—滑移—切离”的过程，会根据工件材料、加工参数等条件的不同，不完全地显示出来。

1. *切屑的种类*

由于工件材料、刀具的几何角度、切削用量等条件的不同，切削时形成的切屑形状也就不同，常见的切屑种类可归纳为带状切屑、节状切屑、粒状切屑和崩碎切屑四种类型，如图 3.11 所示。

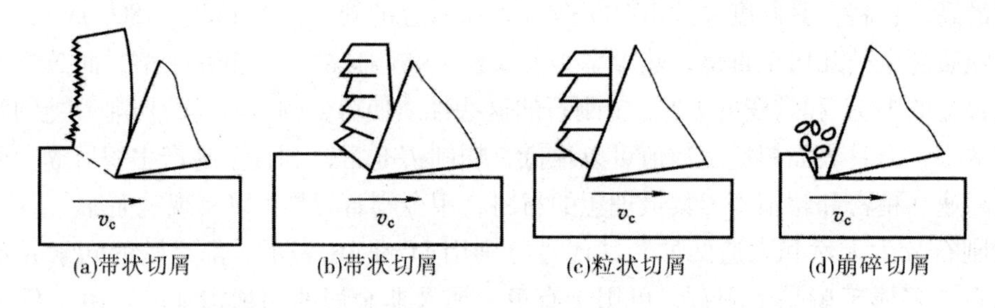

(a)带状切屑　(b)带状切屑　(c)粒状切屑　(d)崩碎切屑

图 3.11　切屑类型

（1）带状切屑。带状切屑是在加工塑性金属、切削速度高、切削厚度较小、刀具前角较大时常见的切屑。出现这种切屑时，切削过程最平稳，已加工表面粗糙度数值最低。但若不经处理，它容易缠绕在工件、刀具和机床上，划伤工件、机床设备，打坏切削刃，甚至伤人。

（2）节状切屑。节状切屑又称挤裂切屑，其外表面呈锯齿形，内表面基本上仍相连，有时出现裂纹。当切削速度较低和切削厚度较大时易得到此种切屑。

（3）粒状切屑。粒状切屑又称单元切屑，呈梯形的粒状。出现这种切屑时，切削力波动大，切削过程不平稳。

（4）崩碎切屑。崩碎切屑是用较大切削厚度切削脆性金属时，容易产生的一种形状不规则的碎块状切屑。出现这种切屑时，切削过程很不平稳，加工表面凹凸不平，切削力集中在切削刃附近。

2. *卷屑和断屑*

带状切屑和节状切屑是切削过程中遇到最多的切屑。为了生产安全和生产过程的正常进行，为了便于对切屑进行收集、处理、运输，还需要对前刀面流出的切屑进行卷屑和断屑。卷屑和断屑取决于切屑的种类、变形的大小、材料性质等。

在刀具上的断屑措施主要有减小前角、开设断屑槽、增设断屑台等。硬质合金刀片上开设好各种形式的断屑槽，可供用户选择使用。断屑台是在机夹车刀的压板前端附一块硬质合金。切削刃到断屑台的距离，可根据工件材料和切削用量进行调整，断屑范围较广。

3.3.2　切削变形

金属切削过程是刀具在工件上切除多余的金属，产生切屑和形成已加工表面的整个过程。图3.12是根据金属切削实验绘制的金属切削过程中的变形滑移线和流线。由图可知，工件上的被切削层在刀具的挤压作用下，沿切削刃附近的金属首先产生弹性变形，接着由剪应力引起的应力达到金属材料的屈服极限以后，切削层金属便沿倾斜的剪切面变形区滑移，产生塑性变形，然后在沿前刀面流出去的过程中，受摩擦力作用再次发生滑移变形，最后形成切屑。这一过程中，会出现一些物理现象，如切削变形、切削力、切削热、刀具磨损等。

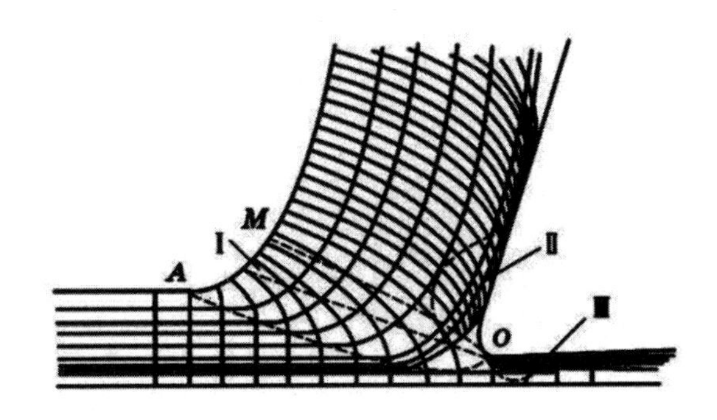

图3.12　金属切削过程中的变形滑移线和流线

根据切削过程中的不同变形情况，通常把切削区域划分为三个变形区：第Ⅰ变形区，在切削刃前面的切削层内的区域；第Ⅱ变形区，在切屑底层与前刀面的接触区域；第Ⅲ变形区，发生在后刀面与工件已加工表面接触的区域。但这三个变形区并非截然分开、互不相关，而是相互关联、相互影响、相互渗透。

（1）加工硬化

加工后，已加工表面层硬度提高的现象称为加工硬化。切削时，在形成已加工表面的过程中，表层金属由于经过多次复杂的塑性变形，硬度显著提高；另一方面，切削温度又使加工硬化减弱——弱化，更高的切削温度将引起相变。已加工表面的加工硬化就是这种强化、弱化、相变作用的综合结果。加工中变形程度愈大，则硬化程度愈高，硬化层深度也愈深。工件表面的加工硬化将给后续工序切削加工增加困难，如切削力增大、刀具磨损加快、影响表面质量。加工硬化在提高工件耐磨性的同时，也增加了表面的脆性，从而降低了工件的抗冲击能力。

（2）残余应力

残余应力指在没有外力作用的情况下，物体内存在的应力。由于切削力、切削变形、切削热及相变的作用，已加工表面常存在残余应力，有残余拉应力和残余压应力之别。残余应力会使已加工表面产生裂纹，降低零件的疲劳强度，工件表面残余应力分布不均匀也会使工件产生变形，影响工件的形状和尺寸，这对精密零件的加工是极为不利的。

3.3.3 积屑瘤的产生及影响

如图 3.13 所示，在一定的条件下切削钢、黄铜、铝合金等塑性金属时，由于前刀面的挤压及摩擦的作用，切屑底层中的一部分金属停滞和堆积在切削刃口附近，形成硬块，能代替切削刃进行切削，这个硬块称为积屑瘤。

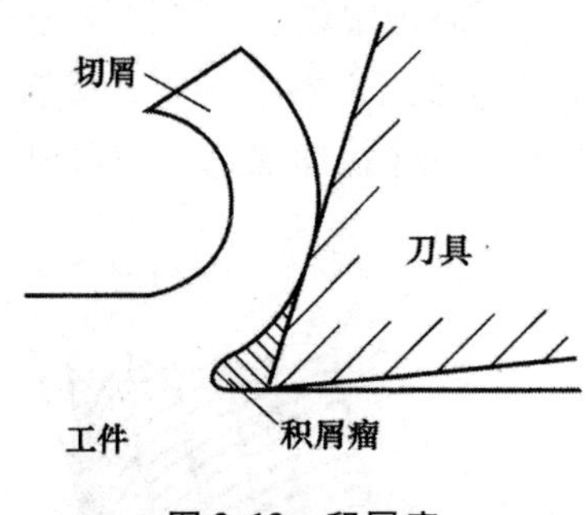

图 3.13 积屑瘤

如前所述，由于切屑底面是刚形成的新表面，而它对前刀面强烈的摩擦又使前刀面变得十分洁净，当两者的接触面达到一定温度和压力时，具有化学亲和性的新表面易产生黏结现象。这时，切屑从黏结在刀面上的底层上流过（剪切滑移），因内摩擦变形而产生加工硬化，又易被同种金属吸引而阻滞在黏结的底层上。这样一层一层地堆积并黏结在一起，形成积屑瘤，直至该处的温度和压力不足以造成黏结为止。由此可见，切屑底层与前刀面发生黏结和加工硬化是积屑瘤产生的必要条件。一般说来，温度与压力太低，不会发生黏结；而温度太高，也不会产生积屑瘤。因此，切削温度是积屑瘤产生的决定因素。

积屑瘤有利的一面是它包覆在切削刃上代替切削刃工作，起到保护切削刃的作用，同时，它还使刀具实际前角增大，切削变形程度降低，切削力减小；但也有不利的一面，由于它的前端伸出切削刃之外，影响尺寸精度，同时其形状也不规则，在切削表面上刻出深浅不一的沟纹，影响表面质量。此外，它也不稳定，成长、脱落交替进行，切削力易波动，破碎脱落时会划伤刀面，若留在已加工表面上，会形成毛刺等，增加表面粗糙度。因此，在粗加工时，允许有积屑瘤存在，但在精加工时，一定要设法避免。

控制切屑瘤的方法主要有以下几种：

- 提高工件材料的硬度，减少塑性和加工硬化倾向。
- 控制切削速度，以控制切削温度。图 3.14 为积屑瘤高度与切削速度关系的示意图。由于切削速度是切削用量中影响切削温度最大的因素，所以该图反映了积屑瘤高度与切削温度的关系。低速时低温，高速时高温，都不产生积屑瘤。在积屑瘤生长阶段，其高度随 v 增大而增高；在消失阶段则随 v 增大而减小。因此，控制积屑瘤可选择低速或高速切削。
- 采用润滑性能良好的切削液，减小摩擦。

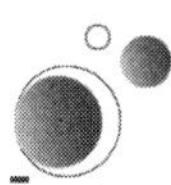

● 增大前角，减小切削厚度，都可使刀具切屑接触长度减小，使积屑瘤高度减小。

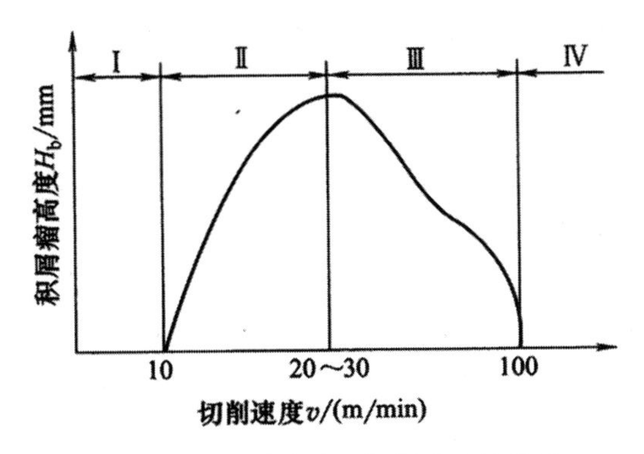

图3.14　积屑瘤高度和切削速度的关系

3.4　切削力与切削功率

3.4.1　切削力概述

1. 切削力的来源

研究切削力，对进一步弄清切削机理，对计算功率消耗，对刀具、机床、夹具的设计，对制定合理的切削用量，对优化刀具几何参数等，都具有非常重要的意义。金属切削时，刀具切入工件，使被加工材料发生变形并成为切屑所需的力，称为切削力。切削力来有以下三个方面：

①克服被加工材料对弹性变形的抗力。

②克服被加工材料对塑性变形的抗力。

③克服切屑对前刀面的摩擦力和刀具后刀面对过渡表面与已加工表面之间的摩擦力。

2. 切削力

如图3.15所示，切削力可分解为三个相互垂直的分力 F_c、F_p、F_f。主切削力 F_c 是切削力 F 在主运动方向上的分力；背向力 F_p 是切削力 F 在垂直于假定工作平面上的分力；进给力 F_f 是切削力在进给运动方向上的分力。各个力之间的关系为

$$F^2 = F_c^2 + F_p^2 + F_f^2$$

在切削过程中，主切削力 F_c 最大，消耗机床功率最多，是计算机床主运动机构强度、刀杆和刀片强度以及设计机床夹具的主要依据。背向力 F_p 通常作用在工件和机床刚性最差

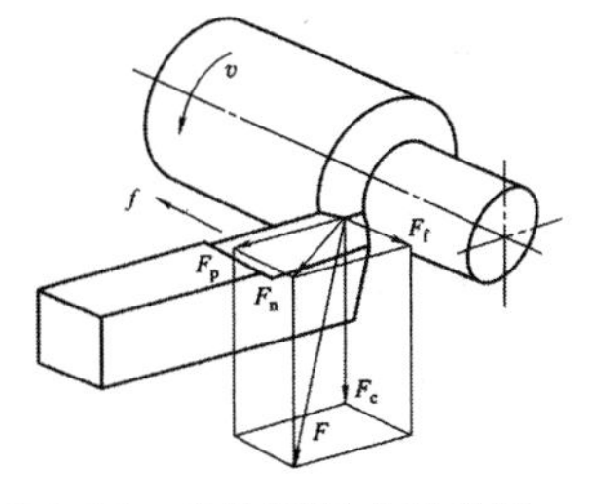

图3.15　车外圆时力的分解

的方向上。以车外圆为例，F_p 作用在工件和主轴的径向，虽然从理论上讲不消耗功率，但是可使工件产生变形，影响加工精度，并引起振动。进给力 F_f 作用在机床的进给机构上，是校核进给机构强度的主要依据。

3. 影响切削力的主要因素

实践证明，切削力的影响因素很多，主要有工件材料、切削用量、刀具几何参数、刀具材料、刀具磨损状态和切削液等。

（1）工件材料

工件材料是决定切削力大小的主要因素之一。一般情况下，金属材料的强度、硬度越高，剪切屈服强度增大，切削力就越大。同时，切削力还受材料的其他力学性能、物理性能及金相组织、化学成分等多种因素的影响。

（2）切削用量

①背吃刀量（切削深度）。进给量增大，切削层面积增大，变形抗力和摩擦力增大，切削力增大。

由于背吃刀量对切削力的影响比进给量对切削力的影响大（通常 $x_{F_z}=1$，$y_{F_z}=0.75\sim0.9$），所以在实践中，当需要切除一定量的金属层时，为了提高生产率，采用大进给切削比大切深切削较省力又省功率。

②切削速度。加工塑性金属时，切削速度对切削力的影响规律如同对切削变形影响一样，它们都是由积屑瘤与摩擦的作用造成的。切削脆性金属时，因为变形和摩擦均较小，故切削速度改变时切削力变化不大。

（3）刀具几何角度

①前角：前角增大，变形减小，切削力减小。

②主偏角：主偏角 κ_r 在 30°～60°的范围内增大，由切削厚度的影响起主要作用，使主切削力 F_z 减小；主偏角 κ_r 在 60°～90°的范围内增大，刀尖处圆弧和副前角的影响更为突出，故主切削力 F_z 增大。

一般地，κ_r 为 60°～75°，所以主偏角 κ_r 增大，主切削力 F_z 增大。κ_r 增大，使 F_y 减小、F_x 增大。

实践应用：在车削轴类零件，尤其是细长轴时，为了减小切深抗力 F_y 的作用，往往采用较大的主偏角（$\kappa_r>60°$）的车刀切削。

③刃倾角 λ_s：λ_s 对 F_z 影响较小，但对 F_x、F_y 影响较大。λ_s 由正向负转变，则 F_x 减小、F_y 增大。

实践应用：从切削力观点分析，切削时不宜选用过大的负刃倾角 λ_s，特别是在工艺系统刚度较差的情况下，往往因负刃倾角 λ_s 增大了切深抗力 F_y 的作用而产生振动。

（4）其他因素

①刀具棱面：应选较小宽度，使 F 减小。

②刀具圆弧半径：半径增大，切削变形，摩擦增大，切削力增大。

③刀具磨损：后刀面磨损增大，刀具变钝，与工件挤压、摩擦增大，切削力增大。

④切削过程中采用切削液可减小刀具与工件间及刀、屑间的摩擦，有利于减小切削力。

3.4.2　切削力与切削功率的计算

1. 切削力的计算

切削力的计算，目前采用较多的是实验公式计算法。实验公式有指数公式和单位切削力公式两种形式。

（1）车削指数公式

$$主切削力\quad F_c = 9.18C_{F_c} \cdot a_p^{x_{F_c}} \cdot f^{y_{F_c}} \cdot v^{n_{F_c}} \cdot K_{F_c} \tag{3-7}$$

$$背向力\quad F_p = 9.18C_{F_p} \cdot a_p^{x_{F_p}} \cdot f^{y_{F_p}} \cdot v^{n_{F_p}} \cdot K_{F_p} \tag{3-8}$$

$$进给力\quad F_c = 9.18C_{F_C} \cdot a_p^{x_{F_C}} \cdot f^{y_{F_C}} \cdot v^{n_{F_C}} \cdot K_{F_C} \tag{3-9}$$

式中，a_p 为背吃刀量，mm；f 为进给量，mm/r。

（2）单位切削力公式

$$主切削力\quad F_c = k_c \cdot a_p \cdot f = k_c \cdot h_D \cdot b_D \tag{3-10}$$

式中，h_D 为切削厚度，mm；k_c 为单位切削力，N/mm^2；b_D 为切削宽度，mm。

单位切削力 k_c 是指切削面积上的主切削力，即

$$k_c = F_c/A = F_c/(a_p \cdot f) = F_c/(h_D \cdot b_D)$$

式中，A 为切削面积，mm^2。

2. 切削功率的计算

消耗在切削过程中的功率称为切削功率。它是主切削力 F_c 与进给力 F_f 消耗的功率之和。背向力 F_p 在理论上是不做功的。由于 F_f 消耗的功率所占的比例很小，约为总功率的1%～5%，故通常略去不计。于是，当 F_c 及 v_c 已知时，切削功率 P_c 为

$$P_c = (F_c \cdot v_c)/(60 \times 1000) \tag{3-11}$$

式中，P_c 为切削功率，kW；v_c 为切削速度，m/min。

则机床电动机所需功率 P_E（kW）为

$$P_E = P_c/\eta \tag{3-12}$$

式中，η 为机床传动的效率，一般为0.75～0.85。

式（3-12）是校验和选择机床电动机的主要依据。

3.5　切削热和切削温度

切削热与切削温度是切削过程中产生的又一重要物理现象。切削时做的功，可转化为等量的热。切削热和由它产生的切削温度，会使加工工艺系统产生热变形，不但影响刀具的磨损和耐用度，而且影响工件的加工精度和表面质量。因此，研究切削热和切削温度的产生及其变化规律有很重要的意义。

3.5.1 切削热的来源与传导

在切削过程中，由于切削层金属的弹性变形、塑性变形以及摩擦而产生的热，称为切削热。切削热通过切屑、工件、刀具以及周围的介质传导出去，如图3.16所示。在第一变形区内，切削热主要由切屑和工件传导出去，在第二变形区内，切削热主要由切屑和刀具传导出去，在第三变形区内，切削热主要由工件和刀具传出。加工方式不同，切削热的传导情况也不同。不用切削液时，切削热的50%～86%由切屑带走，40%～10%传入工件，9%～3%传入刀具，1%左右传入空气。

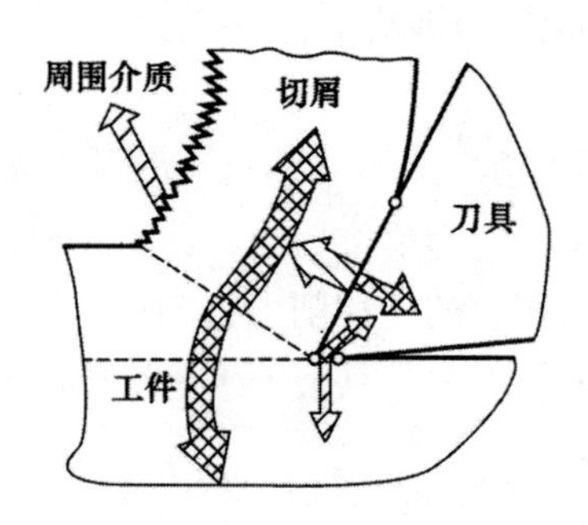

图3.16 切削热的来源与传导

不同的加工方法所产生的切削热传出情况是不同的，具体可见表3.1。

表3.1 切削热传出比例对比

加工方法	切屑	刀具	工件	周围介质
车削	50%～86%	10%～40%	3%～9%	10%
钻削	26%	14%	55%	5%
磨削	4%	12%	84%	

切削温度对工件、刀具和切削过程的影响如下：

切削温度高是刀具磨损的主要原因，它将限制生产率的提高；切削温度还会使加工精度降低，使已加工表面产生残余应力以及其他缺陷。

（1）切削温度对工件材料强度和切削力的影响。切削时的温度虽然很高，但是切削温度对工件材料硬度及强度的影响并不是很大；剪切区域的应力影响不很明显。

（2）对刀具材料的影响。适当地提高切削温度，对提高硬质合金的韧性是有利的。

（3）对工件尺寸精度的影响。

（4）利用切削温度自动控制切削速度或进给量。

（5）利用切削温度与切削力控制刀具磨损。

3.5.2　切削温度及影响因素

所谓切削温度，一般是指切屑与刀具前刀面接触区域的平均温度。切削温度可用仪器测定，也可通过切屑的颜色大致判断。如切削碳素钢，切屑的颜色从银白色、黄色、紫色到蓝色，则表明切削温度从低到高。切削温度的高低，取决于该处产生热量的多少和传散热量的快慢。因此，凡是影响切削热产生与传出的因素都影响切削温度的高低。

根据理论分析和大量的实验研究可知，切削温度主要受工件材料、切削用量、刀具几何参数、刀具磨损和切削液的影响，下面对这几个主要因素加以分析。

1. 工件材料的影响

对切削温度影响较大的是材料的强度、硬度及热导率。材料的强度和硬度越高，单位切削力越大，切削时所消耗的功率就越大，产生的切削热也多，切削温度就越高。热传导率越小，传导的热越少，切削区的切削温度就越高。

2. 切削用量的影响

切削用量是影响切削温度的主要因素。通过测温实验可以找出切削用量对切削温度的影响规律。通常在车床上利用测温装置求出切削用量对切削温度的影响关系，并可整理成下列一般公式：

$$\theta = C_\theta a_p^{x_\theta} f^{y_\theta} v_c^{z_\theta} k_\theta$$

式中，x_θ、y_θ、z_θ 为切削用量；a_p、f 和 v_c 为对切削温度影响程度的指数；C_θ 为与实验条件有关的影响系数；k_θ 为切削条件改变后的修正系数。

切削速度对切削温度影响最大，随切削速度的提高，切削温度迅速上升。进给量对切削温度的影响次之，而背吃刀量 a_p 变化时，散热面积和产生的热量亦做相应变化，故 a_p 对切削温度的影响很小。

3. 刀具几何参数的影响

刀具的前角和主偏角对切削温度影响较大。增大前角，可使切削变形及切屑与前刀面的摩擦减小，产生的切削热减少，切削温度下降。但前角过大（≥20°）时，刀头的散热面积减小，反而使切削温度升高。减小主偏角，可增加切削刃的工作长度，增大刀头的散热面积，降低切削温度。

4. 刀具磨损的影响

在后刀面的磨损值达到一定数值后，对切削温度的影响增大；切削速度愈高，影响就愈显著。合金钢的强度大，导热系数小，所以切削合金钢时，刀具磨损对切削温度的影响就比切碳素钢时大。

5. 切削液的影响

切削液也称冷却润滑液，是为了加强金属切削加工效果而在加工过程中注入工件与刀具或磨具之间的液体。尽管近几年干切削（磨）技术发展很快，但目前仍将切削液的使用作为提高刀具切削效能的重要方法。

（1）切削液作用

①冷却作用。切削液能吸收切削热，降低切削温度。

②润滑作用。切削液能在切屑、工件与刀具界面之间形成边界润滑膜。

③浸润作用。切削液的浸润作用能有效降低切削脆性材料时的切削力。

④清洗作用。把切屑或磨屑等冲走。

⑤除尘作用。在进行磨削时切削能湿润磨削粉尘，降低环境中的含尘量。

⑥吸振作用。切削液尤其是切削油的阻尼性能，具有良好的吸振作用，使加工表面光洁。

⑦防锈作用。减小工件、机床、夹具、刀具被周围介质（水、空气等）的腐蚀。

⑧热力作用。切削液在高热的切削区受热膨胀产生的热力，进一步“炸开”晶界中的裂纹，使切削过程省力，获得能量再利用。

（2）切削液添加剂

为改善切削液的性能而加入的一些化学物质，称为切削液的添加剂。常用的添加剂有以下几种：

①油性添加剂。它含有极性分子，能与金属表面形成牢固的吸附膜，主要起润滑作用。常用于低速精加工。常用油性添加剂有动物油、植物油、脂肪酸、胺类、醇类和脂类等。

②极压添加剂。它是含有硫、磷、氯、碘等元素的有机化合物，在高温下与金属表面起化学反应，形成耐较高温度和压力的化学吸附膜，能防止金属界面直接接触，减小摩擦。

③防锈添加剂。它是一种极性很强的化合物，与金属表面有很强的附着力，吸附在金属表面上形成保护膜，或与金属表面化合形成钝化膜，起到防锈作用。常用的防锈添加剂有碳酸钠、三乙醇胺、石油磺酸钡等。

④表面活性剂（乳化剂）。它是使矿物油和水乳化而形成稳定乳化液的添加剂。表面活性剂是一种有机化合物，由可溶于水的极性基团和可溶于油的非极性基团组成，可定向地排列并吸附在油水两相界面上，极性端向水，非极性端向油，将水和油连接起来，使油以微小颗粒稳定地分散在水中，形成乳化液。表面活性剂还能吸附在金属表面上，形成润滑膜，起油性添加剂的润滑作用。常用的表面活性剂有石油磺酸钠、油酸钠皂等。

（3）切削液种类与选用

常见的切削液的种类有：

①水溶液（合成切削液）。它的主要成分是水，并根据需要加入一定量的水溶性防锈添加剂、表面活性剂、油性添加剂、极压添加剂。

②乳化液。它是以水为主（占95%～98%），加入适量的乳化油（矿物油+乳化剂）而形成的乳白色或半透明的乳化液。

③切削油。其主要成分是矿物油，少数采用植物油或复合油。

具体可见表3.2。

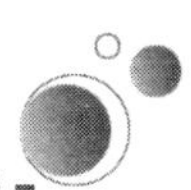

表3.2　切削液的种类及选用

序号	名称	组成	主要用途
1	水溶液	以硝酸钠、碳酸钠等为主溶于水的溶液，用100～200倍的水稀释而成	磨削
2	乳化液	①矿物油很少，主要为表面活性剂的乳化油，用40～80倍的水稀释而成，冷却和清洗性能好	车削、钻孔
		②以矿物油为主，少量表面活性剂的乳化油，用10～20倍的水稀释而成，冷却和润滑性能好	车削、攻螺纹
		③在乳化液中加入极压添加剂	高速车削、钻孔
3	切削油	①矿物油（L-AN15或L-AN32全损耗系统用油）单独使用	滚齿、插齿
		②矿物油加植物油或动物油形成混合油，润滑性能好	精密螺纹车削
		③在矿物油或混合油中加入极压添加剂形成极压油	高速滚齿、插齿、车螺纹等
4	其他	液态的二氧化碳	主要用于冷却
		二硫化钼+硬脂酸+石蜡做成蜡笔，涂于刀具表面	攻螺纹

注：切削钢及灰铸铁时刀具耐用度为60～90min。

切削液对切削温度的影响，与切削液的导热性能、比热、流量、浇注方式以及本身的温度有很大的关系。从导热性能来看，油类切削液不如乳化液，乳化液不如水基切削液。

3.6　刀具磨损与刀具寿命

3.6.1　刀具磨损

1. *刀具磨损形式*

刀具磨损有正常磨损与非正常磨损之分。在切削过程中，切削区域有很高的温度和压力，刀具在高温和高压条件下，受到工件、切屑的剧烈摩擦，前刀面和后刀面都会产生磨损。随着切削加工的延续，磨损逐渐扩大的现象称为刀具正常磨损。切削刃出现塑性流动、崩刃、碎裂、断裂、剥落、裂纹等破坏失效，称作刀具非正常磨损，即破损。

当刀具磨损到一定程度或出现破损后，会使切削力急剧上升、切削温度急剧升高，伴有切削振动，加工质量下降。

如图3.17所示，刀具正常磨损时，按其发生的部位不同可分为三种形式，即前刀面磨损、后刀面磨损、前后刀面同时磨损。

（1）前刀面磨损，以月牙洼的深度KT表示，如图3.17（b）所示，用较高的切削速度和较大的切削厚度切削塑性金属时常见这种磨损。

（2）后刀面磨损，以平均磨损高度 VB 表示，如图 3.17（b）所示。切削刃各点处磨损不均匀，刀尖部分（C 区）和近工件外表面处（N 区）因刀尖散热差或工件外表面材料硬度较高，故磨损较大，中间处（B 区）磨损较均匀。加工脆性材料或用较低的切削速度和较小的切削厚度切削塑性金属时常见这种磨损。

（3）前后刀面同时磨损，在以中等切削用量切削塑性金属时易产生此种磨损。

刀具允许的磨损限度，通常以后刀面的磨损程度 VB 作标准。但是，在实际生产中，不可能经常测量刀具磨损的程度，而常常是按刀具进行切削的时间来判断。

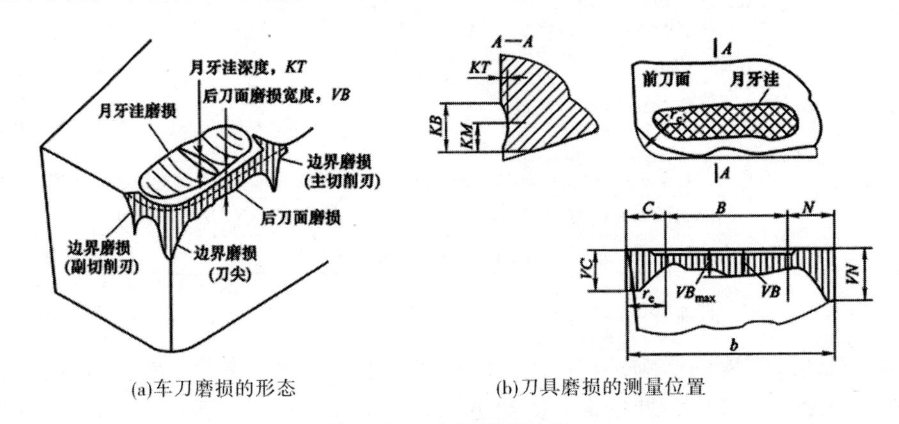

(a)车刀磨损的形态　　(b)刀具磨损的测量位置

图 3.17　刀具磨损形式

2. 刀具磨损的主要原因

刀具磨损的原因很复杂，主要有以下几个方面：

（1）硬质点磨损

硬质点磨损是工件材料中的硬质点或积屑瘤碎片对刀具表面的机械划伤，从而使刀具磨损。各种刀具都会产生硬质点磨损，但对于硬度较低的刀具材料，或低速刀具，如高速钢刀具及手工刀具等，硬质点磨损是刀具的主要磨损形式。

（2）黏结磨损

黏结磨损是指刀具与工件（或切屑）的接触面在足够的压力和温度作用下，达到原子间距离而产生黏结现象。因相对运动，黏结点的晶粒或晶粒群受剪或受拉被对方带走而造成磨损。黏结点的分离面通常在硬度较低的一方，即工件上。但也会造成刀具材料组织不均匀，产生内应力以及疲劳微裂纹等缺陷。

（3）扩散磨损

扩散磨损是指刀具表面与被切出的工件新鲜表面接触，在高温下，两摩擦面的化学元素获得足够的能量，相互扩散，改变了接触面双方的化学成分，降低了刀具材料的性能，从而造成刀具磨损。例如，硬质合金车刀加工钢料时，在 800～1000 °C 高温时，硬质合金中的 Co、WC 和 C 等元素迅速扩散到切屑、工件中去；工件中的 Fe 则向硬质合金表层扩散，使硬质合金形成新的低硬度高脆性的复合化合物层，从而加剧刀具磨损。刀具扩散磨损与化学成分有关，并随着温度的升高而加剧。

（4）化学磨损。化学磨损又称为氧化磨损，指刀具材料与周围介质（如空气中的氧，切削液中的极压添加剂硫、氯等），在一定的温度下发生化学反应，在刀具表面形成硬度低、耐磨性差的化合物，加速刀具的磨损。化学磨损的强弱取决于刀具材料中元素的化学稳定性以及温度的高低。

3. 刀具磨损过程及磨钝标准

（1）刀具的磨损过程

在正常条件下，随着刀具的切削时间增长，刀具的磨损量将增加。通过实验得到如图3.18所示的刀具后刀面磨损量与切削时间的关系曲线。由图3.18可知，刀具磨损过程可分为三个阶段。

①初期磨损阶段。初期磨损阶段的特点是磨损快，时间短。一把新刃，磨得刀具表面尖峰突出，在与切屑摩擦过程中，峰点的压强很大，造成尖峰很快被磨损，使压强趋于均衡，磨损速度减慢。

②正常磨损阶段。经过初期磨损阶段之后，刀具表面峰点基本被磨平，表面的压强趋于均衡，刀具的磨损量随着时间的延长而均匀地增加，经历的切削时间较长。这就是正常磨损阶段，也是刀具的有效工作阶段。

③急剧磨损阶段。当刀具磨损量达到一定程度，切削刃已变钝，切削力、切削温度急剧升高，磨损量剧增，刀具很快失效。为合理使用刀具及保证加工质量，应在此阶段之前及时更换刀具。

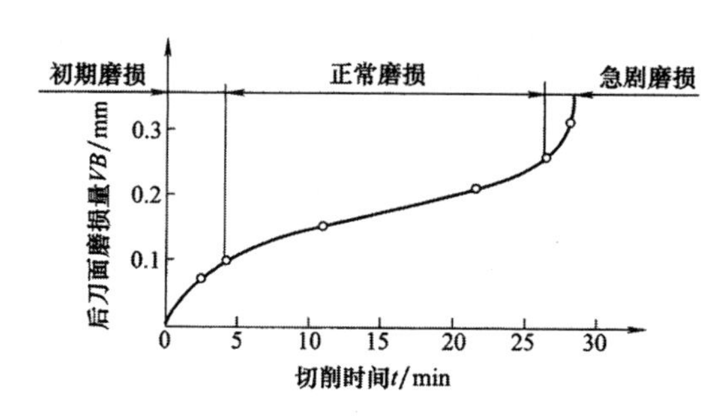

图3.18　刀具的磨损过程

（2）刀具的磨钝标准

刀具磨损后将影响切削力、切削温度和加工质量，因此必须根据加工情况规定一个最大的允许磨损值，这就是刀具的磨钝标准。国际标准ISO统一规定以1/2背吃刀量处后刀面磨损带宽度作为刀具的磨钝标准。磨钝标准的具体数值可查阅有关手册。表3.3为高速钢车刀与硬质合金车刀的磨钝标准。

表3.3　高速钢车刀与硬质合金车刀的磨钝标准

工件材料	加工性质	磨钝标准 VB/mm	
		高速钢	硬质合金
碳钢、合金钢	粗车	1.5~9.0	1.0~1.4
	精车	1.0	0.4~0.6

续表

工件材料	加工性质	磨钝标准 VB/mm	
		高速钢	硬质合金
灰铸铁、可锻铸铁	粗车	9.0～9.0	0.8～1.0
	半精车	1.5～9.0	0.6～0.8
耐热钢、不锈钢	粗、精车	1.0	1.0
钛合金	粗、半精车	—	0.4～0.5
淬火钢	精车	—	0.8～1.0

3.6.2 刀具寿命

所谓刀具寿命，指刀具刃磨后，从开始切削，到后刀面磨损达到规定的磨钝标准为止，所经过的总切削时间 T。

1. 影响刀具寿命的主要因素

（1）切削用量。实验得出，刀具寿命与切削用量的关系为

$$T = \frac{C_{\mathrm{T}}}{v_{\mathrm{c}}^{\frac{1}{m}} f^{\frac{1}{n}} a_{\mathrm{p}}^{\frac{1}{p}}}$$

上式中，C_{T} 为与工件材料、刀具材料、切削条件等有关的常数，m、n、p 为反映 v_c、f、a_{p} 对刀具寿命 T 影响程度的指数。

当用硬质合金车削抗拉强度 R_{m} 为 0.75GPa 的碳钢时，上式中，$1/m=5$，$1/n=2.25$，$1/p=0.75$。

由此看出，切削速度 v_c 对刀具寿命 T 影响最大，背吃刀量 a_{p} 对刀具寿命 T 影响最小。

（2）刀具材料。在高速切削领域内，立方氮化硼刀具寿命最长，其次是陶瓷刀具，再次是硬质合金刀具，刀具寿命最短的是高速工具钢刀具。

（3）刀具几何参数。前角增大，切削变形减小，刀尖温度下降，刀具寿命延长（前角过大，又会使强度下降、散热困难，缩短刀具寿命）；主偏角变小，有效切削刃长度增大，使切削刃单位长度上的负荷减少，刀具寿命延长；刀尖圆弧半径增大，有利于刀尖散热，刀尖处应力集中减少，刀具寿命延长（刀尖圆弧半径过大，会引起振动）。

（4）工件材料。材料微观硬质点多，刀具容易磨损，刀具寿命缩短；材料硬度高、强度大，切削能耗大，切削温度高，刀具寿命缩短；材料延展性好，切屑不易从工件上分离，切削变形增大，切削温度上升，刀具寿命缩短。

（5）切削液。其冷却作用，能降低切削温度，延长刀具寿命（对高速钢刀具尤为明显）；其润滑作用，能降低切削过程中的平均摩擦应力，减少切削变形，延长刀具寿命；其浸润作用，能降低切削力，延长刀具寿命。

2. 刀具寿命的选用

从刀具寿命 T 与切削用量的关系式可知：当切削速度过高，刀具寿命会缩短，这样会大大增加换刀次数，生产率会受影响；若把刀具寿命定得过长，刀具磨损速度放慢，换刀

时间延长，也节约了刀具材料，但切削速度却大大降低，这样做，生产率也会受到影响。因此，刀具寿命必须选用最佳值。

不同的追求目标（如最大生产率、最低工序成本、最大利润），便有不同的刀具寿命。一般说来，刃磨简便、成本较低的刀具（车刀、刨刀、钻头），T 取得低些；刃磨复杂、成本较高的刀具（铣刀、拉刀、齿轮刀具），T 取得高些；多刀机床的刀具因装刀调整复杂，换刀时间长，可取得高些；精加工大型工件时，为免于中途换刀，可取得高些；对薄弱的关键工序，为平衡生产需要，T 取得低些。

3. 刀具破损及防止

刀具破损的形式有塑性破损和脆性破损。塑性破损是由于高切削热造成切削刃处塑性流动而失效，多见于高速钢刀具。脆性破损分为早期脆性破损和后期脆性破损。早期脆性破损主要是因切削时的机械冲击力超出刀具材料强度极限；后期脆性破损多半是由机械疲劳和热疲劳造成的。

在实践生产中，硬质合金刀有 50% ~60% 是因为破损而不能正常进行切削工作的。因此，防止刀具破损具有积极意义。防止刀具破损的措施主要有：

（1）合理选用刀具材料。粗加工、断续切削工件时，选用韧性高的刀具材料；高速切削工件时，选用热稳定性好的刀具材料。

（2）合理选择刀具几何参数。调整前角（减小或采用负前角）、主偏角（减小主偏角）、刃倾角（取负刃倾角）、刀尖圆弧（采用过渡刃，提高刀尖强度），采用负刀棱，使刀具切削部分压应力区加大。

（3）提高刀具刃磨质量。刃磨的纹理方向应与切屑在刀面上流动方向一致。刃磨后应进一步研磨抛光。采用电解磨削，它能消除刃磨应力，去除微裂纹，不产生磨削软化，没有毛刺，表面很光滑，增强了锐度、张力强度和刚性刃口的弹性，因此可显著延长刀具寿命（1 ~5 倍）。

（4）合理选择切削用量。若选用较小的背吃刀量，切削冲击载荷也小，应力集中在切削刃附近，主要是压力；若选用较大的背吃刀量，则切削冲击载荷也会增大，同时也会使刀具上的拉应力区扩大，拉应力值也会加大。

（5）正确使用刀具，使其不受意外冲击、振动的影响。

第 4 章　金属切削加工方法

4.1　金属切削机床概述

各种机械产品的用途和零件结构的差别虽然很大，但它们的制造工艺却有着共同之处，即都是构成零件的各种表面的成形过程。机械零件表面的切削加工成形过程是通过刀具与被加工零件的相对运动完成的。这一过程要在由切削机床、刀具、夹具及工件构成的机械加工工艺系统中完成。机床是加工机械零件的工作机械，刀具直接对零件进行切削，夹具用来装夹工件。

金属切削机床是用切削的方法将金属毛坯加工成机器零件的机器，也可以说是制造机器的机器，因此又称为“工作母机”或“工具机”，习惯上简称为机床。在机械制造工业中，切削加工是将金属毛坯加工成具有一定尺寸、形状和精度的零件的主要加工方法，尤其是在加工精密零件时，目前主要是依靠切削加工来达到所需的加工精度和表面粗糙度。因此，金属切削机床是加工机器零件的主要设备，它所担负的工作量，在一般情况下占机器总制造工作量的40% ~60%，它的先进程度直接影响到机器制造工业的产品质量和劳动生产率。

机床的质量和性能直接影响机械产品的加工质量和经济加工的适用范围，随着机械工业工艺水平的提高和科学技术的进步而发展。机床品种不断增加。机床不仅要满足使用性能的要求，还要考虑艺术性、宜人性、工业环境的美化等，使人机关系达到最佳状态。

目前，我国已形成了布局比较合理且相对完整的机床工业体系，机床的产量不断增加、质量不断提升，除满足国内建设的需要外，还有一部分已远销国外。我国已制定了完整的机床系列型谱。我国生产的机床品种也日趋齐全，能生产出从小型仪表机床到重型机床等上千个品种的各种机床，也能生产出各种精密的、高度自动化的以及高效率的机床和自动线。我国所生产机床的性能也在逐步提高，有些机床已经接近世界先进水平。我国数控技术近年来也有较快的发展，目前已能生产上百种数控机床。

4.1.1 机床类型

1. 机床的分类

金属切削机床的品种和规格繁多，为了便于区别、使用和管理，须对机床加以分类和编制型号。一般地，根据需要，可从不同的角度对机床做如下分类：

（1）按机床的加工性质和结构特点分类

根据国家标准（GB/T1537—94），我国机床分为11大类：车床、钻床、镗床、铣床、刨插床、拉床、磨床、齿轮加工机床、螺纹加工机床、锯床和其他机床。

（2）按机床的通用程度分类

①通用机床。这类机床是可以加工多种工件、完成多种工序且工艺范围较广的机床，主要适用于单件小批量生产。例如，卧式车床、卧式铣镗床和万能升降台铣床等。

②门化机床。这类机床是用于完成形状类似而尺寸不同的工件的某一种工序的加工的机床，其工艺范围较窄，主要适用于成批生产，如曲轴车床、凸轮轴车床等。

③专用机床。这类机床是用于完成特定工件的特定工序的加工的机床，其工艺范围最窄，主要适用于大批量生产，如专用镗床、专用铣床等。

此外，在同一种机床中，根据加工精度不同，可分为普通机床、精密机床和高精度机床；按机床质量不同，可分为仪表机床、中型机床、大型机床、重型机床和超重型机床；按机床自动化程度的不同，可分为手动、机动、半自动和自动机床；按机床运动执行件的数目不同，可分为单轴的与多轴的、单刀架的与多刀架的机床等。

2. 机床型号的编制

机床型号是为了方便管理和使用机床，而按一定规律赋予机床的代号（型号），用于表示机床的类型、通用和结构特性、主要技术参数等。

机床型号是机床产品的代号，用以简明地表示机床的类型、通用和机构特性、主要技术参数等。我国的机床型号现在是按照2008年颁布的国家标准GB/T15375—2008《金属切削机床型号编制方法》编制的。此标准规定，机床型号由汉语拼音字母和阿拉伯数字按一定的规律组合而成，它适用于新设计的各类通用机床、专用机床和回转体加工自动线（不包括组合机床、特种加工机床）。

通用机床的型号由基本部分和辅助部分组成，中间用“/”隔开，读作“之”。基本部分需统一管理，辅助部分纳入型号与否由生产厂家自定。

通用机床的型号构成如图4.1所示。

有“（）”的代号或数字，当无内容时，则不表示；有内容时，则不带括号。

有“○”符号者，为大写的汉语拼音字母。

有“△”符号者，为阿拉伯数字。

有“△”符号者，为大写的汉语拼音字母或阿拉伯数字，或两者兼有之。

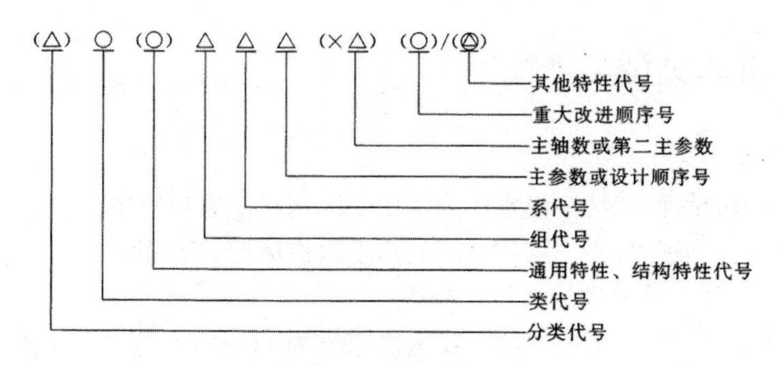

图 4.1　通用机床的型号构成

(1) 机床类、组、系的划分及其代号

机床的类代号用汉语拼音大写字母表示。例如“车床”的汉语拼音是“Che chuang”，所以用“C”表示。必要时，每类又可分为若干分类，分类代号用阿拉伯数字表示，放在类代号之前，居于型号的首位，但第一分类不予表示。例如，磨床类分为 M、2M、3M 三类。机床的类别代号及其读音见表 4.1。

表 4.1　普通机床类别和分类代号

类别	车床	钻床	镗床	磨床			齿轮加工机床	螺纹加工机床	铣床	刨插床	拉床	特种加工机床	锯床	其他机床
代号	C	Z	T	M	2 M	3 M	Y	S	X	B	L	D	G	Q
读音	车	钻	镗	磨	二磨	三磨	牙	丝	铣	刨	拉	电	割	其

机床的组别和系列代号用两位数字表示。每类机床按其结构性能和使用范围划分为 10 个组，用数字 0 ~9 表示。每组机床又分若干个系列，系列的划分原则：在同一组机床中，主参数相同，主要结构及布局形式相同的机床，即同一系列。

(2) 机床的特性代号

机床的特性代号表示机床具有的特殊性能，包括通用特性和结构特性。当某类型机床除有普通型外，还具有如表 4.2 所列的某种通用特性，则在类别代号之后加上相应的特性代号。例如“CK”表示数控车床。如同时具有两种通用特性，则可用两个代号同时表示，如“MX”表示半自动、高精度磨床。如某类型机床仅有某种通用特性，而无普通型式，则通用特性不必表示，如 C1312 型单轴转塔自动车床，由于这类自动车床没有“非自动”型，所以不必用“Z”表示通用特性。

为了区分主参数相同而结构不同的机床，在型号中用结构特性代号表示。结构特性代号为汉语拼音字母。通用特性代号已用的字母和“I、O”两个字母不能用。结构特性的代号字母是根据各类机床的情况分别规定的，在不同型号中的意义不同。

表 4.2　通用特性代号

通用特性	高精度	精密	自动	半自动	数控	加工中心	仿形	轻型	加重型	简式
代号	G	M	Z	B	K	H	F	Q	C	J
读音	高	密	自	半	控	换	仿	轻	重	简

（3）机床主参数、第二主参数和设计顺序号

机床主参数代表机床规格的大小，用折算值（主参数乘以折算系数）表示。某些普通机床无法用一个主参数表示时，则在型号中用设计顺序号表示。设计顺序号由1起始，当设计顺序号小于10时，则在设计号之前加“0”。

第二主参数一般是主轴数、最大跨距、最大工件长度、工作台工作面长度等。第二，主参数也用折算值表示。

（4）机床重大改进顺序号

当对机床的结构、性能有更高的要求，需要按新产品重新设计、试制和鉴定机床时，在原机床型号的尾部，加重大改进顺序号，以区别于原机床型号。序号按A、B、C……字母（但“I、O”两个字母不得选用）的顺序选用。

（5）同一型号机床的变型代号

根据不同的加工需要，某些机床在基本型号机床的基础上仅改变机床的部分性能结构时，则在机床基本型号之后加1、2、3……变型代号。

专用机床型号由设计单位代号和设计顺序号构成。例如，B1—100表示北京第一机床厂设计制造的第100种专用机床——铣床。

4.1.2　机床传动

1. 机床的组成

机床的切削加工是由刀具与工件之间的相对运动来实现的，其运动可分为表面形成运动和辅助运动两类。如车削外圆时刀架溜板沿机床导轨的移动等；切入运动是使刀具切入工件表面一定深度的运动，其作用是在每一切削行程中从工件表面切去一定厚度的材料，如车削外圆时刀架的横向切入运动。

辅助运动主要包括刀具或工件的快速趋近和退出、机床部件位置的调整、工件分度、刀架转位、送料、启动、变速、换向、停止和自动换刀等运动。

各类机床结构通常由下列基本部分组成：支撑部件，用于安装和支撑其他部件与工件，承受其重量和切削力，如床身和立柱等；变速机构，用于改变主运动的速度；进给机构，用于改变进给量；主轴箱，用以安装机床主轴；还有刀架、刀库、控制和操纵系统、润滑系统、冷却系统等。

机床附属装置包括机床上下料装置、机械手、工业机器人等机床附加装置，以及卡盘、吸盘弹簧夹头、虎钳、回转工作台和分度头等机床附件。

金属切削机床一般由四部分组成：

（1）机床框架结构。连接机床上的各部件，定位并支撑刀具和工件，并使刀具与工件保持正确的静态位置关系。

（2）运动部分。为加工过程提供所需的刀具与工件的相对运动，保证形成合格加工表面应有的刀具与工件间正确的动态位置关系。

（3）动力部分。为加工过程及辅助过程提供必要的动力。

（4）控制部分。操纵和控制机床的各个动作。

2. 传动原理

（1）机床的传动链

在机床上，为了得到所需要的运动，需要通过一系列的传动件把执行件和动力源（例如把主轴和电动机），或者把执行件和执行件（例如把主轴和刀架）之间联系起来，以构成一个传动联系。构成一个传动联系的一系列传动件，称为传动链。根据传动联系的性质，传动链可以分为内联系传动链和外联系传动链两类。

外联系传动链是联系动力源和执行件之间的传动链。它的作用是给机床的执行件提供动力和转速，并能改变运动速度的大小和转动方向。但它不要求动力源和执行件之间有严格的传动比关系。例如用普通车床车削螺纹时，从电动机到主轴之间由一系列零部件构成的传动链就是外联系传动链。它没有严格的传动比要求，可以采用皮带和皮带轮等摩擦传动或采用链传动。

内联系传动链是联系复合运动各个分解部分之间的传动链，因此，传动链所联系执行件之间的相对关系（相对速度和相对位移量）有严格的要求。例如用普通车床车削螺纹时，主轴和刀架的运动就构成了一个复合成形运动，所以联系主轴和刀架之间由一系列零部件构成的传动链就是内联系传动链。设计机床内联系传动链时，各传动副的传动比必须准确，不应有摩擦传动（带传动）或瞬时传动比变化的传动件（如链传动）。

（2）原理

通常在传动链中有各种传动机构，大致分为传动比固定不变的定比传动机构和传动比可变的换置机构。前者有齿轮副、丝杠螺母副及蜗杆蜗轮副等，后者有变速箱、挂轮架和数控机床中的数控系统。

如图 4.2 所示，传动原理图是用一些简单的符号把动力源和执行件或不同执行件之间的传动联系表示出来的示意图。传动原理图中常使用的一部分符号中的表示执行件的符号还没有统一的规定，一般可用较直观的简单图形来表示。

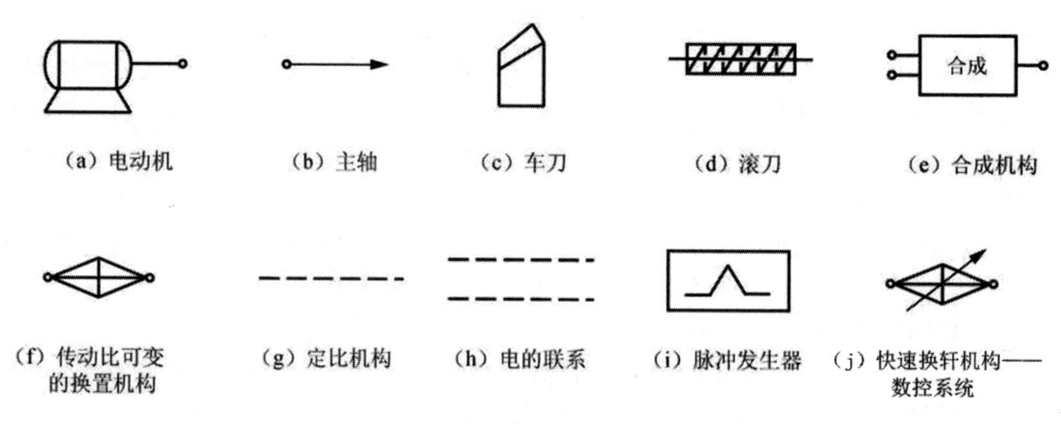

图 4.2 传动原理图的常用符号

4.1.3　机床性能要求

机床为机械制造的工作母机，其性能与技术水平直接关系到机械制造产品的质量与成本，关系到机械制造的劳动生产率。因此，机床首先应满足使用方面的要求，其次应考虑机床制造方面的要求。现将这两方面的基本要求简述如下。

1. 工作精度良好

机床的工作精度是指加工零件的尺寸精度、形状精度和表面粗糙度。根据机床的用途和使用场合，各种机床的精度标准都有相应的规定。尽管各种机床的精度标准不同，但是，评价一台机床的质量都以机床工作精度作为最基本的要求。机床的工作精度不仅取决于机床的几何精度与传动精度，还受机床弹性变形、热变形、振动、磨损以及使用条件等许多因素的影响，这些因素涉及机床的设计、制造和使用等方面的问题。

机床的工作精度不但要求具有良好的初始精度，而且要求具有良好的精度保持性，即要求机床的零部件具有较高的可靠性和耐磨性，使机床有较长的使用期限。

2. 生产率和自动化程度要高

生产率常用单位时间内加工工件的数量来表示。机床生产率是反映机械加工经济效益的一个重要指标，在保证机床工作精度的前提下，应尽可能提高机床生产率。要提高机床生产率，必须减少切削加工时间和辅助时间。前者在于增大切削用量或采用多刀切削，并相应地提高机床的功率、刚度和抗震性；后者在于提高机床自动化程度。

提高机床自动化程度的另一目的是，改善劳动条件以及使加工过程不受操作者的影响，并使加工精度保持稳定。因此，机床自动化是机床的发展趋势之一，特别是对大批量生产的机床和精度要求高的机床，提高机床自动化程度更为重要。

3. 噪声小、传动效率高

机床噪声是危害人们身心健康、影响人们正常工作的一种环境污染。机床传动机构的运转、某些结构的不合理以及切削过程都将产生噪声，尤其是速度高、功率大和自动化程度高的机床更为严重。所以，应对现代机床噪声的控制十分重视。

机床的传动效率反映了输入功率的利用程度，也反映了空转功率的消耗和机构运转的摩擦损失。摩擦功变为热会引起热变形，这对保证机床工作精度很不利。高速运转的零件和机构越多，空转功率也越大，同时，产生的噪声也越大。为了节省能源、保证机床工作精度和降低机床噪声，应当设法提高机床的传动效率。

4. 操作安全、方便

机床的操作应当方便省力且安全可靠，操纵机床的动作应符合习惯以避免发生误操作，以减轻工人的紧张程度，保证工人与机床的安全。

5. 制造和维修方便

在满足使用方面要求的前提下，应力求机床结构简单、零部件数量少、结构的工艺性好、便于制造和维修。机床结构的复杂程度和工艺性决定了机床的制造成本。在保证机床工作精度和生产率的前提下，应设法降低成本，提高经济效益。此外，还应力求机床的造型新颖。

4.1.4 机床精度要求

机床的加工精度是衡量机床性能的一项重要指标。影响机床加工精度的因素有很多，有机床本身的精度因素，还有机床及工艺系统变形、加工中产生振动、机床的磨损以及刀具磨损等因素。在上述各因素中，机床本身的精度很重要。例如在车床上车削圆柱面，其圆柱度主要取决于工件旋转轴线的稳定性、车刀刀尖移动轨迹的直线度以及刀尖运动轨迹与工件旋转轴线之间的平行度，即主要取决于车床主轴与刀架的运动精度以及刀架运动轨迹相对于主轴的位置精度。

机床的精度包括几何精度、定位精度、工作精度以及传动精度等，不同类型的机床对这些方面的要求是不一样的。

1. 几何精度

机床的几何精度是指机床某些基础零件工作面的几何精度，它指的是机床在不运动（如主轴不转、工作台不移动）或运动速度较低时的精度。几何精度规定了决定机床精度的各主要零部件的精度以及这些零部件的运动轨迹之间的相对位置允差，例如床身导轨的直线度、工作台面的平面度、主轴的回转精度、刀架溜板移动方向与主轴轴线的平行度等。在机床上，加工的工件表面形状是由刀具和工件之间的相对运动轨迹决定的，而刀具和工件是由机床的执行件直接带动的，所以，机床的制造精度是保证加工精度的最基本的条件。

2. 定位精度

机床定位精度是指机床主要部件在运动终点所达到的实际位置的精度。实际位置与预期位置之间的误差称为定位误差。对于主要通过试切和测量工件尺寸来确定运动部件定位位置的机床，如卧式车床、万能升降台铣床等，对定位精度的要求并不太高。但对于依靠机床本身的测量装置、定位装置或自动控制系统来确定运动部件定位位置的机床，如各种自动化机床、数控机床、坐标测量机床等，对定位精度必须有很高的要求。

机床的几何精度、传动精度和定位精度通常是在没有切削载荷以及机床不运动或运动速度较慢的情况下检测的，故一般称为机床的静态精度。静态精度主要取决于机床上的主要零部件，如主轴及其轴承、丝杠螺母、齿轮以及床身等的制造精度以及它们的装配精度。

3. 工作精度

静态精度只能在一定程度上反映机床的加工精度，因为在机床的实际工作状态下，还有一系列因素会影响其加工精度。例如，由于切削力、夹紧力的作用，机床的零部件会产生弹性变形；在机床内部热源（如电动机、液压传动装置的发热，轴承、齿轮等零件的摩擦发热等）以及环境温度变化的影响下，机床零部件将产生热变形；由于切削力和运动速度的影响，机床会产生振动；机床运动部件以工作速度运动时，由于相对滑动面之间的油膜以及其他因素的影响，其运动精度也与低速下测得的精度不同。所有这些都将引起机床静态精度的变化，从而影响工件的加工精度。机床在外载荷、温升及振动等工作状态作用下的精度称为机床的动态精度。动态精度除与静态精度有密切关系外，还在很大程度上取

决于机床的刚度、抗震性和热稳定性等。目前，在生产中，一般通过切削加工出的工件精度来考核机床的综合动态精度（称为机床的工作精度）。工作精度是各种因素对加工精度影响的综合反映。

4. 传动精度

机床的传动精度是指机床内联系传动链两末端件之间的相对运动精度。这方面的误差就称为该传动链的传动误差。例如车床在车削螺纹时，主轴每转一转，刀架的移动量应等于螺纹的导程。但是实际上，在主轴与刀架之间的传动链中，齿轮、丝杠及轴承等存在着误差，使得刀架的实际移动距离与要求的移动距离之间有了误差，这个误差将直接造成工件的螺距误差。为了保证工件的加工精度，不仅机床需要有必要的几何精度，而且，内联系传动链也需要有较高的传动精度。

上述精度为机床的静态精度，而机床还有动态精度，即机床在载荷、温升、振动等作用下的精度。机床在实际工作状态中，由于切削力、夹紧力等的作用，机床的零、部件会产生弹性变形；在机床内部热源（如电动机、液压传动装置的发热，齿轮、轴承、导轨等的摩擦发热）以及环境温度变化的影响下，机床零、部件将产生热变形；由于切削力和运动速度的影响，机床会产生振动；机床运动部件以工作状态的速度运动时，由于相对滑动面之间的油膜以及其他因素的影响，其运动精度也与低速运动时不同。所有这些，都将引起机床静态精度的变化，影响工件的加工精度。因此，动态精度除了与静态精度密切有关外，还在很大程度上取决于机床的刚度、抗震性和热稳定性等。

各类机床的功能不同，精度标准不同，检测项目、检验方法和允许的误差范围也不相同，各生产厂家应根据国家标准和行业标准进行检验。

4.2　车削加工

4.2.1　车床与车刀

1. 车床

车床类机床主要用于进行车削加工。通常，车床由工件旋转完成主运动，而由刀具沿平行或垂直于工件旋转轴线移动完成进给运动。与工件旋转轴线平行的进给运动称为纵向进给运动，垂直的称为横向进给运动。

在一般机器制造厂中，车床在金属切削机床中所占的比重最大，约占金属切削机床总台数的20%~35%。由此可见，车床的应用是很广泛的。

（1）车床的主要类型、工作方法和应用范围

车床的种类很多，按其用途和结构的不同，可分为下列几类：

①卧式车床及落地车床；

②立式车床；

③转塔车床；

④多刀半自动车床；

⑤仿形车床及仿形半自动车床；

⑥单轴自动车床；

⑦多轴自动车床及多轴半自动车床；

⑧车削加工中心。

具体可见表4.3。

表4.3　车床主要类型、工作方法和应用范围

车床的主要类型	车床的工作方法和应用范围
卧式车床	主轴水平布置，主轴转速和进给量调整范围大，主要由工人手工操作，用于车削圆柱面、圆锥面、端面、螺纹、成型面和切断等。其使用范围广，生产效率低，适于单件小批量生产和修配车间
立式车床	主轴垂直布置，工件装夹在水平面内旋转的工作台上，刀架在横梁或立柱上移动，适于加工回转直径较大、较重、难于在卧式车床上安装的工件
回轮车床	机床上有回转轴线与主轴线平行的多工位回轮刀架，刀架上可安装多把刀具，并能纵向移动。在工件一次装夹中，由工人依次用不同刀具完成多种车削工序，适用于成批生产中加工尺寸不大且形状较复杂的工件
转塔车床（六角车床）	机床上具有回转轴线与主轴轴线垂直或倾斜的转塔刀架，另外还带有横刀架，刀架上安装多把刀具。在工件一次装夹中，由工人依次使用不同刀具完成多种车削工序。它适用于成批生产中加工形状较复杂的工件
单轴自动车床	机床只有一根主轴，经调整和装料后，能按一定程序自动上下料、自动完成工件的多工序加工循环，重复加工一批同样的工件。它主要用于对棒料或盘状线材进行加工，适用于大批大量生产
车削加工中心（自动换刀数控车床）	机床具有刀库。它对一次装夹的工件，能按预先编制的程序，由控制系统发出数字信息指令，自动选择更换刀具，自动改变车削切削用量和刀具相对工件的运动轨迹以及其他辅助机能，依次完成多工序的车削加工。它适用于工件形状较复杂、精度要求高、工件品种更换频繁的中小批量生产

(2) 卧式车床的分类、工艺范围及其组成部件

①分类。卧式车床是一种品种较多的车床。根据对卧式车床功能要求的不同，这类车床可分为卧式车床（普通车床）、马鞍车床、精整车床、无丝杠车床、卡盘车床、落地车床和球面车床等。

根据卧式车床结构的不同，可分成普通型、万能型和轻型，或分成基型和变型；根据被加工工件的加工精度要求不同，可分为普通级、精密级和高精度级；根据被加工工件的大小或卧式车床的自重，可分为小型、中型和重型等。

②工艺范围。卧式车床的工艺范围很广，能进行多种表面的加工。可车削内外圆柱面、圆锥面、成形面、端面、各种螺纹、切槽、切断；也能进行钻孔、扩孔、铰孔、攻丝

和滚花等工作。如果再添加一些特殊附件，那么卧式车床的工艺范围还能进一步扩大。

卧式车床的工艺范围广，还反映在它对同一类加工的加工方法多。例如，车削外圆锥面时，在卧式车床上可利用溜板箱纵向运动和滑板横向运动的进给合成运动来实现，还可将工件在两顶尖内用鸡心夹夹紧，尾座顶尖横向移动一定距离，车刀仍正常作纵向进给来实现。此外，也可利用特殊的车锥度仿形附件来实现外锥面的车削。

卧式车床主要是对各种轴类、套类和盘类零件进行加工。

③主要组成部件。中小型卧式车床与重型卧式车床，虽然在外形结构上有较大的区别，但其主要部件的功能是相近的。下面以常用的中小型卧式车床为例，介绍其主要组成部件。图4.3为CA6140型车床的外形，它主要由床身、主轴箱、进给箱、溜板箱、刀架和床鞍、尾座等部件组成。此外，卧式车床上还有底座、交换齿轮装置、电气、冷却、防护罩、中心架和跟刀架等部件。

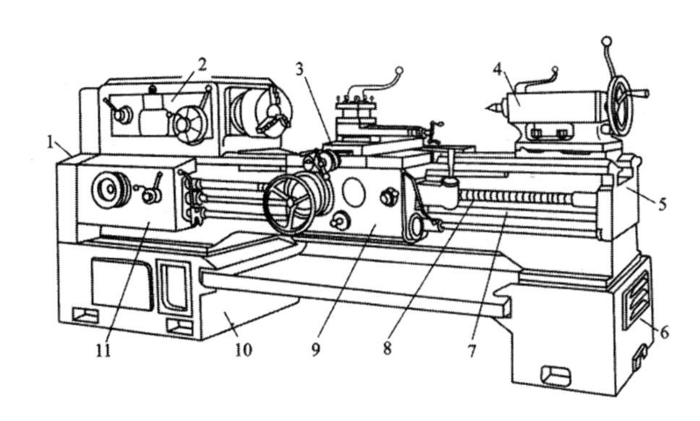

1—变速机构；2—主轴箱；3—刀架；4—尾座；5—床身；6，10—底座；
7—光杠；8—丝杠；9—溜板箱；11—进给箱。

图4.3　CA6140型车床的外形

（3）卧式车床的技术参数。卧式车床的主参数是床身上的最大工件回转直径，第二主参数是最大工件长度。这两个参数表明了车床加工工件的最大尺寸，同时也反映了机床的尺寸大小。因为主参数决定了主轴轴线距离床身导轨的高度，第二主参数决定了床身的长度。例如CA6140型卧式车床的主参数为400mm。

2. 车刀

如图4.4所示，根据不同的车削内容，需用不同种类车刀。常用车刀有外圆车刀、端面车刀、切断刀、内孔车刀、圆头刀、螺纹车刀等，其应用状况：90°偏刀可用于加工工件的外圆、台阶面和端面；45°弯头刀用来加工工件的外圆、端面和倒角；切断刀可用于切断或切槽；圆头刀（R刀）则可用于加工成形面；内孔车刀可车削工件内孔；螺纹车刀用于车削螺纹。

（1）整体式高速钢车刀

在整体高速钢的一端刃磨出所需的切削部分形状即可。这种车刀刃磨方便，磨损后可多次重磨，适宜制作各种成形车刀（如切槽刀、螺纹车刀等）。刀杆亦同样是高速钢，会造成刀具材料的浪费。

（2）硬质合金焊接车刀

一定形状的硬质合金刀片焊于刀杆的刀槽内即可，结构简单，制造刃磨方便，可充分利用刀片材料；但其切削性能受到工人刃磨水平及刀片焊接质量的限制，刀杆亦不能重复用。因此，一般用于中小批量的生产和修配生产。

（3）机械夹固式车刀

采用机械方法将一定形状的刀片安装于刀杆中的刀槽内即可。机械夹固式车刀又分重磨式和不重磨式（可转位）。其中，机夹重磨式车刀通过刀片刃磨安装于倾斜的刀槽形成刀具所需角度，刃口钝化后可重磨。这种车刀可避免由焊接引起的缺陷，刀杆也能反复使用，几何参数的设计、选用均比较灵活。可用于加工外圆、端面、内孔，特别是车槽刀、螺纹车刀及刨刀方面应用较广。

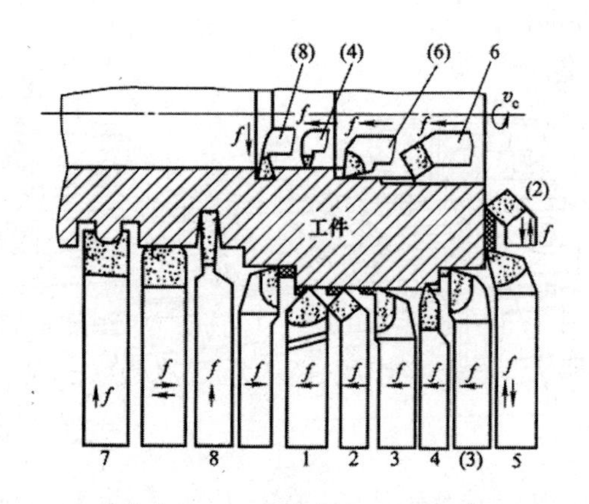

1—直头车刀；2—弯头车刀；3—90°偏刀；
4—螺纹偏刀；5—端面偏刀；6—内孔车刀；7—成形车刀；8—车槽、切断刀。

图 4.4　常用车刀及其应用

按刀片与刀体的连接结构，车刀有整体式、焊接式、机夹重磨式及机夹可转位式之分，如图 4.5 所示。

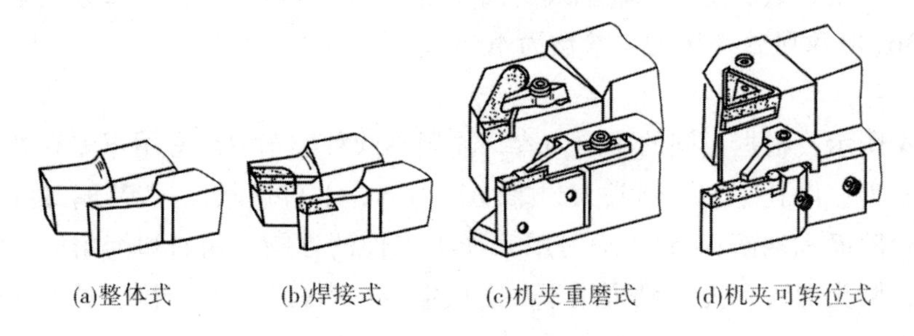

(a)整体式　(b)焊接式　(c)机夹重磨式　(d)机夹可转位式

图 4.5　车刀结构

在特定条件下，选用一把较好的刀具进行切削加工，可以达到优质、高产、低消耗的目的。在对一些高效率车刀的特点和使用效果进行具体分析后，大致可归纳出以下选用车刀的基本原则：

①断屑性能好，断屑良好，排屑顺利。

②加工质量好，能保证或提高零件的精度和粗糙度要求。

③切削效率高，能在最短的时间内完成零件的加工。

④辅助时间少，具有合理的刀具耐用度，刃磨方便，换刀（或更换切削刃）快。

⑤经济效果好，刀具制造方便，成本低，充分利用刀具切削部分的材料。

车刀（指整体车刀与焊接车刀）用钝后重新刃磨是在砂轮机上刃磨的。磨高速钢车刀用氧化铝砂轮（白色），磨硬质合金刀头用碳化硅砂轮（绿色）。

3. *砂轮的选择*

砂轮的特性由磨料、粒度、硬度、结合剂和组织5个因素决定。

我们应根据刀具材料正确选用砂轮。刃磨高速钢车刀时，应选用粒度为46号到60号的软或中软的氧化铝砂轮。刃磨硬质合金车刀时，应选用粒度为60号到80号的软或中软的碳化硅砂轮，两者不能搞错。

4. *车刀刃磨的步骤*

磨主后刀面，同时磨出主偏角及主后角，磨副后刀面，同时磨出副偏角及副后角，如图4.6所示；磨前面，精磨主后刀面和副后刀面，如图4.7所示。

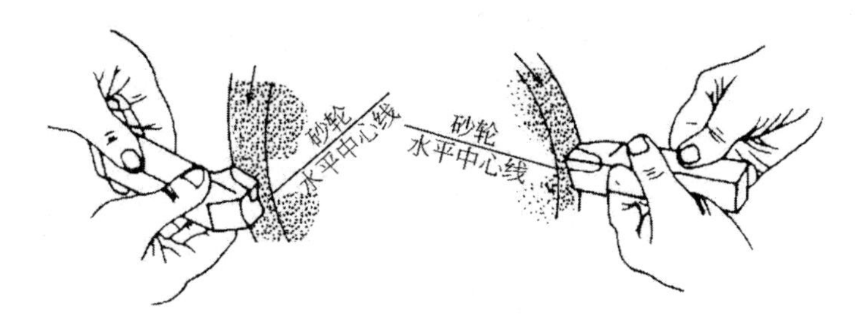

图4.6　粗磨主后角、副后角

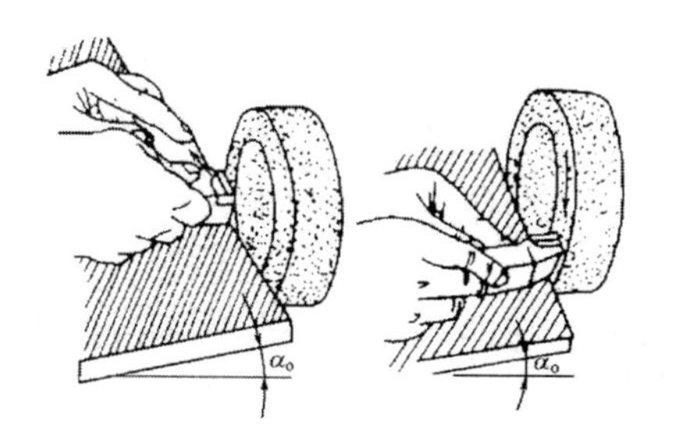

图4.7　精磨主后刀面和副后刀面

5. *刃磨车刀的姿势及方法*

①人站立在砂轮机的侧面，以防砂轮碎裂时，碎片飞出伤人。

②两手握刀的距离放开，两肘夹紧腰部，以减小磨刀时的抖动。

③磨刀时，车刀要放在砂轮的水平中心，刀尖略向上翘约3°~8°，车刀接触砂轮后应做左右方向水平移动。当车刀离开砂轮时，车刀需向上抬起，以防磨好的刀刃被砂轮碰伤。

④磨后刀面时，刀杆尾部向左偏过一个主偏角的角度；磨副后刀面时，刀杆尾部向右偏过一个副偏角的角度。

⑤修磨刀尖圆弧时，通常以左手握车刀前端为支点，用右手转动车刀的尾部。

4.2.2 车削概述

1. 车削的工艺特点

①车削是在机械制造中使用最广泛的一种加工方法，主要用于加工各种内、外回转表面。车削的加工精度范围为IT13～IT6，表面粗糙度值为12.5～0.8μm。

②易于保证零件各加工面的位置精度。

③车刀结构简单、制造容易，便于根据加工要求对刀具材料、几何角度进行合理选择。车刀刃磨及装拆也较方便。

④除了切削断续表面外，一般情况下，车削过程是等截面连续进行的，切削力基本上不发生变化，因此切削过程平稳，可采用较大的切削用量，生产效率高。

⑤对零件的结构、材料、生产批量等有较强的适应性，应用广泛。除可车削各种钢材、铸铁、有色金属外，还可以车削玻璃钢、夹布胶木、尼龙等非金属。对于一些不适合磨削的有色金属可以采用金刚石车刀进行精细车削，能获得很高的加工精度和很小的表面粗糙度值。

2 车刀的装夹

为了使车刀正常工作和保证加工质量，必须正确安装车刀，其基本要求如下：

①车刀的伸出长度不宜太大。伸出刀架的长度一般应不超过刀杆高度的1～2倍。

②车刀刀尖一般应与车床主轴轴线等高，但在粗车外圆时刀尖应略高于零件轴线，精车细长轴外圆时刀尖应略低于零件轴线。

③车刀刀杆应与主轴轴线垂直。

④刀杆下面的垫片要平整，垫片要和刀架对齐，应尽可能用厚的垫片，以减少垫片数目，防止产生振动。

3. 零件的装夹

车削时，必须把零件装夹在车床夹具上，经过校正、夹紧，使它在整个加工过程中始终保持正确的位置。由于零件的形状、数量和大小的不同，装夹方法有很多种。

(1) 卡盘装夹

卡盘有三爪自定心卡盘和四爪单动卡盘两种。

①三爪自定心卡盘是安装一般零件的通用夹具。它的构造如图4.8所示，三只卡爪均匀分布在卡盘的圆周上，能同步沿径向移动，实现对零件的夹紧或松开。三爪自定心卡盘安装零件的步骤为：

a. 把零件放正在卡爪间，轻轻夹紧。零件夹持长度一般不小于10mm。

b. 开动机床，使主轴低速旋转，检查零件是否偏摆。如偏摆，则应停车，用小锤轻敲校正后，将零件固紧。

②四爪单动卡盘的构造如图4.9所示，四个卡爪沿圆周方向均匀分布，卡爪能逐个单独径向移动，装夹零件时，可通过调节卡爪的位置对零件位置进行校正。四爪单动卡盘的夹紧力较大，但校正零件位置麻烦、费时，适宜于单件、小批量生产中装夹非圆形零件。

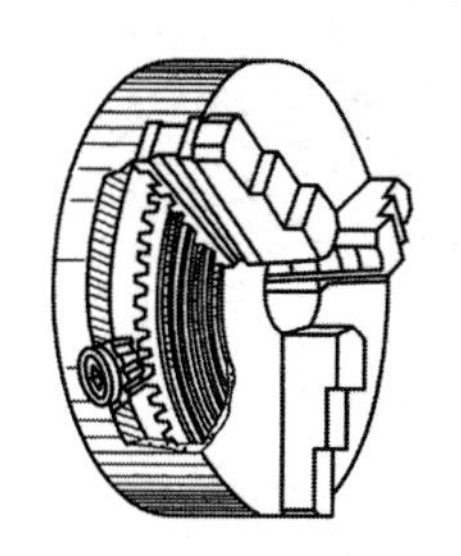

图4.8 三爪自定心卡盘

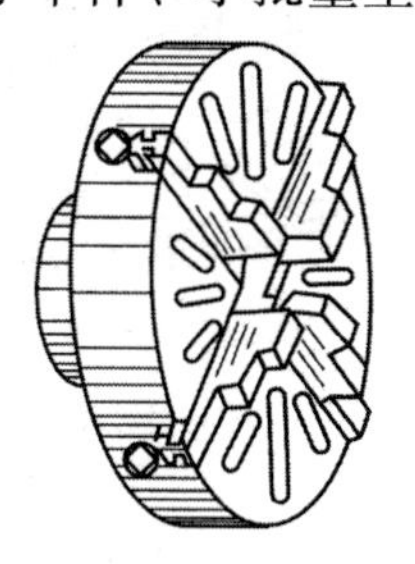

图4.9 四爪单动卡盘

（2）顶尖装夹

对于较长的或必须经过多次装夹才能加工完成的零件，或在车削加工后还有铣、磨等工序的零件，为了保证重复定位精度的要求，这时可采用两顶尖装夹零件的方法，如图4.10所示。前顶尖插入主轴锥孔，后顶尖插入尾座套筒锥孔，两顶尖支撑定位预制有中心孔的零件。由于顶尖工作部位细小，支撑面较小，装夹不够牢靠，不宜采用大的切削用量加工。

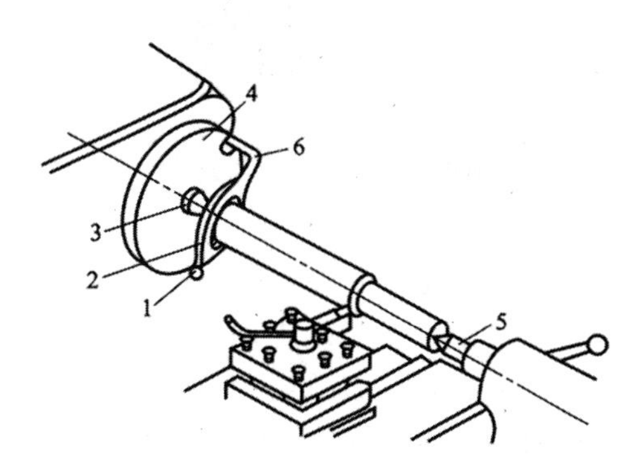

1—卡箍螺钉；2—卡箍；3—前顶尖；
4—拨盘；5—后顶尖；6—夹头。

图4.10 用顶尖安装零件

在粗加工时，为提高生产效率，常采用大的切削用量，切削力很大，而粗加工时零件的位置精度要求不高，这时常采用主轴端用卡盘、尾座端用顶尖的“一夹一顶”的装夹方法。

（3）中心架、跟刀架辅助支撑

当车削 l/d>10 的细长轴时，为了增加零件的刚度，避免零件在加工中弯曲变形，常使用中心架或跟刀架做辅助支撑。

图4.11为中心架及其使用示意图。使用时，中心架固定在床身导轨的适当位置，调节三个支撑爪支撑在零件的已加工表面上。中心架除用于加工外圆，还可以用于较长轴的车端平面、钻孔或车孔。

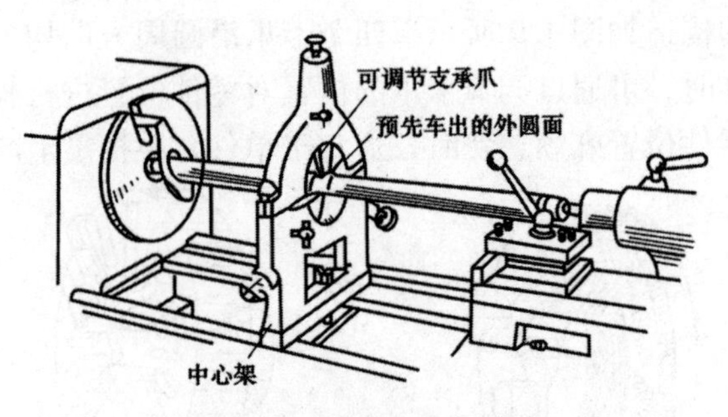

图 4.11　中心架及其应用

图 4.12 为跟刀架及其使用示意图。跟刀架安装在床鞍上，车削时随床鞍和刀架一起纵向移动，两个可调节的支撑块支撑在零件的已加工表面上。

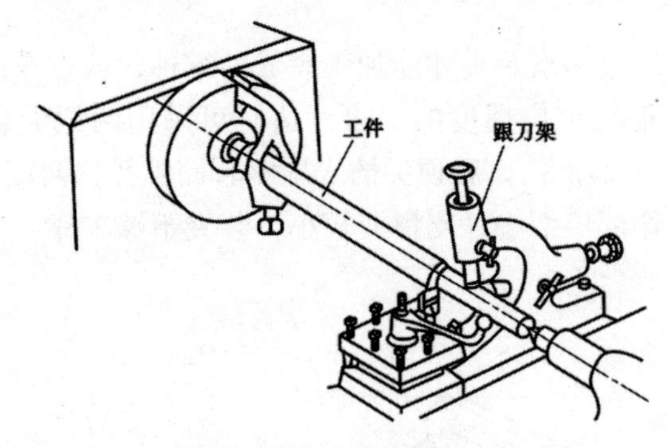

图 4.12　跟刀架及其应用

（4）心轴装夹

当盘套类零件的内外圆同轴度和端面对轴线垂直度要求较高，且不能在同一次装夹中加工时，可采用心轴装夹。其方法是：先精加工内孔，再以内孔定位将零件安装在心轴上，然后再把心轴安装在前后顶尖之间，如图 4.13 所示。采用这种装夹方法时，零件内孔精加工的尺寸精度愈高，则加工后外圆与内孔间的位置精度就愈高。

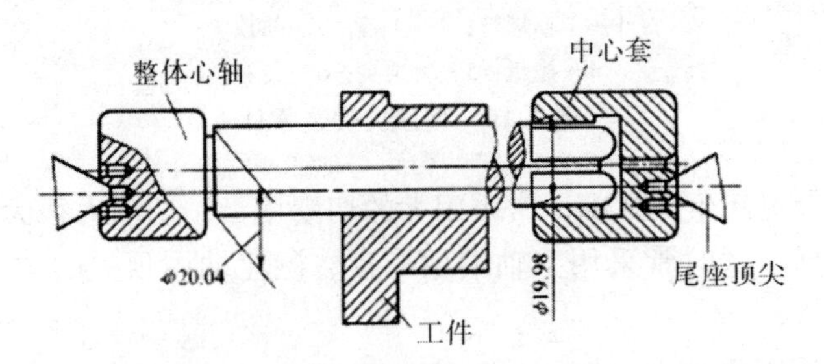

图 4.13　零件用心轴装夹

4. 车削安全操作规程

①工作前必须束紧服装、套袖，戴好工作帽，工作时应检查各手柄位置的正确性，应使变换手柄保持在定位位置上，严禁戴围巾、手套操作。

②经常注意机床的润滑情况，必须按润滑表规定进行润滑工作，必须保持油标线的高度符合要求。

③工作中必须经常从透明油标中察看输往主轴承及床头箱的油是否畅通。

④不许在卡盘上、顶尖间及导轨上面敲打校直和进行修正工作。

⑤用卡盘卡工件及部件时，必须将扳手取下，方可开车。

⑥不许将加工工件工具或其他金属物品放在床身导轨上。

⑦在工作中严禁开车测量工件尺寸，如要测量工件时，必须将车停稳，否则会发生人身事故和量具损坏。

⑧装卸花盘、卡盘和加工重大工件时，必须在床身面垫上一寸板，以免其落下损坏机床。

⑨在工作中加工钢件时，冷却液要倾注在构成铁屑的地方，使用锉刀时，应右手在前，左手在后，锉刀一定要安装手把。

⑩机床在加工偏心工件时，要加均衡铁，将配重螺丝上紧，并用手扳动两三周，明确无障碍时，方可开车。

⑪切削脆性金属，事先要擦净导轨面的润滑油，以防止切屑擦坏导轨面。

⑫车削螺纹时，首先检查机床正反车是否灵活，开合螺母手把提起是否合适，必须注意不使刀架与车头相撞，而造成事故。

⑬工作中严禁用手清理铁屑，一定要用清理铁屑的专用工具，以免发生事故。

⑭严禁使用带有铁屑、铁末的脏棉纱揩擦机床，以免拉伤机床导轨面。

⑮操作者在工作中不许离开工作岗位，如需离开时，无论时间长短，都应停车，以免发生事故。

4.2.3　车削方法

1. 车外圆

在车削加工中，车外圆是最常见、最基本的加工方法，可分为粗车和精车。图4.14为几种常用的外圆车刀。

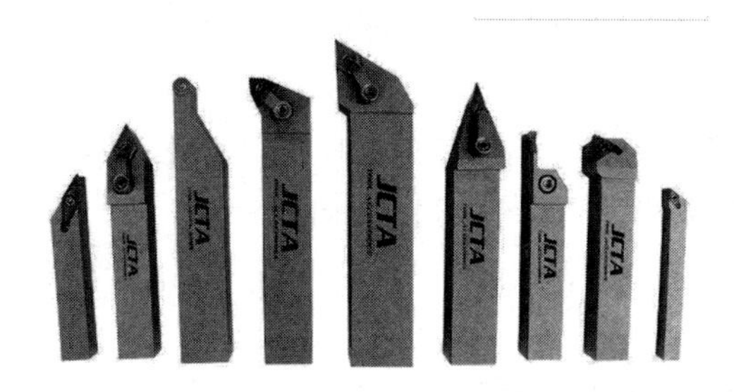

图4.14　常用的外圆车刀

(1) 粗车

粗车的主要目的是尽快地切除毛坯上大部分的加工余量，使零件接近图样要求的形状和尺寸，以提高生产效率，所以应采用较大的背吃刀量和进给量，而为防止车床过载和车刀的过早磨损，应选取较低的切削速度。切削用量的选择应根据刀具和零件材料等因素进行，在机床功率及工艺系统刚度足够的条件下，首先选取较大的背吃刀量，其次取较大的进给量，最后确定切削速度。为了保证操作安全，初学车削时，其切削用量 α_p 为 0.5 ~ 1.5mm，f 为 0.1 ~0.3 mm/r；用高速工具钢车刀，v_c 为 0.3 ~0.8 m/s；用硬质合金车刀，v_c 为 0.6 ~1m/s。粗车外圆常采用 45°弯头车刀或 75°偏刀。

（2）精车

精车是切去留下的少量金属层，从而获得图样所要求的精度和表面粗糙度。其切削用量一般为：α_p =0.2 ~0.5 mm；f =0.1 ~0.3 mm/r，v_c <0.1m/s 或 v_c >1.6 m/s。精车外圆常采用 90°偏刀或宽刃精车刀。

2. 车端面及台阶

①车端面

车端面常采用偏刀或45°弯头车刀。车刀安装时，刀尖高度一定要与零件回转轴线等高，以免车出的端面中心留有凸台。车端面时，车刀一般是由外往中心切削。但当用偏刀车削且背吃刀量较大时，进给方向的切削力会使车刀扎入零件，形成凹面，这时可从中心向外走刀。为了降低端面的表面粗糙度值，精车端面时，应用偏刀由外向中心进刀。

②车台阶

台阶的车削实际上是车外圆和车端面的综合，在车削时需要兼顾外圆的尺寸精度和台阶长度的要求。车削低台阶时，可用90°右偏刀一次走刀车出，为了保证车刀的主切削刃垂直于零件轴线，装刀时要用角尺对准，以获得直角阶台。车削高台阶时，应分层切削，先用75°的车刀切除台阶的大部分加工余量，然后用90° ~95°加工。

3. 车孔

车孔指用车削方法扩大零件的孔或加工空心零件的内表面，是常用的加工方法之一。车孔时用车孔刀，车孔刀有通孔车刀和阶台孔（或不通孔）车刀两类，其主要区别是阶台孔车刀或不通孔车刀的主偏角大于0°，以保证阶台平面或不通孔底面的平行度。车孔刀杆应尽可能粗些，安装时，其伸出刀架的长度应尽量小些，以免颤振，其刀尖与孔轴线等高或略高，刀杆中心线应大致平行于进给方向。车不通孔和阶台孔时，车刀先纵向进给，当车到孔的根部时，再横向从外向中心进给车端面或阶台端面。

4. 车圆锥面

圆锥面加工是一项难加工的工作，它除了对尺寸精度、形位精度和表面粗糙度有要求外，还有角度或锥度精度要求。对于要求较高的圆锥面，要用圆锥量规进行涂色法检验，以接触面大小评定其精度。

5. 精车与镜面车

精车是指直接用车削方法获得 IT6 ~ IT7 级公差、Ra 为 1.6 ~0.04μm 的外圆加工方法。生产中采用精车的主要原因有三个方面：一是有色金属、非金属等较软材料不宜采用砂轮磨削（易堵塞砂轮）；二是某些特殊零件（如精密滑动轴承的轴瓦等），为防止磨粒等嵌入较软的工件表面而影响零件使用，不允许采用磨削加工；三是当生产现场未配备磨

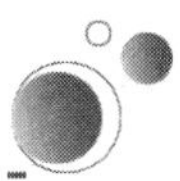

床，无法进行磨削时，可采用精车获得零件所需的高精度和高表面质量。

镜面车是用车削方法获得工件尺寸公差不大于1μm、Ra≤0.04μm的外圆加工方法。

生产中采用精车、镜面车获得高质量工件，需注意两个关键问题：一是有精密的车床保证刀具、工件间精密位置关系及高精度运动；二是有优质刀具材料及良好刃具（一般为金刚石刀具），使其具备锋利刃口（r_ε 为1.6～4 μm），均匀去除工件表面极薄层余量。除此之外，还应有良好、稳定及净化的加工环境，工艺条件亦应具备，如精车前，工件表面需经半精车，精度达IT8级，R_a ≤9.2 μm；而镜面车前，工件需经精车，表面不允许有缺陷，加工中采用酒精喷雾进行强制冷却。

6. 车槽和切断

（1）车槽

用车削方法加工的零件的槽称为车槽。车削5mm以下的窄槽时，可用主切削刃宽度等于槽宽的切槽刀，在横向进给中一次车出。车削宽槽时，可以分几次进给来完成。车第一刀时，先用钢尺量好距离，横向进给车一条槽后，把车刀退出零件，向前移动，再横向进给继续车削，最后一次横向进给后，再纵向进给精车槽底。

（2）切断

切断时使用切断刀，切断刀与切槽刀大致相同，但切断刀窄而长，容易折断。其刀头的长度应稍大于实心零件的半径或空心零件、管料的壁厚，刀头宽度应适当，太窄，刀头强度低，容易折断，太宽，则容易引起振动和增大材料消耗。切断实心零件时，其刀尖应与零件轴线等高，切断空心零件、管料时，其刀尖应稍低于零件轴线。在切断过程中，车刀散热条件差，刚度低，且排屑不畅，因此应适当减小切削用量，并采用切削液，以使切削加工顺利进行。零件切断时一般用卡盘装夹，切断位置离卡盘要近些，以免引起零件振动。切断时用手均匀缓慢进给，即将切断时应减慢进给速度，以防止刀头折断。

7. 车螺纹

（1）传动链

CA6140型普通车床可以车削米制、英制、模数和径节四种螺纹。车削螺纹时，主轴与刀架之间必须保持严格的传动比关系，即主轴每转一转，刀架应均匀地移动一个导程。由此可列出车削螺纹传动链的运动平衡方程式为

$$1 \times u \times L_{丝} = L_{工}$$

式中，u 为从主轴到丝杠之间全部传动副的总传动比；$L_{丝}$ 为机床丝杠的导程（CA6140型车床的 $L_{丝}$ 为12 mm）；$L_{工}$ 为被加工工件的导程，mm。1为表示主轴旋转1转。

加工标准螺纹时，一般不需要进行交换齿轮计算。根据工件导程，查进给箱上的铭牌表，就可知道更换齿轮应有的齿数和有关手柄应调整的位置。

车削非标准螺纹和精密螺纹时，需将进给箱中的齿式离合器 M_1、M_4 和 M_5 全部啮合，被加工螺纹的导程 $L_{工}$ 依靠调整挂轮的传动比 $\mu_{挂}$ 来实现。其运动平衡式为

$$L_{工} = 1 \times \frac{58}{58} \times \frac{33}{33} \times \mu_{挂} \times 12$$

所以，挂轮的换置公式为

$$\mu_{挂} = \frac{a}{b} \times \frac{c}{d} = \frac{L_{工}}{12}$$

适当地选择挂轮 a 、b 、c 及 d 的齿数，就可车出所需要的非标准螺纹。同时，由于螺纹传动链不再经过进给箱中的任何齿轮传动，减少了传动件制造和装配误差对被加工螺纹导程的影响。若选择高精度的齿轮作为挂轮，则可加工精密螺纹。对于精密螺纹，除采用“直连丝杠”法以缩短传动链、减小加工误差外，尚需将原有丝杠拆下，换上精密等级足够的丝杠。

(2) 螺纹刀刃磨时的注意事项

车削三角形螺纹时，为了获得正确的螺纹牙型，必须正确刃磨螺纹车刀和装刀。因为螺纹车刀属于成形刀具，所以必须保证车刀的形状，否则就要影响加工质量。刃磨时应注意以下几点：

①车刀的刀尖角应等于牙形角，车普通螺纹车刀刀尖角应等于60°；车英制三角形螺纹时，车刀刀尖角应等于55°。

②刀具的径向前角 γ_P 应该等于零度，刀刃要刃磨成直线。

③车刀的后角因为螺纹升角的影响而不同，但螺距较小的螺纹可不考虑。

(3) 螺纹车削要领

车削单线右旋普通螺纹的操作过程及要领与其他螺纹的车削过程大同小异，现以车削普通螺纹为例，介绍车螺纹要领。

①车螺纹前用样板仔细装刀。

②工件要装牢，伸出不宜过长，避免工件松动或变形。

③为了便于退刀，主轴转速不宜太高。

④为减小螺纹表面粗糙度值，保证合格的中径，即将完成牙形的车削时，应停车用螺纹环规或标准螺母旋入检查，并细心地调整背吃刀量，直至合格。

⑤如果在切削过程中换刀或磨刀，均应重新对刀。

4.3 铣削加工

铣削是常用的加工方法之一，可以加工平面、沟槽、螺旋表面和各种回转体表面。铣削加工的效率较高，获得广泛应用。

铣削加工是以铣刀的旋转运动为主运动，以工件在垂直于铣刀轴线方向的直线运动为进给运动的切削加工方式。为适应加工不同形状和尺寸的工件的要求，工件与铣刀之间可在相互垂直的三个方向上调整位置，并根据加工要求，在其中任一方向实现进给运动。

4.3.1　铣床和铣刀

1. 铣床

铣削加工是目前应用较广泛的切削加工方法之一，适用于平面、台阶、沟槽、成形表面和切断等加工。其加工表面形状及所用刀具如图4.15（a～p）所示。铣削加工生产率高，加工表面粗糙度值较小，精铣表面粗糙度Ra值可达6.3～1.6μm，两平行平面之间的尺寸精度可达IT9～IT7，直线度可达0.08～0.12mm/m。

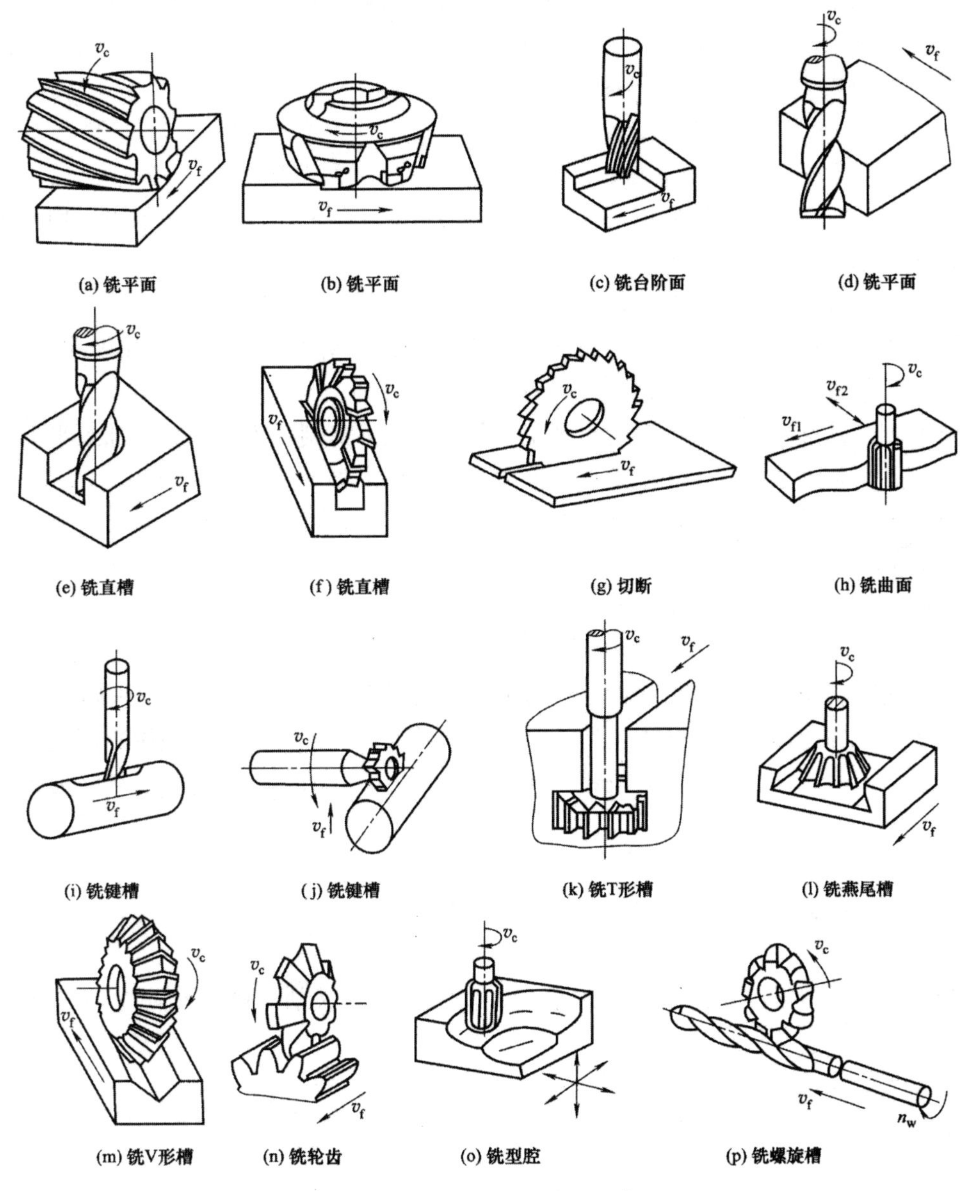

图4.15　铣床的主要加工范围

铣床是用铣刀进行切削加工的机床。它的特点是以多齿刀具的旋转运动为主运动，而进给运动可根据加工要求，由工件在相互垂直的三个方向中做某一方向的运动来实现。在少数铣床上，进给运动也可以是工件的回转或曲线运动。铣床上使用多齿刀具，加工过程中通常有几个刀齿同时参与切削，因此可获得较高的生产率。就整个铣削过程来看，其是连续的，但就每个刀齿来看，切削过程是断续的，且切入与切出的切削厚度不相等，因此作用在机床上的切削力会相应地发生周期性的变化，这就要求铣床在结构上具有较高的静刚度和动刚度。

铣床的类型有很多，主要类型有升降台铣床、工作台不升降铣床、龙门铣床、工具铣床，此外还有仿形铣床、仪表铣床和各种专门化铣床（如键槽铣床、曲轴铣床）等。

升降台铣床又包括卧式升降台铣床、万能升降台铣床和立式升降台铣床三类，适用于单件、小批及成批生产中加工小型零件。

2. 铣刀

铣刀的种类有很多，一般按用途分类，铣刀可分为以下几类：

①圆柱铣刀。多用高速钢制造，仅在圆柱表面上有切削刃，没有副切削刃，用于卧式铣床上加工平面。

②端铣刀。多采用硬质合金刀齿，有效生产率高，用于立式铣床上加工平面。

③盘形铣刀。有槽铣刀、两面刃铣刀、三面刃铣刀、错齿三面刃铣刀和锯片铣刀等，主要用于加工槽或台阶面，锯片铣刀还可用于切断材料。

④立铣刀。其圆柱表面上的切削刃是主切削刃，端刃是副切削刃，用于加工平面、台阶、槽和相互垂直的平面。利用锥柄或直柄紧固在机床主轴中。

⑤键槽铣刀。仅有两个刃瓣，既像立铣刀，又像钻头，可轴向进给，对工件钻孔，然后沿键槽方向铣出键槽全长。

⑥半圆键槽铣刀。用于加工半圆键槽。

⑦角度铣刀。有单角铣刀和双角铣刀之分，用于铣削沟槽与斜面。

⑧成形铣刀。用于加工成形表面，其刀齿廓形要根据被加工工件的廓形来确定。

铣刀按齿背加工形式还可分为尖齿铣刀和铲齿铣刀。尖齿铣刀齿背经铣制而成，用钝后只需刃磨后刀面；铲齿铣刀齿背是铲制而成，用钝后刃磨前刀面，适用于切削刃廓形复杂的工件。

4.3.2 铣削要素

铣削时的铣削用量由切削速度、进给量、背吃刀量（铣削深度）和侧吃刀量（铣削宽度）四要素组成。

（1）切削速度 v_c

切削速度即铣刀最大直径处的线速度，可由下式计算：

$$v_c = \frac{\pi d n}{1000}$$

式中，v_c 为切削速度，m/min；d 为铣刀直径，mm；n 为铣刀每分钟转数，r/min。

（2）进给量 f

铣削时，工件在进给运动方向上的相对刀具的移动量即铣削时的进给量。由于铣刀为多刃刀具，计算时按单位时间不同，有以下三种度量方法：

①每齿进给量 f_z（mm/z），指铣刀每转过一个刀齿时，工件与铣刀的相对位移量（铣刀每转过一个刀齿，工件沿进给方向移动的距离）。

②每转进给量 f（mm/r），指铣刀每转一圈，工件对铣刀的相对位移量（铣刀每转一圈，工件沿进给方向移动的距离）。

③每分钟进给量 v_f（mm/min），又称进给速度，指工件对铣刀每分钟相对位移量（即每分钟工件沿进给方向移动的距离）。上述三者的关系为

$$v_f = fn = f_z zn$$

式中，z 为铣刀齿数；n 为铣刀每分钟转速，r/min。

（3）吃刀量

吃刀量包含铣削宽度和铣削深度。

铣削深度 a_p（又称背吃刀量）为平行于铣刀轴线方向测量的切削层尺寸（切削层是指工件上正被刀刃切削着的那层金属），单位为 mm。周铣与端铣时相对于工件的方位不同，铣削深度的表示也有所不同。

铣削宽度 a_c（又称侧吃刀量）是垂直于铣刀轴线方向测量的切削层尺寸，单位为 mm。

周铣时，a_c 为待加工表面和已加工表面间的垂直距离；端铣时，a_c 恰为工件宽度，不是待加工表面和已加工表面间的垂直距离。

（4）切削用量选择的原则

通常粗加工为了保证必要的刀具耐用度，应优先采用较大的侧吃刀量或背吃刀量，其次是加大进给量，最后才是根据刀具耐用度的要求选择适宜的切削速度，这是因为切削速度对刀具耐用度影响最大，进给量次之，侧吃刀量或背吃刀量影响最小；精加工时为减小工艺系统的弹性变形，必须采用较小的进给量，这同时可以抑制积屑瘤的产生。对于硬质合金铣刀应采用较快的切削速度，对高速钢铣刀应采用较慢的切削速度，如铣削过程中不产生积屑瘤，也应采用较快的切削速度。

4.3.3 铣削力和铣削功率

1. 铣削力

如果把各个参与切削的刀齿上所受的切削力矢量相加，所得的合力就是铣刀上的铣削力 F_r。在铣削过程中，切削面积是随时变化的，因此铣削力也是变化的力。为分析方便，通常假定各刀齿上的铣削力的合力 F_r 作用于某一个刀齿上。作用于铣刀上的铣削合力 F_r（又称总切削力，简称铣削力）可以分解为三个互相垂直的分力：

①切削力 F_c。指总切削力在主运动方向上的分力，也就是作用于铣刀圆周的切线方向上的切向铣削分力，它消耗了机床电动机的大部分功率，故也称为主切削力。

②垂直切削力 F_{cN}。在工作平面内，总切削力在垂直于主运动方向上的分力。它作用于铣刀的半径方向，会使铣刀刀杆产生弯曲的趋势。

③背向力 F_p。指总切削力沿着铣刀轴向的分力。

纵向铣削分力和横向铣削分力对工作台运动的平稳性有较大的影响。垂直铣削分力能影响工件的夹紧。当 Fv 向下时，能使工件在夹具内压得更紧；反之，就会有把固定在夹具内的工件连同工作台一起抬起，引起振动。

2. 铣削功率

铣削功率的计算公式与车削相同，其单位为 kW，即

$$P_c \approx F_c \cdot v_c / 1000$$

式中，F_c 为切削力，单位为 N；v_c 为铣削速度，单位为 m/s。

4.3.4 铣削方式

1. 端铣和周铣

端铣是用分布于铣刀端平面上的刀齿进行铣削；周铣是用分布于铣刀圆柱面上的刀齿进行铣削。铣削平面时，用端铣刀端铣平面一般比圆柱铣刀周铣好，其原因在于用端铣刀铣削时，同时接触工件的齿数多，即使在精铣时也能保持较多的刀齿同时参与切削；每个刀齿切入和切离工件时对整个铣削力的变动影响小，切削力均匀；同时，端铣刀刀齿上有副切削刃，亦可对加工表面起修光作用。

周铣对被加工表面的适应性较强，不但适于铣狭长的平面，还能铣削台阶面、沟槽和成形表面等。周铣时，由于同时参与切削的刀齿数较少，切削过程中切削力变化较大，铣削的平稳性较差；刀尖与工件表面强烈摩擦（用圆柱铣刀逆铣），降低了刀具的耐用度；周铣时，只有圆周刀刃进行铣削，已加工表面实际上是由无数浅的圆沟组成，表面粗糙度较大。具体可见图 4.16。

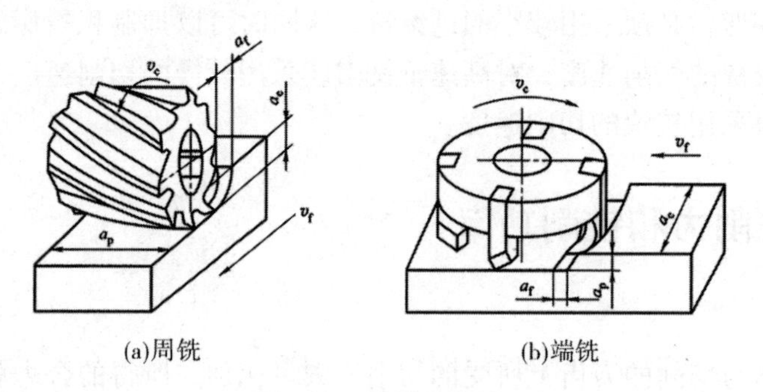

图 4.16 周铣和端铣

2. 逆铣与顺铣

用圆柱铣刀、盘铣刀等进行圆周铣削时，有逆铣和顺铣两种铣削方式，具体可见图 4.17。

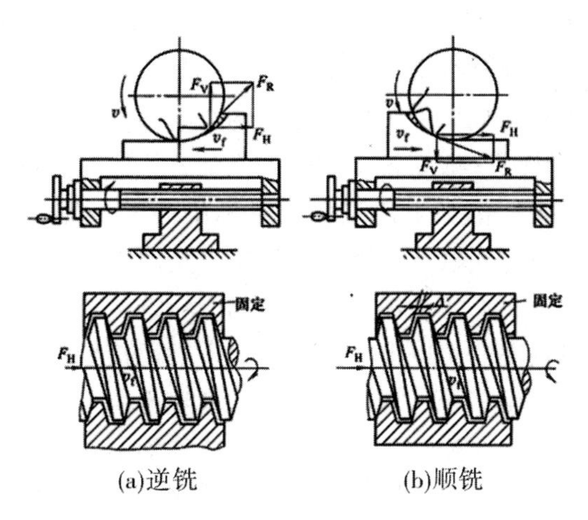

图 4.17　逆铣和顺铣

逆铣。铣刀切削速度与工件进给速度的方向相反。逆铣时，平均切削厚度较小，刀刃在切入工件时，切削厚度从零开始，此时，刀齿与切削表面发生挤压与摩擦，刀具容易磨损，已加工表面的表面质量差，并有严重加工硬化。此外，工件所受垂直铣削分力向上，不利于工件的夹紧。但逆铣时，工作台所受纵向分力与进给运动方向相反，使铣床工作台丝杠与螺母传动始终贴紧，工作台不会发生纵向窜动，进给平稳。

顺铣。铣刀切削速度与进给速度方向相同。顺铣时，平均切削厚度较大，机床动力消耗少，铣刀耐用度比逆铣时可提高 2 ~3 倍，加工表面粗糙度也可降低。但刀具切入工件时，刀齿先接触工件外表面，所以不宜用于铣削带硬皮的工件。顺铣时，工作台所受纵向分力与进给运动方向相同，丝杠与螺母之间存在间隙，会造成工作台窜动，使铣削进给量不匀，甚至会打刀或造成机床损坏。

综上所述，顺铣优于逆铣，但采用顺铣须满足一定条件：一是工作台丝杠螺母副中应具有消除轴向间隙的机构；二是工件表面没有硬皮；三是工艺上许可。若不具备这些条件，则不宜采用顺铣。

3. 对称铣削与不对称铣削

端铣时根据铣刀与工件之间的相互位置，有对称铣、不对称逆铣和不对称顺铣之分，如图 4. 18。

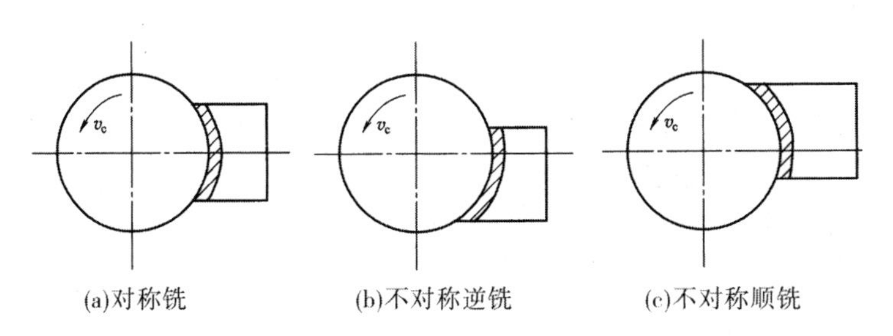

图 4. 18　端铣的三种铣削方式

对称铣。铣削过程中，端铣刀轴线始终位于铣削弧长的对称中心位置，上面的顺铣部分等于下面的逆铣部分，此种铣削方式称为对称铣削。采用该方式时，由于铣刀直径大于铣削宽度，故刀齿切入和切离工件时切削厚度均大于零，这样可以避免下一个刀齿在前一刀齿切过的冷硬层上工作。一般端铣多用此种铣削方式，尤其适用于铣削淬硬钢。

不对称逆铣。端铣刀轴线偏置于铣削弧长对称中心的一侧，且逆铣部分大于顺铣部分，这种铣削方式称为不对称逆铣。该种方式的特点是刀齿以较小的切削厚度切入，又以较大的切削厚度切出。这样，切入冲击较小，适用于端铣普通碳钢和高强度低合金钢。这时，刀具耐用度较前者可提高一倍以上。此外，由于刀齿接触角较大，同时参加切削的齿数较多，切削力变化小，切削平稳，加工表面粗糙度较小。

不对称顺铣。顺铣部分大于逆铣部分，这种方式称为不对称顺铣。其特点是刀齿以较大的切削厚度切入，而以较小的切削厚度切出。它适合于加工不锈钢等一类中等强度和高塑性的材料。这样可减少逆铣时刀齿的滑行、挤压现象，可降低加工表面的冷硬程度，有利于提高刀具的耐用度。

4.4 钻削、铰削和镗削加工

孔是各种机器零件上出现最多的几何表面，按照它和其他零件之间的连接关系来区分，孔可分为非配合孔和配合孔。前者一般在毛坯上直接钻、扩出来；而后者则必须在钻孔、扩孔等粗加工的基础上，根据不同的精度和表面质量的要求，以及零件的材料、尺寸、结构等具体情况做进一步的加工。无论后续的半精加工和精加工采用何种方法，总的来说，在加工条件相同的情况下，加工一个孔的难度要比加工外圆大得多，这主要是由于孔加工刀具有以下一些特点：

（1）大部分孔加工刀具为定尺寸刀具，刀具本身的尺寸精度和形状精度不可避免地对孔的加工精度有着重要的影响。

（2）孔加工刀具切削部分和夹持部分的有关尺寸受被加工孔尺寸的限制，导致刀具的刚性差，容易产生弯曲变形和对正确位置的偏离，也容易引起振动。孔的直径越小，深径比（孔的深度与直径之比）越大，这种“先天性”的消极影响越显著。

（3）孔加工时，刀具一般是被封闭或半封闭在一个窄小的空间内进行的，切削液难以被输送到切削区域，切屑的折断和及时排出也较困难，散热条件不佳，对加工质量和刀具耐用度都产生不利的影响。此外，在加工过程中对加工情况的观察、测量和控制，都比外圆和平面加工麻烦得多。

孔加工的方法很多，常用有钻孔、扩孔、锪孔、铰孔、镗孔、拉孔、磨孔，还有金刚镗、珩磨、研磨、挤压以及孔的特种加工等。

4.4.1　钻削加工

用钻头做回转运动，并使其与工件做相对轴向进给运动，在实体工件上加工孔的方法称为钻孔。用扩孔钻对已有孔（铸孔、锻孔、预钻孔）孔径扩大的加工称为扩孔。钻孔和扩孔统称为钻削，两者的加工精度范围分别为 IT13 ~ IT12 和 IT12 ~ IT10，表面粗糙度的范围分别为 12.5 ~ 6.3μm 和 6.3 ~ 9.2μm。

钻削可以在各种钻床上进行，也可以在车床、镗床、铣床和组合机床、加工中心上进行，在大多数情况下，尤其是大批量生产时，主要还是在钻床上进行。

1. 钻床

钻床通常以刀具的回转为主运动，以刀具的轴向移动为进给运动。钻床的主要加工方法可见图 4.19。

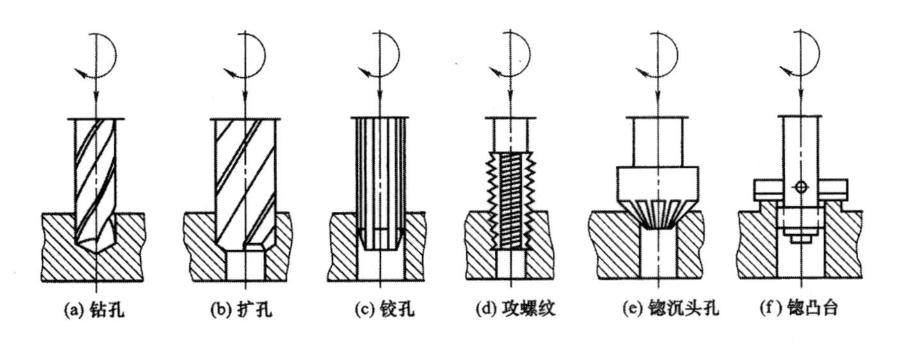

图 4.19　钻床的加工方法

钻床分为坐标镗钻床、深孔钻床、摇臂钻床、台式钻床、立式钻床、卧式钻床、铣钻床、中心孔钻床八组，它们中的大部分以最大钻孔直径为其主参数值，其中，应用最广泛的是立式钻床和摇臂钻床。

（1）立式钻床

立式钻床的特点是机床的主轴是垂直布置的，并且其位置固定不动，被加工孔位置的找正必须通过工件的移动，具体可见图 4.20。

立柱的作用类似于车床的床身，是机床的基础件，必须有很好的强度、刚度和精度的长期保持性。其他各主要部件与立柱保持正确的相对位置。立柱上有垂直导轨，主轴箱和工作台上有垂直的导轨槽，可沿立柱上下移动来调整它们的位置，以适应不同高度工件加工的需要。调整结束并开始加工后，主轴箱和工作台的上下位置就不能再变动了。由于立式钻床主轴转速和进给量的级数比卧式车床等类型的机床要少得多，而且功能比较简单，所以把主运动和进给运动的变速传动机构、主轴部件以及操纵机构等都装在主轴箱中。钻削时，主轴随同主轴套筒在主轴箱中做直线移动，以实现进给运动。利用装在主轴箱上的进给操纵机构，可实现主轴的快速升降、手动进给，以及接通和断开机动进给。

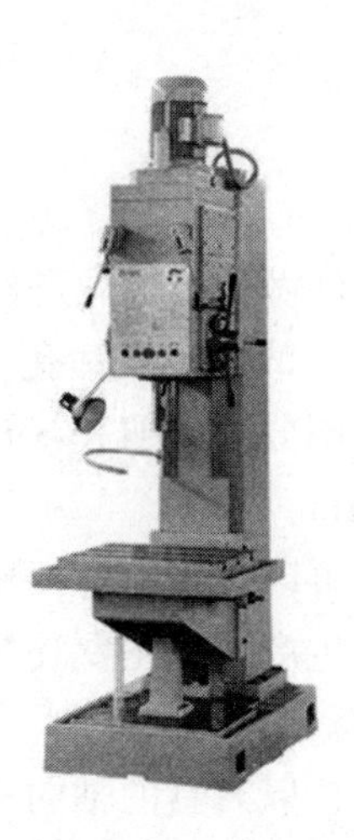

图 4.20　立式钻床

主轴回转方向的变换，靠电动机的正、反转来实现。钻床的进给量是用主轴每转一转时主轴的轴向位移来表示的，符号也是 f，单位是 mm/r。

工件（或通过夹具）置于工作台上。工作台在水平面内既不能移动，也不能转动。因此，当钻头在工件上钻好一个孔而需要钻第二个孔时，就必须移动工件，使被加工孔的中心线与刀具回转轴线重合。这种钻床固有的弱点致使其生产率不高，所以，其大多用于单件小批生产的中、小型工件加工，钻孔直径为 16 ~ 80mm。

若在工件上钻削的是一个平行孔系（轴线相互平行的许多孔），而且生产批量较大，则可考虑使用可调多轴立式钻床。加工时，主轴箱通过主轴使全部钻头（钻头轴线位置可按需要进行调节）一起转动，并通过进给系统带动全部钻头同时进给。一次进给可将孔系加工出来，具有很高的生产率，且占地面积小。

（2）摇臂钻床

对于体积和质量都比较大的工件，若用移动工件的方式来找正其在机床上的位置，非常困难，此时可选用摇臂钻床进行加工。

图 4.21 为一摇臂钻床。主轴箱装在摇臂上，并可沿摇臂上的导轨做水平移动。摇臂可沿立柱做垂直升降运动，设计这一运动的目的是适应高度不同的工件需要。此外，摇臂还可以绕立柱轴线回转。为使钻削时机床有足够的刚性，并使主轴箱的位置不变，当主轴箱在空间的位置调整好后，应对产生上述相对移动和相对转动的立柱、摇臂和主轴箱用机床内相应的夹紧机构快速夹紧。

摇臂钻床（基本型）钻的孔直径为 25 ~ 125mm，其一般用于单件和中、小批生产时在大、中型工件上钻削。若要加工任意方向和任意位置

图 4.21　摇臂钻床

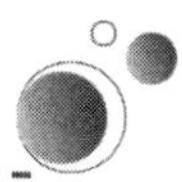

的孔或孔系，可以选用万向摇臂钻床，机床主轴可在空间绕两特定轴线做360°的回转。此外，机床上端的吊环可以吊放在任意位置。它一般用于单件小批生产的大、中型工件，钻孔直径为25～100mm。

2. 钻头

(1) 麻花钻

麻花钻目前是孔加工中应用最广泛的刀具。它主要用来在实体材料上钻削直径在80mm以下、加工精度较低和表面较粗糙的孔，或者对加工质量要求较高的孔进行预加工，有时也用它代替扩孔钻使用。麻花钻的典型结构如图4.22所示。

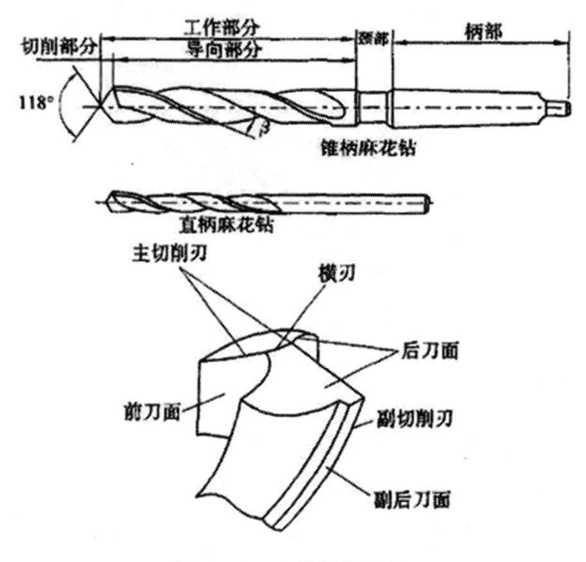

图4.22 麻花钻的结构

各组成部分的名称与功用如下：

装夹部分：用于装夹钻头和传递动力，包括柄部和颈部，直径13mm以下多用圆柱柄，13mm以上用莫氏锥柄。锥柄后端做出扁尾，用于传递扭矩和使用斜铁将钻头从钻套中取出。颈部是柄部与工作部分的连接部分，可供磨削外径时砂轮退刀，钻头标志也打印在此处。

工作部分：钻头上的螺旋部分，它起导向排屑作用，也是切削的后备部分。其中，螺旋槽是流入切削液、排出切屑的通道，其靠近切削刃的部分即前刀面。钻体芯部有钻芯，用于连接两刃瓣。外圆柱上两条螺旋形棱面称刃带。它们控制孔的廓形，保持钻头进给方向。麻花钻的钻心为前小后大的正锥。

切削部分：具有切削刃的部分，由两个前刀面、两个后刀面和两个副后刀面组成。其中，前刀面为螺旋槽面，后刀面随刃磨法不同可为圆锥面或其他表面，副后刀面即刃带棱面，可近似认为是圆柱面。前、后面相交形成主切削刃，两后刀面在钻芯处相交形成的切削刃为横刃，前刀面与刃带相交的棱边称副切削刃。标准参数麻花钻的主切削刃呈直线，横刃近似直线，副切削刃是一条螺旋线。

(2) 扁钻

扁钻的切削部分磨成一个扁平体，主切削刃磨出顶角、后角，并形成横刃，副切削刃磨出后角与副偏角，并控制钻孔的直径。扁钻前角小，没有螺旋槽，但由于制造简单、成本低，至今仍被用于在仪表车床上加工黄铜等脆性材料，以及在钻床上加工 0.1 ~ 0.5mm 的小孔。

(3) 深孔麻花钻

图 4.23 为近年来国内外使用的深孔麻花钻。它可以在普通设备上一次进给加工孔深与孔径之比为 5 ~ 20 的深孔；在结构上，通过加大螺旋角、增大钻芯厚度、改善刃沟槽形、选用合理的几何角度和修磨形式，它较好地解决了排屑、导向、刚度等深孔加工时的问题。

图 4.23　深孔麻花钻

(4) 群钻

群钻是针对普通麻花钻结构所存在的缺点，综合各种修磨方式，经合理修磨而出现的先进钻型，与普通麻花钻比较，它有以下优点：

①钻削轻快，轴向抗力可下降 35% ~ 50%，转矩下降 10% ~ 30%。

②可采用大进给量钻孔，每转进给量比普通麻花钻提高两倍多，钻孔效率提高。

③钻头寿命延长，耐用度提高 2 ~ 3 倍。

④钻孔尺寸精度提高，形位误差缩小，加工表面粗糙度减小。

⑤使用不同钻型，可提高对不同材料如铜、铝合金、有机玻璃等的钻孔质量，并能满足薄板、斜面、扩孔等多种情况的加工要求。

3. 钻削要素

(1) 钻削用量要素

①切削速度 v_c。它是指钻头外缘处的线速度，单位为 m/s。

$$v_c = \frac{\pi d_o \cdot n}{60000}$$

式中，d_o 为钻头外径，单位为 mm；n 为钻头或工件转速，单位为 r/min。

②进给量 f。钻头或工件每转一周，两者之间轴向相对位移量，称每转进给量 f，单位为 mm/r；钻头每钻一个刀齿，钻头与工件之间的相对轴向位移量，称每齿进给量 f_z，单位为 mm/z；每秒钟内，钻头与工件之间的轴向位移量称进给速度 v_f，单位为 mm/s。它们之间的关系为

$$v_f = nf = 2nf_z/60$$

式中，n 为钻头或工件转速，单位为 r/min。

③背吃刀量 a_p 。背吃刀量 $a_p = d_o/2$（mm）。

（2）钻削切削层几何要素

切削层要素在钻头的基面中度量，包括切削厚度 h_D 、切削宽度 b_D 和切削面积 A_D 。

①切削厚度 h_D 。它是指垂直于主切削刃的在基面上投影方向测出的切削层断面尺寸，即

$$h_D = f_z \cdot \sin\kappa_r = \frac{f \cdot \sin\kappa_r}{2}$$

切削刃上各点的主偏角是不等的，各点的切削厚度也是不相等的。

②切削宽度 b_D。它指在基面上所量出的主切削刃参加工作的长度，即

$$b_D = \frac{a_p}{\sin\kappa_r} = \frac{d_o}{2\sin\kappa_r}$$

③切削面积 A_D。它是指每个刀齿的切削面积，即

$$A_D = h_D \cdot b_D = f_z \cdot a_p = \sin\kappa_r = \frac{f \cdot d_o}{4}$$

4.4.2 铰削加工

铰孔是用铰刀从工件孔壁上切除微量金属层，以提高其尺寸精度和减小其表面粗糙度值的半精加工或精加工方法。它的加工精度为 IT9 ~ IT6，表面粗糙度为 0.4 ~ 1.6um。它可以加工圆柱孔、圆锥孔、通孔和盲孔，也可以在钻床、镗床、车床、组合机床、数控机床、加工中心等多种机床上进行加工，也可以用手工铰削，直径从 1 ~ 100mm 的孔都可以铰削，所以，铰削是一种应用非常广泛的孔加工方法。

1. 铰刀

图 4.24 为典型的铰刀的结构，铰刀由工作部分、颈部和柄部组成，工作部分又分为切削部分和校准部分，切削部分由导锥和切削锥组成。导锥对手用铰刀仅起便于铰刀引入预制孔的作用，而切削锥则起切削作用。对于机用铰刀，导锥亦起切削作用，一般把它作为切削锥的一部分。校准部分包括圆柱部分和倒锥，圆柱部分主要起导向、校准和修光的作用，倒锥主要起减少与孔壁的摩擦和防止孔径扩大的作用。

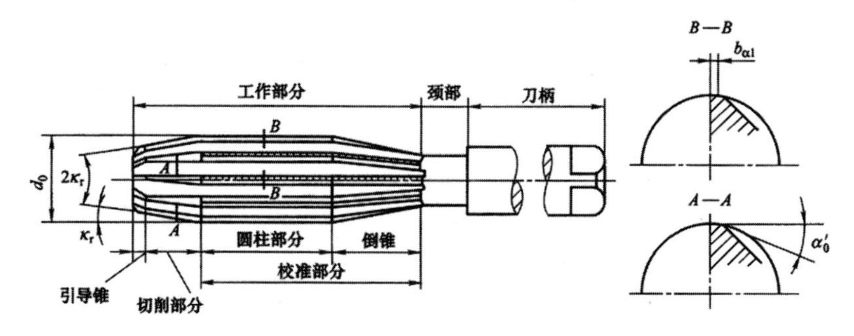

图 4.24 铰刀的结构

铰刀一般分为手用铰刀和机用铰刀，手用铰刀分为整体式和可调式两种，前者，径向尺寸不能调节，后者可以调节。机用铰刀分为带柄式和套式，分别用于直径较小和直径较大的场合，带柄式又分为直柄和锥柄两类，直柄用于小直径铰刀，锥柄用于大直径铰刀。铰刀按刀具材料可分为高速钢（或合金工具钢）铰刀和硬质合金铰刀。高速钢铰刀切削部分的材料一般为 W18Cr4V 或 W6M05Cr4V2。硬质合金铰刀按照刀片在刀体上的固定方式分为焊接式、镶齿式和机夹可转位式。此外，还有一些用于专门用途的铰刀。

2. 铰削工艺特点

铰削加工余量一般小于0.1 mm，铰刀的主偏角一般都小于45°，因此，铰削时切削厚度很小，约为0.01～0.03 mm。主切削刃除正常的切削作用外，还对工件产生挤压作用。铰削过程是个复杂的切削和挤压摩擦过程。

（1）加工质量高

铰削的加工余量很小。粗铰余量一般为0.15～0.25 mm，精铰余量为0.05～0.15 mm。为避免产生积屑瘤和振动，铰削的切削速度一般较慢。粗铰时，切削速度为4～10 m/min；精铰时，切削速度为1.5～5 m/min。机铰进给量可以大些，可为0.5～1.5 mm/r（比手铰孔时高3～4倍）。铰削切削力及切削变形很小，再加上本身有导向、校准和修光作用，因此，在合理使用切削液（钢件采用乳化液，铸铁件用煤油）的条件下，铰削可以获得较高的加工质量。但是，铰削不能校正底孔的轴线偏斜，因此，机铰时铰刀采用浮动连接。

（2）铰刀是定直径的精加工刀具

铰削的生产效率比其他精加工方法高，但是其适应性较差，一种铰刀只能用于加工一种尺寸的孔、台阶孔和盲孔。此外，铰削对孔径也有所限制，一般应小于80mm。

3. 铰刀的结构参数

（1）直径及公差

铰刀是定尺寸刀具，直径及其公差的选取主要取决于被加工孔的直径及其精度。同时，也要考虑铰刀的使用寿命和制造成本。

铰刀的公称直径是指校准部分的圆柱部分直径，它应等于被加工孔的基本尺寸 d_w，而其公差则与被铰削孔的公差、铰刀的制造公差、铰刀磨耗备量和铰削过程中孔径的变形性质有关。

根据加工中孔径的变形性质不同，铰刀的直径确定方法如下：

①加工后孔径扩大

铰孔时，由于机床主轴间隙产生的径向圆跳动、铰刀刀齿的径向圆跳动、铰孔余量不均匀而引起的颤动、铰刀的安装偏差、切削液和积屑瘤等因素，会使铰出的孔径大于铰刀校准部分的外径，即产生孔径扩张。这时，铰刀直径的极限尺寸可由下式计算：

$$d_{0\max} = D_{\max} - P_{\max}$$

$$d_{0\min} = D_{\max} - P_{\max} - G$$

式中，$d_{0\max}$、$d_{0\min}$ 分别为铰刀的最大、最小极限尺寸；$D_{\max}$ 为孔的最大极限尺寸；$P_{\max}$ 为铰孔时孔的最大扩张量。

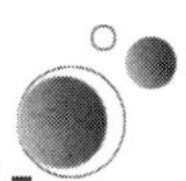

②加工后孔缩小

铰削力较大或工件孔壁较薄时，由于工件的弹性变形或热变形的恢复，铰孔后，孔经常会缩小。此时选用的铰刀的直径应该增大一些。

$$d_{0\max} = D_{\max} + P_{\max}$$

$$d_{0\min} = D_{\max} + P_{\min} - G$$

式中，$P_{\min}$ 为铰孔后孔的直径最小收缩量。

（2）齿数 z 及槽形

铰刀齿数一般为4～12个。齿数多，则导向性好，刀齿负荷轻，铰孔质量高。但齿数过多，会降低铰刀刀齿强度和减小容屑空间，故通常根据直径和工件材料性质选取铰刀齿数。大直径铰刀取较多齿数；加工韧性材料取较小齿数；加工脆性材料取较多齿数。为便于测量直径，铰刀齿数一般取偶数。刀齿在圆周上一般为等齿距分布。在某些情况下，为避免周期性切削载荷对孔表面的影响，也可选用不等齿距结构。

铰刀的齿槽形式有直线形、折线形和圆弧形三种，直线形齿槽制造容易，一般用于 d_0 为1～20mm的铰刀；圆弧形齿槽具有较大的容屑空间和较好的刀齿强度，一般用于 d_0>20mm的铰刀。折线形齿槽常用于硬质合金铰刀，以保证硬质合金刀片有足够的刚性支撑面和刀齿强度。

铰刀齿槽方向有直槽和螺旋槽两种。直槽铰刀刃磨，检验方便，生产中常用；螺旋槽铰刀切削过程平稳。螺旋槽铰刀的螺旋角根据被加工材料选取。

（3）铰刀的几何角度

①前角 γ_0 和后角 α_0

铰削时，由于切削厚度小，前角对切削变形的影响不显著。为了便于制造，一般取前角为0°；粗铰塑性材料时，为了减少变形及抑制积屑瘤的产生，可取前角为5°～10°；硬质合金铰刀为防止崩刃，取前角为0°～5°。为使铰刀重磨后直径尺寸变化小些，取较小的后角，一般为6°～8°。

切削部分的刀齿刃磨后应锋利不留刃带，校准部分刀齿则必须留有0.05～0.3mm宽的刃带，以起修光和导向作用，也便于铰刀制造和检验。

②切削锥角 2φ

主要影响进给抗力的大小、孔的加工精度和表面粗糙度以及刀具耐用度。2φ 取得小时，进给力小，切入时的导向性好；但由于切削厚度过小会产生较大的切削变形，同时，切削宽度增大使卷屑、排屑产生困难，并且切入、切出时间增加。为了减轻劳动强度，减小进给力及改善切入时的导向性，手用铰刀取较小的 2φ 值，通常，φ 为1°～3°。对于机用铰刀，工作时的导向由机床及夹具来保证，故可选较大的 φ 值，以减小切削刃长度和机动时间。加工钢料时，φ 为30°，加工铸铁等脆性材料时，φ 为6°～10°，加工盲孔时，φ 为90°。

③刃倾角 λ_s

在铰削塑性材料时，高速钢直槽铰刀切削部分的切削刃，沿轴线倾斜15°～20°形成刃倾角 λ_s，它适用于加工余量较大的通孔。为便于制造硬质合金铰刀，一般取 λ_s 为0°。铰削盲孔时仍使用带刃倾角的铰刀，但在铰刀端部开一沉头孔以容纳切屑。

除了常见的整体高速钢铰刀和硬质合金焊接式铰刀外，对于较大的孔，还有装配式铰刀、可调式铰刀等。可以用一把铰刀加工不同直径或不同公差要求的孔。

4.4.3 镗削加工

镗削是一种用镗刀对已有孔进一步加工的精加工方法。可以加工机座、箱体、支架等外形复杂的大型零件上的直径较大的孔，特别是有位置精度要求的孔和孔系。在镗床上，利用坐标装置和镗模较容易保证加工精度。镗削加工有如下特点：

（1）镗削加工灵活性大，适应性强。在镗床上，除加工孔和孔系外，还可以车外圆、车端面、铣平面。加工尺寸可大亦可小，对于不同的生产类型和精度要求的孔都可以采用这种加工方法。

（2）镗削加工操作技术要求高，生产率低。工件的尺寸精度和表面粗糙度，除取决于所用的设备外，更主要的是与工人的技术水平有关，同时，机床、刀具调整时间较多。镗削加工时，参与工作的切削刃少，所以一般情况下，镗削加工生产效率较低。使用镗模可以提高生产率，使成本增加，一般用于大批量生产。

镗孔和钻、扩、铰工艺相比，孔径尺寸不受刀具尺寸的限制，而且能使所镗孔与定位表面保持较高的位置精度。镗孔与车外圆相比，刀杆系统的刚性差、变形大，散热排屑条件不好，工件和刀具的热变形比较大，因此，镗孔的加工质量与生产效率不如车外圆高。

镗孔的加工范围广，它可以加工不同尺寸和不同精度要求的孔。对于孔径较大、尺寸和位置精度要求较高的孔和孔系，镗孔几乎是唯一的加工方法。

镗孔可以在镗床、车床、铣床等机床上进行，具有机动、灵活的优点，生产中应用十分广泛。在大批量生产中，为提高镗孔效率，常使用镗模。

1. *镗刀*

根据加工对象的不同，镗床上使用的镗刀也有所不同，其分类也是多种多样：按切削刃数量可分为单刃镗刀、双刃镗刀和多刃镗刀；按工件的加工表面可分为通孔镗刀、阶梯孔镗刀和盲孔镗刀；按刀具结构可分为整体式、装配式和可调式。

图 4.25 为单刃镗刀类型。

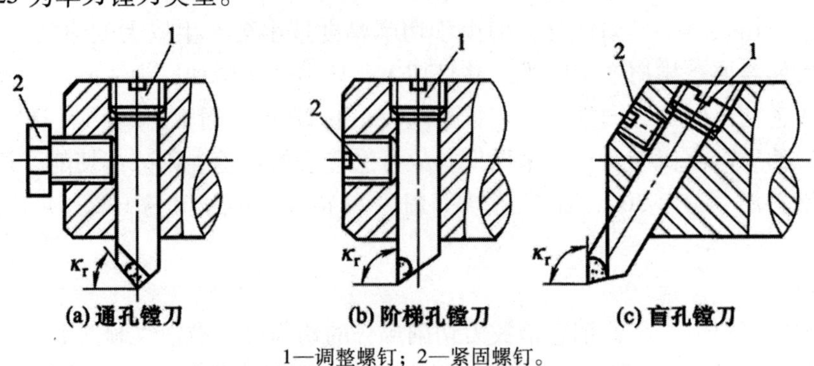

1—调整螺钉；2—紧固螺钉。

图 4.25 单刃镗刀类型

其中，整体式常用于加工小直径孔；大直径孔一般采用机夹式。在镗盲孔或阶梯孔时，为使镗刀头在镗杆内有较大的安装长度，并具有足够的位置安置压紧螺钉和调节螺钉，常将镗刀头在镗杆内倾斜安装。

微调镗刀。机夹式单刃镗刀尺寸调节费时，调节精度不易控制。图4.26为一种坐标镗床和数控机床上常用的微调镗刀。它具有调节尺寸容易、尺寸精度高的优点，主要用于精加工。

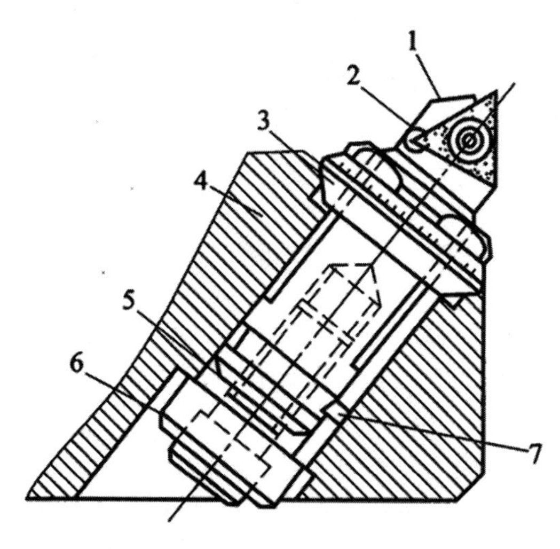

1—镗刀块；2—刀片；3—精调螺母；4—镗刀杆；
5—拉紧螺钉；6—垫圈；7—导向键。

图4.26　微调镗刀

双刃镗刀是定尺寸的镗孔刀具，可通过改变两刀刃之间的距离，实现对不同直径孔的加工。常用的双刃镗刀有固定式镗刀和浮动镗刀两种。

浮动镗刀的特点是镗刀块自由地装入镗杆的方孔中，无须夹紧，通过作用在两个切削刃上的切削力来自动平衡其切削位置，因此，它能自动补偿由刀具安装误差、机床主轴偏差而造成的加工误差，能获得较高的孔的直径尺寸精度（IT7 ~ IT6）。但它无法纠正孔的直线度误差和位置误差，因而要求预加工孔的直线性好，表面粗糙度不大于9.2μm。主要适用于单件、小批量生产加工的直径较大的孔，特别适用于精镗孔径大（d>200 mm）而深（L/d>5）的筒件和管件孔。

2. 镗床

镗床是一种主要用镗刀在工件上加工孔的机床，通常用于加工尺寸较大、精度要求较高的孔，特别是分布在不同表面上、孔距和位置精度要求较高的孔，如各种箱体、汽车发动机缸体等零件上的孔。一般镗刀的旋转为主运动，镗刀或工件的移动为进给运动。常用的镗床有立式镗床、卧式铣镗床、坐标镗床及金刚镗床等。

图 4. 27 为卧式镗床外形示意图。

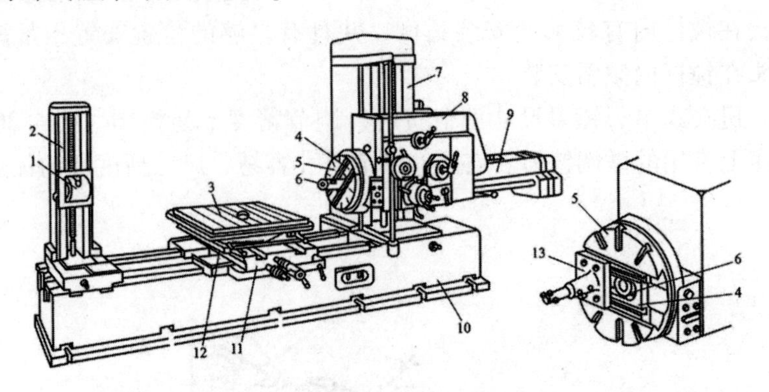

1—后支架；2—后立柱；3—工作台；4—径向刀架；5—平旋盘；6—主轴；7—前立柱；8—主轴箱；9—后尾筒；10—床身；11—下滑座；12—上滑座；13—刀座。

图 4. 27　卧式镗床外形示意图

卧式镗床因其工艺范围非常广泛和加工精度高而得到普通应用。卧式镗床除了镗孔外，还可以铣平面及各种形状的沟槽，可以钻孔、扩孔和铰孔，车削端面和短外圆柱面，车槽和车螺纹等。

坐标镗床是一种高精度机床，主要用于加工精密的孔（IT5 级或更高）和位置精度要求很高的孔系，如钻模、镗模等精密孔。它具有测量坐标位置的精密测量装置，而且这种机床的主要零部件的制造和装配精度很高，并有良好的刚性和抗震性。

坐标镗床的工艺范围很广，除镗孔、钻孔、扩孔、铰孔、精铣平面和沟槽外，还可进行精密刻线和画线，以及孔距和直线尺寸的精密测量等工作。

3. 镗削加工方法

镗削加工既可以对平面进行加工，也可以对孔进行加工，但最主要的功能还是对孔实行精加工。镗孔既可以在车床上进行加工，也可以在镗床上进行加工，但最主要的还是在镗床上进行加工。

（1）镗孔的加工方式

镗孔有三种不同的加工方式。

①工件旋转，刀具做进给运动。在车床上，镗孔大都属于这类镗孔方式。

②刀具旋转，工件做进给运动。镗床主轴带动镗刀旋转，工作台带动工件做进给运动。

③工件不动，刀具旋转并做进给运动。采用这种镗孔方式镗孔时，镗杆的悬伸长度是变化的，镗杆的受力变形也是变化的，镗出来的孔必然会产生形状误差，靠近主轴箱处的孔径大，远离主轴箱处的孔径小，形成锥孔。此外，镗杆悬伸长度增大，主轴因自重引起的弯曲变形也增大，孔轴线将产生相应的弯曲。这种镗孔方式只适合于加工较短的孔。

（2）高速细镗（金刚镗）

高速细镗具有背吃刀量小、进给量小、切削速度快等特点，它可以获得很高的加工精度（IT7-IT6）和很光洁的表面（为 0. 4μm ~ 0. 5μm）。高速细镗最初是用金刚石镗刀加工

的，故又称金刚镗，现在普遍采用硬质合金、CBN和人造金刚石刀具进行高度细镗。高速细镗最初用于加工有色金属，现在也广泛用于加工铸铁件和钢件。

高速细镗常用的切削用量：

①背吃刀量：预镗为0.2mm～0.6mm，终镗为0.1mm。

②进给量为0.01 mm/r～0.14 mm/r。

③切削速度：加工铸铁时为100m/min～250m/min，加工钢件时为150m/min～300 m/min，加工有色金属时为300m/min～2000m/min。

为了保证高速细镗达到较高的加工精度和表面质量，所用机床（金刚镗床）需具有较高的几何精度和刚度，机床主轴支承常用精密的角接触球轴承或静压滑动轴承，高度旋转零件须经精确平衡。此外，进给机构的运动必须十分平稳，保证工作台能做平稳低速的进给运动。

高速细镗加工质量好，生产效率高，在大批量生产中，它被广泛用于精密孔的最终加工。

4.5 齿轮加工

齿轮是机械传动中的重要零件，它具有传动比准确、传动力大、效率高、结构紧凑、可靠性好等优点，应用极为广泛。随着科学技术的发展，人们对齿轮的传动精度和圆周速度等方面的要求越来越高，因此，齿轮加工在机械制造业中占有重要的地位。

4.5.1 齿轮加工原理

齿轮的加工方法有无切削加工和切削加工两类。

（1）无切削加工

齿轮的无切削加工方法有铸造、热轧、冷挤、注塑等方法。无切削加工具有生产率高、材料消耗小和成本低等优点。铸造齿轮的精度较低，常用于农机和矿山机械。近十几年来，随着铸造技术的发展，铸造精度有了很大的提高，某些铸造齿轮已经可以直接用于具有一定传动精度要求的机械中。冷挤法只适用于小模数齿轮的加工，但精度较高，尤其是近十年，齿轮的精锻技术在国内得到了较快的发展。对于用工程塑料制造的齿轮来说，注塑加工是成形的较好的方法。

（2）切削加工

对于有较高传动精度要求的齿轮来说，切削加工仍是目前主要的加工方法。通常要通过切削和磨削加工来获得所需的齿轮精度。根据所用的加工装备不同，齿轮的切削加工有铣齿、滚齿、插齿、刨齿、磨齿、剃齿、珩齿等多种方法。

按齿轮齿廓的成形原理不同，齿轮的切削加工又可分为成形法和展成法两种。

1. 成形法

成形法的特点是所用刀具的切削刃形状与被切削齿轮齿槽的形状相同。用成形法原理加工齿形的方法：用模数铣刀在铣床上利用万能分度头铣齿轮等。这些方法存在分度误差及刀具的制造安装误差，所以加工精度较低，一般只能加工出 9～10 级精度的齿轮。此外，加工过程中需多次不连续分度，生产率也很低，因此主要用于单件小批量生产及在修配工作中加工精度不高的齿轮。

成形法加工齿轮的方法有铣削、拉削、插削及成形法磨削等，其中最常用的方法是在普通铣床上用成形铣刀铣削齿形。

成形法铣齿的优点是可以在普通铣床上加工，但受刀具的近似齿形误差和机床在分齿过程中的转角误差影响，加工精度一般较低，为 IT9～IT12 级，表面粗糙度值为 6.3～9.2μm，生产效率不高，一般用于单件小批量生产加工直齿、斜齿和人字齿、圆柱齿轮，或用于重型机器制造中加工大型齿轮。

2. 展成法

如图 4.28～图 4.31 所示，展成法是利用一对齿轮啮合的原理进行加工的。刀具相当于一把与被加工齿轮具有相同模数的特殊齿形的齿轮。加工时，刀具与工件按照一对齿轮（或齿轮与齿条）的啮合传动关系（展成运动）做相对运动。在运动过程中，刀具齿形的运动轨迹逐步包络出工件的齿形。同一模数的刀具可以在不同的展成运动关系下，加工出不同的工件齿形。所以，用一把刀具就可以切出同一模数而齿数不同的各种齿轮。展成法加工时能连续分度，具有较高的加工精度和生产率，是目前齿轮加工的主要方法。滚齿、插齿、剃齿、磨齿等都属于展成法加工。

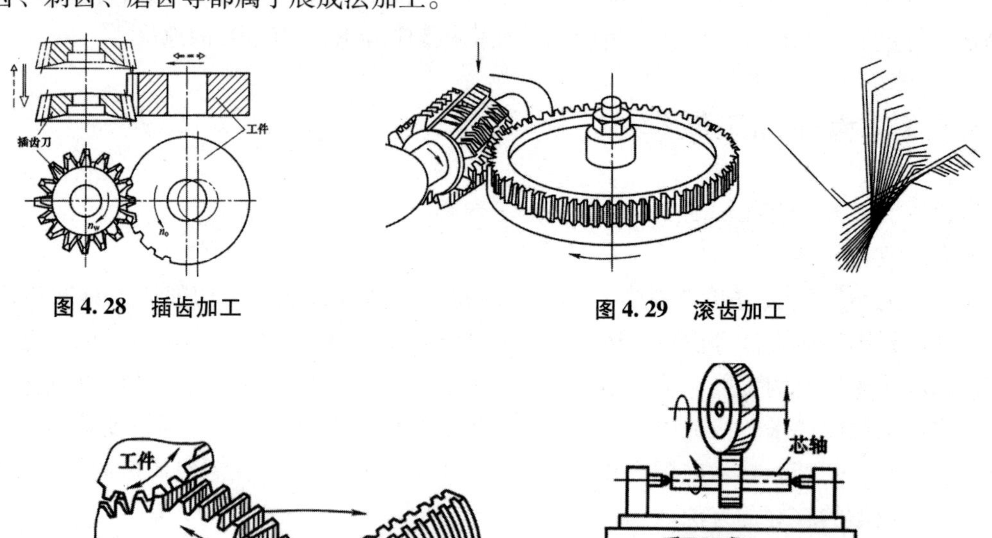

图 4.28　插齿加工

图 4.29　滚齿加工

图 4.30　剃齿加工

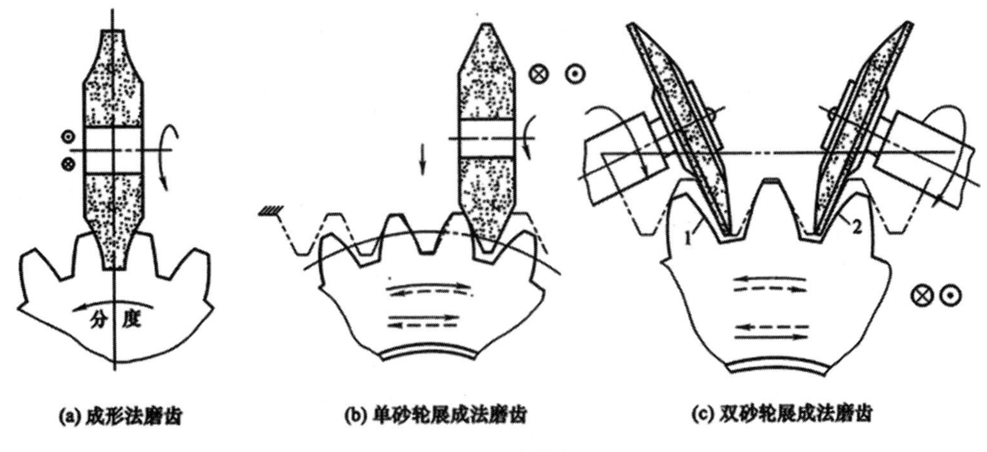

图 4.31　磨齿加工

4.5.2　齿轮加工

1. 滚齿加工

滚齿加工过程实质上是一对交错轴螺旋齿轮的啮合传动过程。如图 4.32 所示，其中一个斜齿圆柱齿轮齿数较少（通常只有一个），螺旋角很大（近似 90°），牙齿很长，因而变成为一个蜗杆（称为滚刀的基本蜗杆）状齿轮。该齿轮经过开容屑槽、磨前后刀面，做出切削刃，就形成了滚齿用的刀具，称为齿轮滚刀。用该刀具与被加工齿轮按啮合传动关系做相对运动就能实现齿轮滚齿加工。

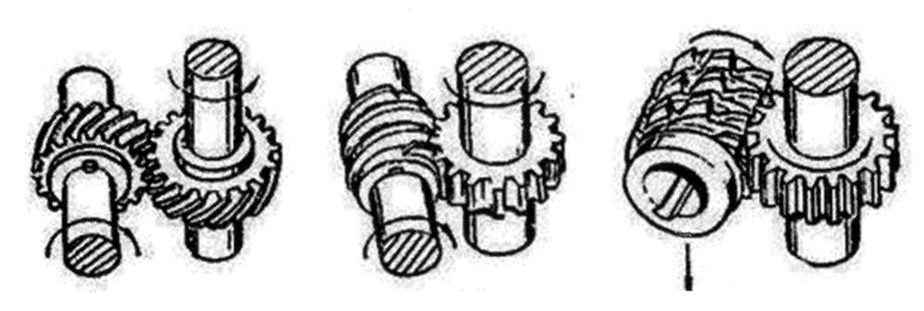

图 4.32　滚齿加工原理

当滚刀旋转时，在其螺旋线的法向剖面内的刀齿，相当于一个齿条做连续移动。根据啮合原理，其移动速度与被切齿轮在啮合点的线速度相等，即被切齿轮的分度圆与该齿条的节线做纯滚动。由此可知，滚齿时，滚刀的转速与齿坯的转速必须严格符合：

$$\frac{n_{刀}}{n_{工}} = \frac{z_{工}}{K}$$

式中，$n_{刀}$、$n_{工}$分别为滚刀和工件的转速，r/min；$z_{工}$为工件的齿数；K 为滚刀的头数。

在滚齿加工时，滚刀的旋转与工件的旋转运动之间是一个具有严格传动关系要求的内联系传动链。这一传动链是形成渐开线齿形的传动链，称为展成运动传动链。其中，滚刀的旋转运动是滚齿加工的主运动。工件的旋转运动是圆周进给运动。除此之外，还有切出全齿高所需的径向进给运动和切出全齿长所需的垂直进给运动。

滚齿加工采用展成原理，适应性好，解决了成形法铣齿时齿轮铣刀数量多的问题，并解决了由于刀号分组而产生的加工齿形误差和间断分度造成的齿距误差，精度比铣齿加工高；滚齿加工是连续分度，连续切削，无空行程损失，加工生产率高。由于滚刀结构的限制，容屑槽数量有限，滚刀每转切削的刀齿数有限，加工齿面的表面粗糙度大于插齿加工。主要用于直齿、斜齿圆柱齿轮、蜗轮的加工，不能加工多联齿轮。

2. 插齿加工

如图 4.33 所示，插齿加工的原理相当于一对圆柱齿轮的啮合传动过程，其中，一个是工件，而另一个是端面磨有前角、齿顶及齿侧均磨有后角的插齿刀。插齿时，插齿刀沿工件轴向做直线往复运动以完成切削主运动，在刀具与齿坯做无间隙啮合运动的过程中，在齿坯上渐渐切出齿廓。在加工的过程中，刀具每往复一次，就切出工件齿槽的一小部分。齿廓曲线是在插齿刀的切削刃的多次相继切削中，由切削刃各瞬时位置的包络线所形成的。

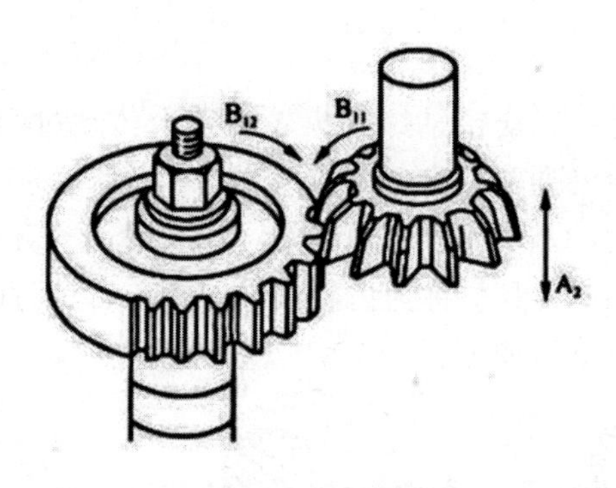

图 4.33　插齿加工原理及其成形运动

插齿加工的特点如下：

（1）插齿刀在设计时没有滚刀的近似齿形误差，在制造时可通过高精度磨齿机获得精确的渐开线齿形，所以，插齿加工的齿形精度比滚齿高。

（2）齿面的表面粗糙度值小。这主要是由于插齿过程中参与包络的刀刃数远比滚齿时多。

（3）运动精度低于滚齿。由于插齿时，插齿刀上各个刀齿顺次切削工件的各个齿槽，所以刀具制造时产生的齿距累积误差将直接传递给被加工齿轮，从而影响被切齿轮的运动精度。

（4）插齿可以完成内齿轮、双联或多联齿轮、齿条、扇形齿轮等滚齿无法完成的加工。

（5）插齿的生产率比滚齿低。这是因为，插齿刀的切削速度受往复运动的惯性限制而难以提高，目前，插齿刀每分钟往复行程次数一般只有几百次。此外，插齿有空行程损失。

（6）齿向偏差比滚齿大。因为插齿的齿向偏差取决于插齿机主轴回转轴线与工作台回

转轴线的平行度误差。由于插齿刀往复运动频繁，主轴与套筒容易磨损，所以齿向偏差常比滚齿加工时要大。

4.6　刨削加工

4.6.1　刨削加工的工作范围

在刨床上使用刨刀对工件进行切削加工，称为刨削加工。刨削加工主要用于加工各种平面（如水平面、垂直面和斜面等）和沟槽（如T形槽、燕尾槽、V形槽等）。

4.6.2　刨床与刨刀

刨削加工是在刨床上进行的，刨床的主运动是刀具或零件所做的直线往复运动。它只在一个运动方向上进行切削，称为工作行程，返回时不进行切削，称为空行程。进给运动由刀具或工件完成，其方向与主运动方向相垂直，它是在空行程结束后的短时间内进行的，因而是一种间歇运动。

刨床类机床所用的刀具和夹具都比较简单，加工方便，且生产准备工作较为简单。但这类机床的进给运动是间歇进行的，所以，在每次工作行程中，当刀具切入工件时要发生冲击，其主运动改变方向时还需克服较大的惯性力，这些因素限制了切削速度和空行程速度的提高。因此，在大多数情况下，其生产率较低。这类机床一般适用于单件小批量生产，特别是在机修和工具车间是常用的设备。刨床类机床主要有牛头刨床、龙门刨床和插床三种类型，其在大批量生产中被铣床和拉床所代替。

刨床类机床主要有牛头刨床、龙门刨床和插床三种类型。

（1）牛头刨床。牛头刨床主要用于加工小型零件。其外形如图4.34所示。

牛头刨床主运动的传动方式有机械和液压两种。机械传动常用曲柄摇杆机构，其结构简单、工作可靠、调整维修方便。液压传动能传递较大的力，而且可以实现无级调速，运动平稳，但结构较复杂，成本较高，一般用于规格较大的牛头刨床。

牛头刨床的横向进给运动可由机械传动或液压传动实现。机械传动一般采用棘轮机构。

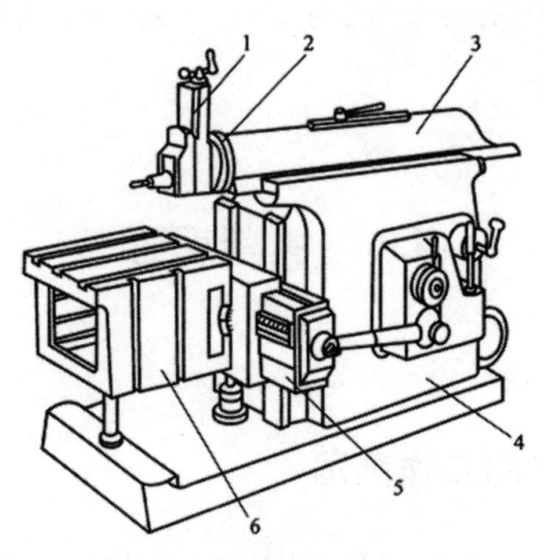

1—刀架；2—刀架座；3—滑枕；4—床身；
5—横梁；6—工作台。

图 4.34　牛头刨床

（2）龙门刨床。如图 4.35 所示，龙门刨床主要用于加工大型或重型零件上的各种平面、沟槽和各种导轨面。工件的长度可达十几米甚至几十米，也可在工作台上一次装夹数个中小型零件进行多件加工，还可以用多把刨刀同时刨削，从而大大提高了生产率。大型龙门刨床往往还附有铣头和磨头等部件，以便使工件在一次装夹中完成刨、铣、磨等工作。与普通牛头刨床相比，其形体大、结构复杂、刚性好，加工精度也比较高。

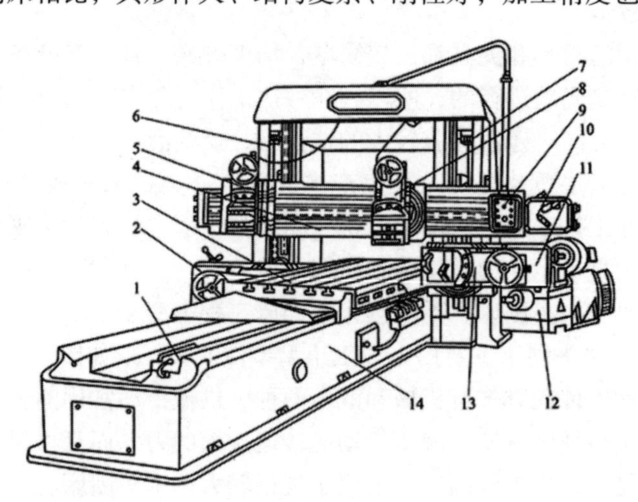

1—液压安全器；2—左侧刀架进给箱；3—工作台；4—横梁；5—左垂直刀架；6—左立柱；7—右立柱；8—右垂直刀架；9—悬挂按钮站；10—垂直刀架进给箱；11—右侧刀架进给箱；12—工作台减速箱；13—右侧刀架；14—床身。

图 4.35　龙门刨床

（3）插床。也称立式刨床，其主运动是滑枕带动插刀所做的上下往复直线运动，具体可见图 4.36，插床主要用于加工工件的内部表面，如多边形孔或孔内键槽等，有时候也用于加工形成内外表面。

插床的加工范围较广，加工费用也比较低，但其生产率不高，对工人的技术要求较高。因此，插床一般适用于在工具、模具、修理或试制车间等进行单件小批量生产。

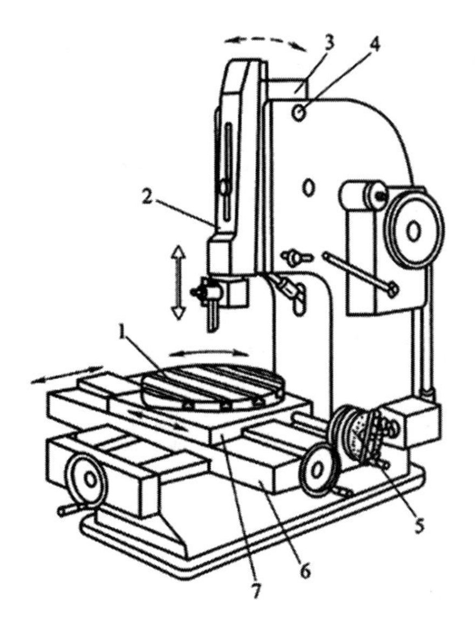

1—圆工作台；2—滑枕；3—滑枕导轨座；4—销轴；5—分度装置；6—床鞍；7—溜板。

图 4.36 插床

刨刀可以按加工表面的形状和用途分类，也可按刀具的形状和结构分类。

（1）按加工表面的形状和用途，刨刀一般可分为平面刨刀、偏刀、角度偏刀、切刀、弯切刀和角度切刀等，如图 4.37 所示。其中，平面刨刀用以加工水平面；偏刀用于加工垂直面、台阶面和斜面；角度偏刀用以加工角度和燕尾槽；切刀用以切断或刨沟槽；弯切刀用以加工 T 形槽及侧面上的槽等。

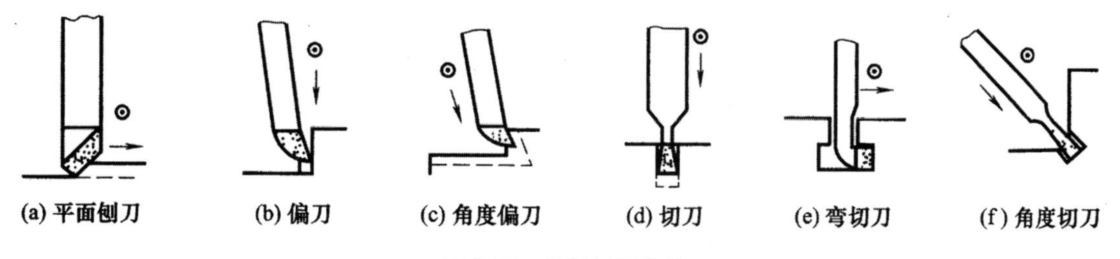

图 4.37 常用刨刀种类

（2）按刀具的形状和结构，刨刀一般可分为左刨刀和右刨刀、直头刨刀和弯头刨刀、整体刨刀和组合刨刀等。

刨刀的几何角度选取原则基本上和车刀相同，但由于刨削过程中冲击较大，所以刨刀的前角比车刀要小（一般约小 5°～10°），刃倾角也应取较大的负值（-10°～-20°），以使刨刀切入工件时所产生的冲击力不是作用在刀尖上，而是作用在离刀尖稍远的刀刃上。主偏角一般在 45°～75°的范围内选取。当采用较大的进给量时，主偏角一般可以减小到 20°～30°。

4.6.3 刨削工艺的特点

（1）刨床结构简单，调整操作都较方便；刨刀的制造和刃磨较容易，价格低廉，所以刨削加工的生产成本较低。

（2）由于刨削的主运动是直线往复运动，刀具切入和切离零件时会产生冲击与振动，所以加工质量较低，也限制了切削速度的提高，加之一般只用一把刀具切削以及空行程的影响，刨削的生产率较低。

（3）刨削的加工精度通常为IT9～IT7，表面粗糙度值Ra为19.5～9.2μm：采用宽刃刀精刨时，加工精度可达IT6，表面粗糙度R_a为1.6～0.4μm。刨削加工能保证一定的位置精度。

（4）由于刨削过程是不连续的，切削速度又低，刀具在回程中可充分冷却，所以刨削时一般不用切削液。

第 5 章　工件的装夹

5.1　装夹的概念

为了满足工件加工表面的尺寸、几何形状和相互位置精度的要求，需要解决一个重要问题：使工件在加工前相对于刀具和机床占有正确的加工位置，并且在加工过程中始终保持加工位置的稳定可靠。

在无外力作用的条件下，使一批工件在机床上或夹具上相对于刀具占有正确的加工位置的操作称为定位。工件定位的任务是使一批工件中的每个工件在同一工序中都能在机床或夹具中占据正确的加工位置。虽然这一位置不一致，但各个工件的位置变动量必须控制在加工要求所允许的范围内。

工件在夹具中定位后，将其压紧、夹牢，使工件在加工过程中，始终保持定位时所取得的正确加工位置的操作称为夹紧。工件夹紧的任务是使工件在切削力、离心力、惯性力和重力的作用下不离开已经占据的正确位置，保证机械加工的正常进行。

将工件安放在机床上或夹具上进行定位和夹紧的操作过程称为装夹。

工件的装夹，可根据工件加工的不同技术要求，采取先定位后夹紧或在夹紧过程中同时实现定位两种方式，其目的都是保证工件在加工时相对刀具及切削成形运动（通常由机床所提供）具有正确的位置。例如在牛头刨床上加工一槽宽尺寸为 B 的通槽，若此通槽只对 A 面有尺寸和平行度要求，可采用先定位后夹紧装夹的方式，如图 5.1（a）所示；若此通槽对左右侧两面有对称度要求，则可采用在夹紧过程中实现定位的对中装夹方式，如图 5.1（b）所示。

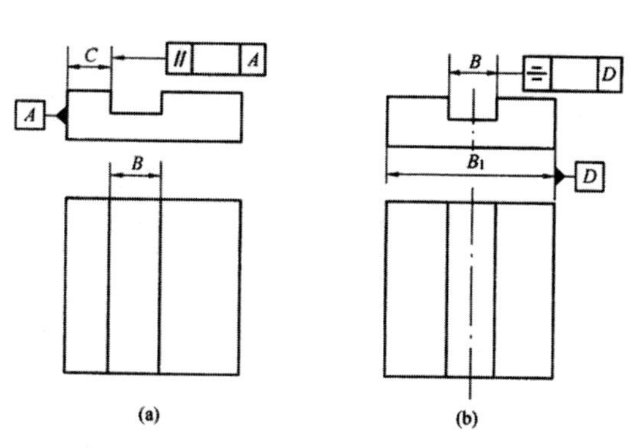

图 5.1　需采用不同装夹方式的工件

5.2 装夹的方法

在机械加工中，根据生产类型、加工精度、工件的大小及复杂程度的不同，可采用以下方法装夹工件。

5.2.1 夹具装夹

在机床上装夹工件所使用的工艺装备称为机床夹具（以下简称夹具）。夹具装夹是根据被加工工件的某一工序的具体加工要求设计一套夹具，其上备有专用的定位和夹紧装置，可实现对工件迅速、准确的定位和夹紧。

采用夹具装夹法对工件进行加工时，为了保证工件的加工精度，必须满足以下三个条件：

（1）工件在夹具中占据一定的位置；

（2）夹具在机床上保持一定的位置；

（3）夹具相对刀具保持一定的位置。

图5.2（a）为在车床尾座套筒上铣键槽的工序简图，其中，除键槽宽度12H8由铣刀本身宽度来保证外，其余各项要求需依靠工件相对于刀具及切削成形运动所处的位置来保证。如图5.2（b）所示，这个正确位置为：

（1）工件φ70h6外圆的轴向中心面D与铣刀对称平面C重合；

（2）工件φ70h6的外圆下母线B距铣刀圆周刃口E为64 mm；

（3）工件φ70h6的外圆下母线B与走刀方向f平行（包括在水平平面内和垂直平面内两个方面）；

（4）工件进给终了时，工件左端至铣刀中心距离为L（L的尺寸需由尺寸285 mm换算得出）。

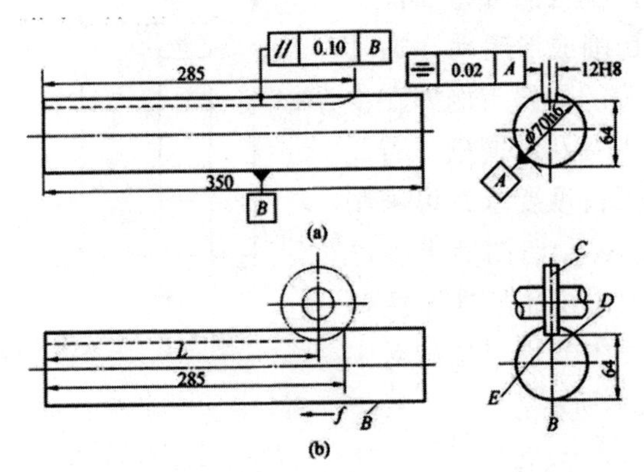

图5.2　尾座套筒铣键槽工序及工件加工时的正确位置

图5.3为尾座套筒铣键槽工序的专用夹具简图。加工前需先将夹具的位置找好。为此，首先将夹具放在铣床工作台上（夹具体的底面与工作台面相接触，定向键嵌在工作台的T型槽内），然后用对刀块及塞尺调整夹具相对铣刀的位置，使铣刀侧刃和周刃与对刀块的距离正好为3mm（此为塞尺厚度），机床工作台（连同夹具）纵向进给的终了位置则由机床上的行程挡铁控制，其位置可通过试切一个至数个工件确定。加工时每次装夹两个工件，分别放在两个V形块上，工件右端顶在限位螺钉的头部，这样，工件就能在夹具中占据所要求的正确位置。当油缸在压力油的作用下通过杠杆将两根拉杆向下拉时，使两块压板同时将两个工件夹紧，以保证加工中工件的正确位置不变。采用夹具装夹工件，易于保证加工精度，操作方便，装夹效率高，故特别适用于成批生产和大量生产。

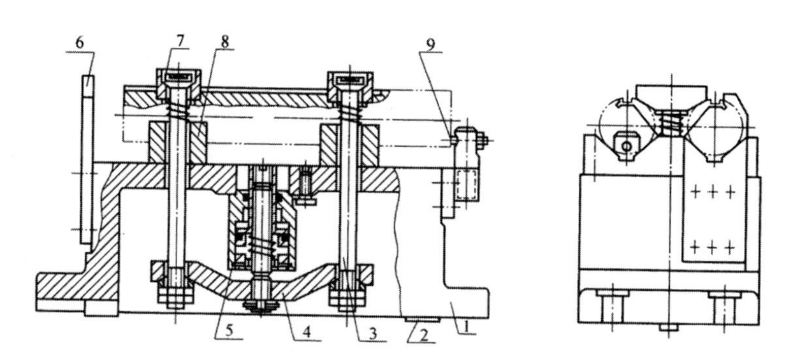

1—夹具体；2—定向键；3—拉杆；4—杠杆；5—油缸；6—对刀块；7—压板；8—V形块；9—限位螺钉。

图5.3　尾座套筒铣键槽工序夹具简图

夹具广泛应用于机械制造过程的切削加工、热处理、装配、焊接和检测等工艺过程中。在现代生产中，机床夹具是一种不可缺少的工艺装备，它直接影响着工件的加工精度、劳动生产率和产品的制造成本等，故机床夹具设计在企业的产品设计和制造以及生产技术准备中占有极其重要的地位。

5.2.2　找正装夹

找正是用工具（和仪表）根据工件上的有关基准，找出工件在画线、加工或装配时的正确位置的过程。用找正方法装夹工件称为找正装夹。找正装夹又可分为画线找正装夹和直接找正装夹。

1. 画线找正装夹

画线找正装夹是用划针根据毛坯或半成品上所画的线为基准找正它在机床上正确位置的一种装夹方法。如图5.4所示的车床床身毛坯，为保证床身各加工面和非加工面的位置尺寸及各加工面的余量，可先在钳工台上画好线，然后在龙门刨床工作台上用千斤顶支起床身毛坯，用划针按线找正并夹紧，再对床身底平面进行粗刨。由于画线既费时，又需技术水平高的画线工，画线找正的定位精度也不高，所以画线找正装夹只用在批量不大、形状复杂而笨重的工件，或毛坯的尺寸公差很大而无法采用夹具装夹的工件。

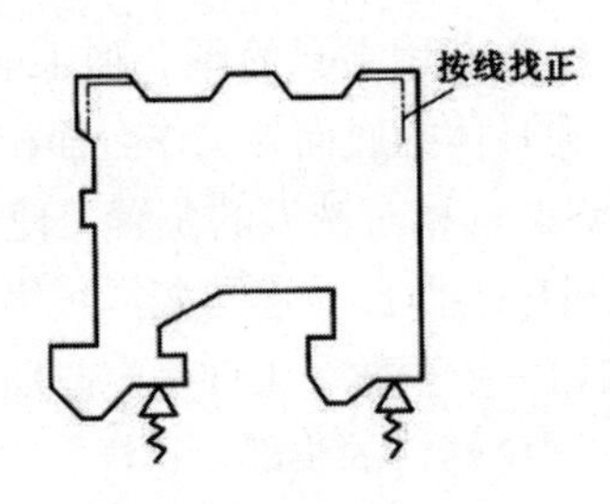

图 5.4　画线找正装夹

2. 直接找正装夹

直接找正装夹是用划针和百分表通过目测直接在机床上找正工件位置的装夹方法。图5.5是用四爪夹盘装夹套筒，先用百分表按工件外圆 A 进行找正后，再夹紧工件，进行外圆 B 的车削，以保证套筒的 A、B 圆柱面的同轴度。此法的生产率较低，对工人的技术水平要求高，所以一般只用于单件小批生产中。若工人的技术水平很高，且能采用较精确的工具和量具，那么直接找正装夹也能获得较高的定位精度。

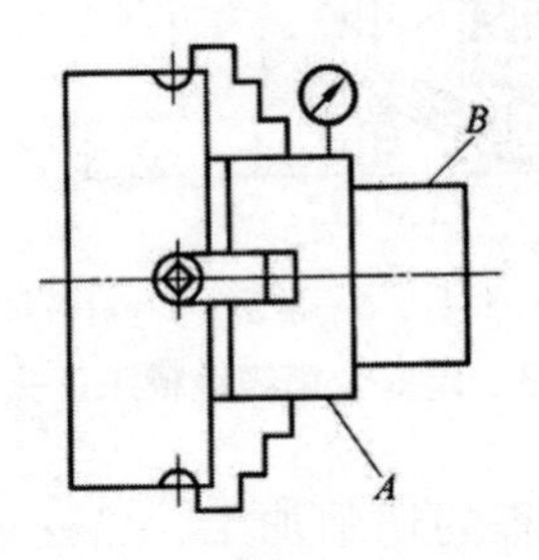

图 5.5　直接找正装夹

找正装夹法能较好地适应加工对象的变换，但费时间，效率低，劳动强度大。主要适用于单件小批量生产中。

5.3　夹具的分类

1. 按专业化程度分类

（1）通用夹具

通用夹具指已经标准化的，在一定范围内可用于加工不同工件的夹具，如车床上的三爪和四爪卡盘、顶尖和鸡心夹头；铣床上的平口钳、分度头和回转工作台等。它们具有通用性，无须调整或稍加调整就可以用于装夹不同的工件。通用夹具由专业工厂生产，并作为机床附件供应给用户。

通用夹具主要用于单件小批量生产装夹形状比较简单和加工精度要求不太高的工件。

（2）专用夹具

专用夹具指专门为某一种工件的某一工序设计的夹具。专用夹具结构简单、操作方便，采用各种省力机构或动力装置，可以保证较高的加工精度和生产效率。但是，专用夹具需根据工件的加工要求自行设计与制造，周期长、费用高，产品一旦变更，只能“报废”，因而只适用于产品固定且产量较大的生产中。

在成批量生产的条件下，采用卧式铣床铣削加工图5.6所示的扇形板工件上的三个8H9通槽，槽的位置精度要求为：

①三槽底面与φ22H7内孔中心线距离为 $40_{0}^{+0.2}$ mm；

②三槽相对φ22H7内孔中心线的位置度公差为0.12 mm；

③三槽对端面 B 的垂直度公差为0.08 mm；

④三槽之间的角度公差为±10′。

工件上三个通槽8H9的尺寸精度由铣刀的宽度尺寸来保证，三槽底面与φ22H7内孔中心线距离的尺寸精度及三槽的位置精度，则需由工件在夹具中的装夹及夹具在机床上的准确安装来保证，即加工时严格控制铣刀相对工件内孔φ22H7中心线的位置，以保证槽的尺寸与位置精度要求；但三槽之间的角度公差由夹具上的精密分度机构保证。

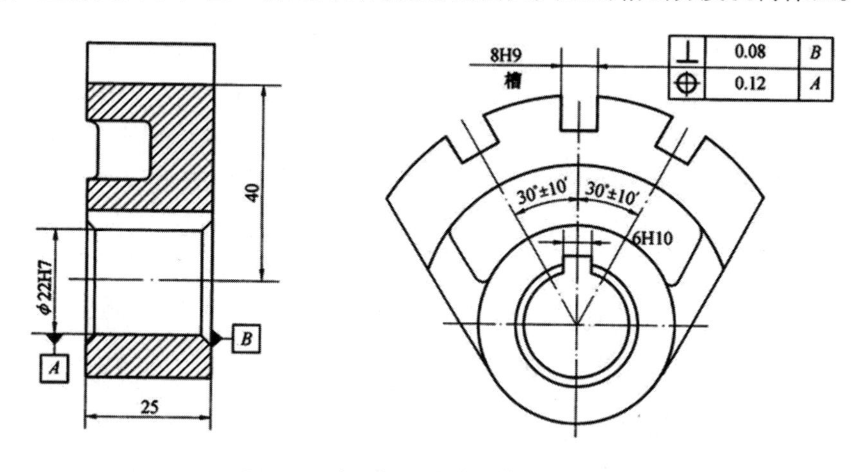

图5.6　扇形板工件铣三槽的工序简图

图5.7为加工扇形板三通槽的夹具。扇形板工件上的内孔φ22H7、键槽6H10及两端面均在前面的工序加工完毕，并达到图纸要求。在铣槽工序中，工件以内孔φ22H7、键槽6H10及端面 B 在夹具定位心轴及键上定位，拧紧螺母，通过开口垫圈将工件夹紧。件9为对刀块，件13为定向键，它们分别确定夹具相对刀具和夹具在机床上的准确位置。铣槽的深度和有关位置精度，是通过对刀块两个垂直面到定位心轴中心线的尺寸精度来保证的。加工完一个槽后，拧动手柄，将分度盘松开，利用手把将定位销由定位套中拔出，用手柄使分度盘带动工件一起回转30°后，再将定位销重新插入另一个定位套中实现转位，再拧动手柄将分度盘锁紧，然后铣削下一个通槽。

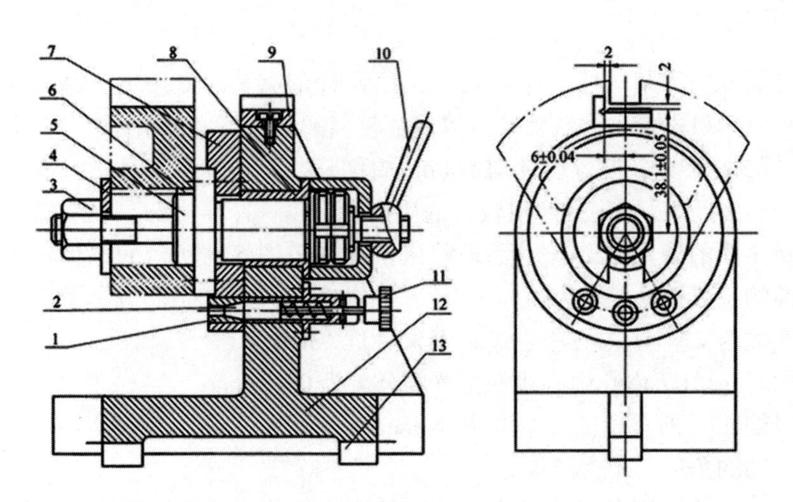

1—定位套；2—定位销；3—螺母；4—开口垫圈；5—定位心轴；6—键；7—分度盘；8—衬套；9—对刀块；10—手柄；11—手把；12—夹具体；13—定向键。

图 5.7　铣三通槽的专用夹具

（3）成组夹具

成组夹具指专为加工成组工艺中某一族（组）零件而设计的可调夹具，加工对象明确，只需调整或更换个别定位元件或夹紧元件便可使用，调整范围只限于本零件族（组）内的工件，适用于成组加工。

图 5.8 所示的磨削主轴或套筒锥孔的工具，即成组夹具中的一个示例。通过更换不同尺寸的可换垫块，便可对不同尺寸定位轴颈的主轴或套筒的锥孔进行磨削加工。

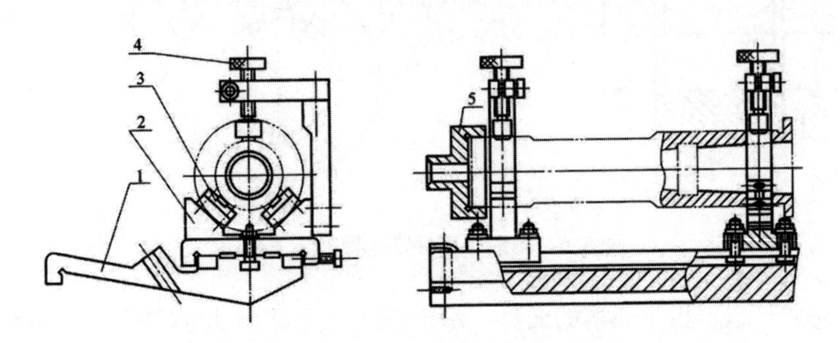

1—夹具体；2—V 形块；3—可换垫块；4—夹紧螺钉；5—带动头。

图 5.8　磨削主轴或套筒锥孔的成组夹具

（4）组合夹具

组合夹具指按某一工件的某道工序的加工要求，由一套事先设计制造好的标准元件和部件组装而成的专用夹具。这种夹具用过之后可以拆卸存放，或供重新组装新夹具使用，具有组装迅速、周期短、能反复使用的特点，适用于单件小批量生产，在新产品试制和数控加工中，是一种比较经济的夹具。图 5.9 为双臂曲柄钻孔组合夹具。

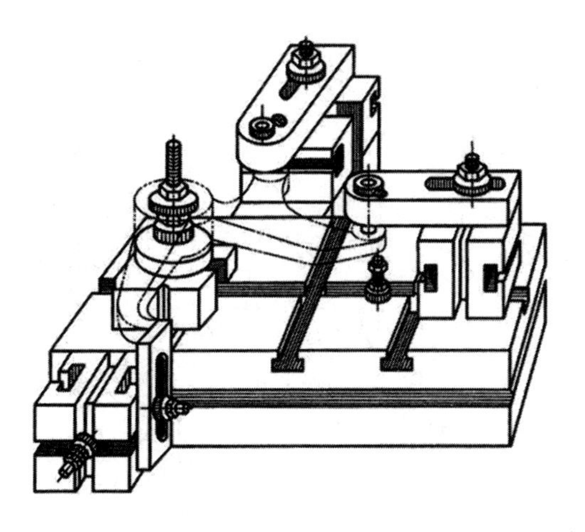

图 5.9 双臂曲柄钻孔组合夹具

(5) 自动化生产用夹具

自动化生产用夹具主要分自动线夹具和数控机床用夹具两大类。自动线夹具有两种，一种是固定式夹具；另一种是随行夹具。数控机床夹具还包括加工中心用夹具和柔性制造系统用夹具。随着制造的现代化发展，在企业中，数控机床夹具的比例正在增加，以满足数控机床的加工要求。数控机床夹具的典型结构是拼装夹具，它是利用标准的模块组装成的夹具。

2. 按使用夹具的机床分类

根据使用夹具的机床不同，专用夹具可分为车床夹具、铣床夹具、钻床夹具、镗床夹具、磨床夹具及拉床夹具等。

3. 按夹具所采用的夹紧动力源分类

夹具按动力源可分为手动夹具、气动夹具、液压夹具等。

5.4 夹具的组成

虽然机床夹具的种类繁多，但是它们的工作原理基本相同。将各类夹具中作用相同的结构或元件加以概括，可找出夹具的基本组成元件和装置。

1. 定位元件

定位元件是夹具的主要功能元件之一，用于确定工件在夹具中的正确位置。

图 5.10 所示的后盖零件，要求钻后盖上的 φ10mm 孔，其钻床夹具如图 5.11 所示。夹具上的圆柱销、菱形销和支承板都是定位元件，它们可使工件在夹具中占据正确的位置。

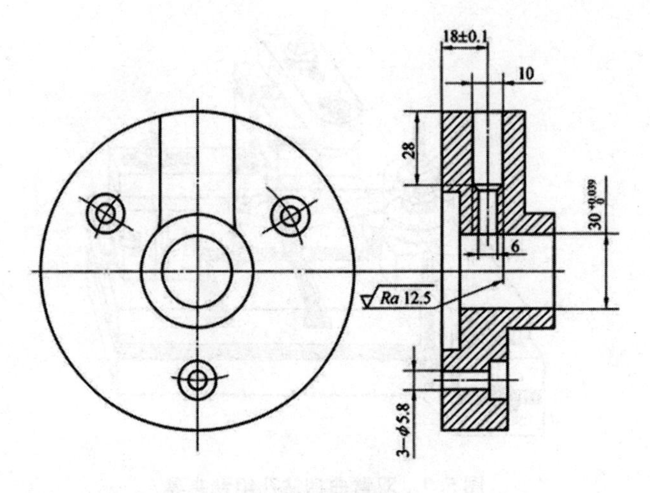

图 5.10 后盖零件

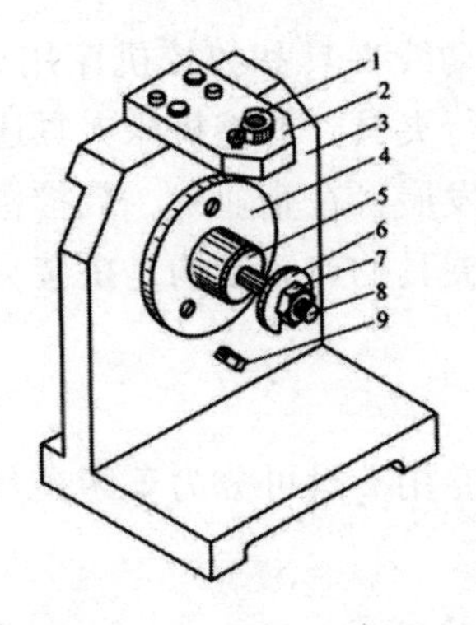

1—钻套；2—钻模板；3—夹具体；4—支承板；5—圆柱销；
6—开口垫片；7—螺母；8—螺杆；9—菱形销。

图 5.11 后盖钻夹具

2. 夹紧装置

夹紧装置用于夹紧工件，使工件在受到外力作用后仍能保持其既定位置不变。图 5.11 中的螺杆（与圆柱销合成一个零件）、螺母和开口垫片就起到了夹紧装置的作用。

3. 对刀元件与导引元件

对刀元件与导引元件的作用是保证工件加工表面与刀具之间的正确位置。用于确定刀具在加工前正确位置的元件称为对刀元件，如图 5.7 所示的对刀块 9。用于确定刀具位置并引导刀具进行加工的元件称为导引元件，如图 5.11 所示的钻套 1。

4. 夹具体

在夹具中，用于连接上述各元件及装置，并使其成为一个整体的基础零件称为夹具体，如图 5.11 所示的夹具体 3。此外，夹具体还用于夹具与机床有关部位进行连接。

5. 其他元件或装置

除上述元件及装置外，夹具中因特殊需要还应设置分度装置、连接元件、靠模装置、

平衡块等。其中，连接元件用于将夹具与机床连接并确定夹具对机床主轴、工作台的相互位置，如图5.7所示的定向键13即连接元件。

5.5　夹具的作用

1. 易于保证加工精度，稳定加工质量

由于工件在夹具中的定位，以及夹具在机床上的定位都有专门的元件保证，夹具相对刀具的位置又可通过对刀及导引元件调整，所以可以较容易地保证工件在该工序的加工精度。此外，采用夹具装夹法加工，工件的定位不再受画线、找正等主、客观因素的影响，故使一批工件的加工精度也比较稳定。

2. 易于缩短辅助时间，提高劳动生产率，降低加工成本

工件在夹具中的装夹和工位转换、夹具在机床上的安装等，都可通过专门的元件或装置迅速完成。此外，在夹具中还可以不同程度地采用高效率的多件、多位、快速、联动等夹紧方式，因而可以缩短辅助时间，提高劳动生产率，降低生产成本。

3. 易于降低工人操作强度，降低对工人的技术要求

在工件加工中采用了夹具，取消了复杂的画线、找正工作，在夹具中又可采用增力、机动等夹紧机构，装夹工件方便省力，故可降低工人操作强度及对工人技术等级的要求。

4. 易于扩大机床的工艺范围，实现一机多能

根据加工机床的成形运动，附以不同类型的夹具，即可扩大机床原有的工艺范围。例如在车床的溜板上或在摇臂钻床工作台上装上镗模就可以进行箱体的镗孔加工。

5. 易于减少生产准备时间，缩短新产品试制周期

对多品种小批量生产，在加工中大量应用通用、成组和组合夹具，可以不再花费大量的专用夹具设计和制造时间，从而减少了生产准备时间。

6. 易于在自动化生产和流水线生产中平衡生产节拍

在自动化生产和流水线生产中，当某些工序所需工序时间特别长时，可以采用多工位或高效夹具等提高生产效率，平衡生产节拍。

5.6　夹具的装夹误差

采用夹具装夹，造成工件加工表面的距离尺寸和位置误差的原因可分为如下三个方面：

(1) 与工件在夹具中装夹有关的加工误差，称为工件装夹误差，以$\delta_{装夹}$表示。其包括

工件在夹具中由于定位不准确所造成的加工误差——定位误差 $\delta_{定位}$，以及在工件夹紧时由于工件和夹具变形所造成的加工误差——夹紧误差 $\delta_{夹紧}$。

（2）与夹具相对刀具及切削成形运动有关的加工误差，称为夹具的对定误差，以 $\delta_{对定}$ 表示。其包括夹具相对刀具位置有关的加工误差——对刀误差 $\delta_{对刀}$ 和夹具相对成形运动位置有关的加工误差——夹具位置误差 $\delta_{夹位}$。

（3）与加工过程有关的加工误差，称为过程误差，以 $\delta_{过程}$ 表示。其包括工艺系统的受力变形、热变形及磨损等因素所造成的加工误差。

为了得到合格零件，必须使上述各项误差之和小于或等于零件的相应公差 T，即

$$\delta_{装夹}+\delta_{对定}+\delta_{过程}\leqslant T$$

此式称为加工误差的不等式。在设计或选用夹具时，需要仔细分析计算 $\delta_{装夹}$ 和 $\delta_{对定}$，并从全局出发对其值予以控制。既要使工件的装夹方便、可靠，使夹具的制造与调整容易，又要给 $\delta_{过程}$ 留有余地。可将公差 T 平均分配，使夹具的各项装夹误差不超过 T 的三分之一。

思考练习题

1. 何谓机床夹具？简述机床夹具的作用。
2. 机床夹具由哪些部分组成？各组成部分起何作用？
3. 何谓专用夹具、成组夹具、组合夹具？
4. 试分析使用夹具装夹零件加工时，产生加工误差的因素有哪些。

第 6 章　机械加工工艺规程设计

6.1　机械加工工艺的基本概念

6.1.1　生产过程、工艺过程与机械加工工艺过程

1. 生产过程

生产过程是指将原材料转变为成品的全过程，一般包括以下过程：

（1）原材料的运输和保管；

（2）生产和技术准备工作；

（3）毛坯制造，如铸造、锻造和焊接等；

（4）零件的机械加工与热处理；

（5）部件或机器的装配、调整和检验等；

（6）成品的运输和保管。

有些机械产品的生产过程是相当复杂的。为了既得到高质量的机械产品，又利用专业化工厂的特定技术和效率，现代机械制造工业一般采取专业化生产的方法。此时，一种产品的生产是分散在若干个专业化工厂进行的。例如，毛坯的制造在某个专业化工厂进行，零件的机械加工在另一个专业化工厂进行，零件的热处理又在另一个专业化工厂进行，最后集中由一个工厂装配成完整的机械产品。

2. 工艺过程

工艺过程指在生产过程中，直接改变生产对象的形状、尺寸、相对位置和力学性质等，使其成为成品或半成品的过程。机械产品的工艺过程包括毛坯制造、零件的机械加工与热处理及装配、调整、检验等，它是生产过程的主要组成部分。

3. 机械加工工艺过程

机械加工工艺过程指用机械加工的方法直接改变毛坯的形状、尺寸、相对位置和表面质量等，使其成为合格零件的过程。一般的机械加工包括车、钳、刨、铣、拉、割等金属切削加工和磨削加工，但从广义上说，电加工、超声加工、激光加工、电子束和离子束加

工等特种加工也是机械加工工艺过程的一部分。机械加工工艺过程直接决定了零件的质量和性能，是整个工艺过程的重要组成部分。

6.1.2 生产类型及其工艺特点

机械产品制造工艺过程取决于企业的生产类型，而企业的生产类型又由企业的生产纲领决定。

1. 生产纲领

生产纲领指企业在计划期内应当生产的产品产量和进度计划。计划期常定为一年，因此，生产纲领有时也称年产量。零件的生产纲领包括备品和废品在内的年产量，可由下式计算：

$$N_{零}=N\cdot n\ (1+\alpha+\beta)$$

式中，$N_{零}$为机器零件的生产纲领；N为机器产品在计划期内的产量；n为每台机器产品中该零件的数量；α为备品率；β为废品率。

2. 生产类型

生产类型对工厂的生产过程和生产组织起决定性的作用。生产类型指企业（或车间、班组、工作地）生产专业化程度的分类，一般有单件生产、大量生产和成批生产三种类型。

（1）单件生产：产品品种繁多，每种产品仅生产一件或数件，工作地的加工对象经常改变。重型机器、大型船舶的制造和新产品的试制属于这种生产类型。

（2）成批生产：产品品种较多，同一产品分批生产。通用机床的制造往往属于这种生产类型。

一次投入生产的同一产品（或零件）的数量称为生产批量。根据批量的大小，成批生产又可分为小批生产、中批生产和大批生产。就工艺过程的特点而言，小批生产与单件生产类似，大批生产与大量生产类似。

（3）大量生产：产品品种单一而固定，工作地长期进行一个零件某道工序的加工。汽车、拖拉机、轴承、缝纫机、自行车等的制造属于这种生产类型。

各种生产类型的工艺过程特点见表6.1。表6.2所列是按零件生产纲领和零件复杂程度划分的生产类型。

表6.1 各种生产类型的工艺过程特点

特点	单件生产	成批生产	大量生产
加工对象	经常改变	周期性改变	固定不变
毛坯的制造方法及加工余量	铸件用木模、手工造型；锻造用自由锻。毛坯精度低，加工余量大	部分铸件用金属模，部分锻件采用模锻。毛坯精度中等，加工余量中等	铸件广泛采用金属模机器造型。锻件广泛采用模锻以及其他高生产率的毛坯制造方法。毛坯精度高，加工余量小

续表

特点	单件生产	成批生产	大量生产
加工对象	经常改变	周期性改变	固定不变
机床设备及其布置形式	采用通用机床。机床按类别和规定大小采用“机群式”排列布置	采用部分通用机床和部分高生产率的专用机床。机床设备按加工零件类别分“工段”排列布置	广泛采用高生产率的专用机床及自动机床。按流水线形式排列布置
工艺装备	多用标准夹具，很少采用专用夹具，靠画线及试切法达到尺寸精度；采用通用刀具与万能量具	广泛采用专用夹具，部分靠画线进行加工；较多采用专用刀具和专用量具	广泛采用先进高效夹具，靠夹具及调整法达到加工要求；广泛采用高生产率的刀具和量具
对操作工人的要求	需要技术熟练的操作工人	操作工人需要有一定的技术熟练程度	对操作工人的技术要求较低，对调整工人的技术要求较高
工艺文件	有简单的工艺过程卡片	有较详细的工艺规程，对重要零件需编制工艺卡片	有详细编制的工艺文件
广泛采用钳工修配	零件大部分有互换性，少数用钳工修配	零件全部有互换性，某些配合要求很高的零件采用分组互换	
生产率	低	中等	高
单件加工成本	高	中等	低

表6.2　按零件生产纲领和零件复杂程度划分的生产类型

生产类型		零件年生产纲领（件/年）		
		轻型零件	中型零件	重型零件
单件生产		<100	<10	<5
成批生产	小批	100～500	10～200	5～100
	中批	500～5 000	200～500	100～300
	大批	5 000～50 000	500～5 000	300～1 000
大量生产		>50 000	>5 000	>1 000

可以看出，同一产品的生产，由于生产类型的不同，其工艺方法完全不同。生产同一产品，若其生产类型为大量生产，则一般具有生产效率高、成本低、质量可靠、性能稳定等优点，因此应大力推广产品结构的标准化、系列化，以便于组织专业化的大批量生产，提高经济效益。当前机械制造工艺的一个重要发展方向就是推行成组技术，采用数控机床、柔性制造系统（FMS）和现代集成制造系统（CIMS）等现代化的生产手段和方法，实现机械产品多品种、小批量的自动化生产。

6.1.3　基准

基准是用来确定生产对象上几何要素间的几何关系所依据的那些点、线、面。基准根据其功用的不同分为设计基准和工艺基准两大类。

1. 设计基准

零件设计图样上所采用的基准，称为设计基准，即各设计尺寸的标注起点。图 6.1（a）所示齿轮的外圆和分度圆的设计基准是齿轮内孔的中心线，而表面 A、B 的设计基准是表面 C；图 6.1（b）所示的车床主轴箱体，其主轴孔的设计基准是箱体的底面 M 及小侧面 N。一个机器零件，在零件图上可以有一个也可以有多个设计基准。

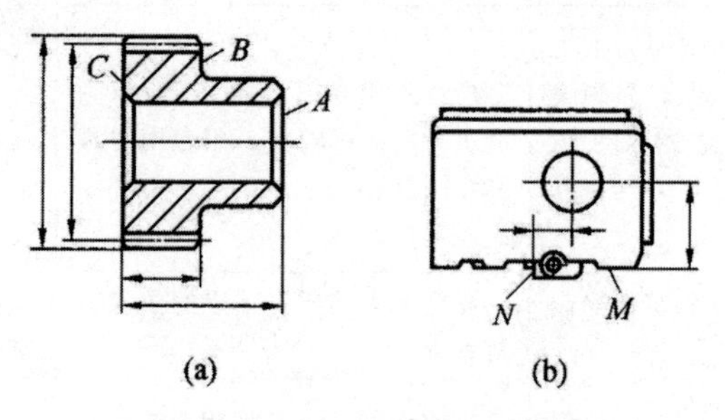

图 6.1　零件图中的设计基准

2. 工艺基准

零件在工艺过程中所采用的基准，称为工艺基准。工艺基准按它的用途不同，又可分为工序基准、定位基准、测量基准和装配基准，现分述如下：

（1）工序基准

工序基准指在工序图上，用来确定该工序加工表面加工后的尺寸、位置的基准。

图 6.2（a）所示的工件，加工表面为西 D 孔，要求其中心线与 A 面垂直，并与 C 面和 B 面保持距离尺寸为 L_1 和 L_2，因此，表面 A、B、C 均为本工序的工序基准。图 6.2（b）所示的工件，A 为加工表面，本工序的要求为 A 对 B 的尺寸 H 和 A 对 B 的平行度，故外圆下母线 B 为本工序的工序基准。图 6.2（c）所示的小轴中，键槽的工序基准既有台肩面 A 和外圆下母线 B，又有外圆表面的轴向对称面 D。

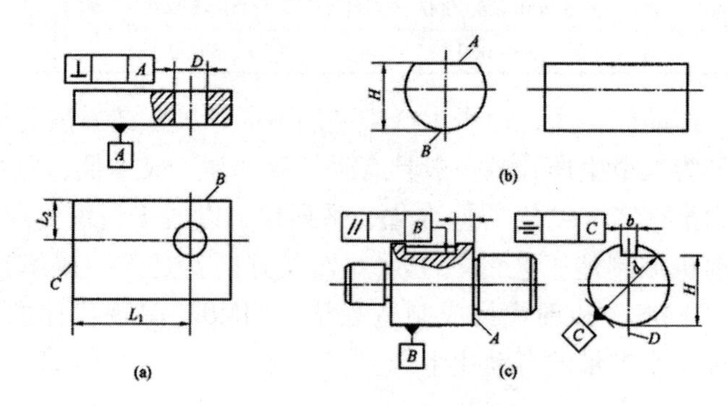

图 6.2　工序图中的工序基准

（2）定位基准

工件在机床上或夹具中进行加工时，用作定位的基准，称为定位基准。

图 6.3（a）所示的车床刀架座零件，在平面磨床上磨顶面，与平面磨床磁力工作台相接触的表面则为该道工序的定位基准。图 6.3（b）所示的齿坯拉孔加工工序，被加工

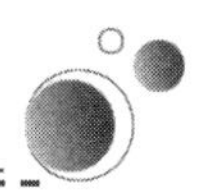

内孔在拉削时的位置是由齿坯拉孔前的内孔中心线确定的，故拉孔前的内孔中心线为拉孔工序的定位基准。图 6.3（c）所示的零件在加工内孔时，其位置是由与夹具上定位元件 1、2 相接触的底面 A 和侧面 B 确定的，故 A、B 面为该工序的定位基准。

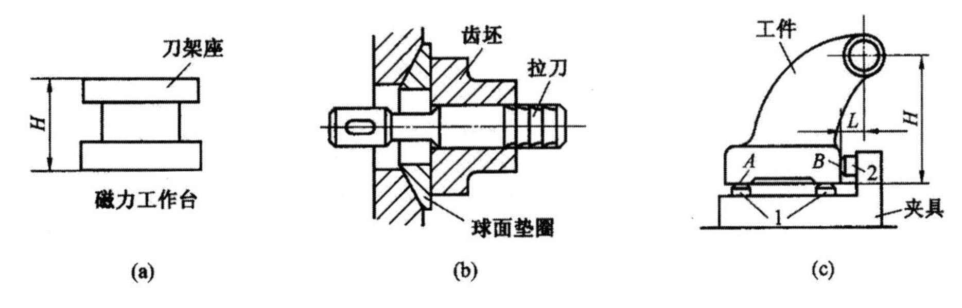

图 6.3　工件在加工时的定位基准

（3）测量基准

在测量时所采用的基准称为测量基准。

图 6.4 为根据不同工序要求测量已加工平面位置时所使用的两个不同的测量基准，一个为小圆的上母线，另一个则为大圆的下母线。测量基准必须是工件上实际存在的表面，不能是抽象的，如轴心线、对称面或对称线等是不能作为测量基准的。

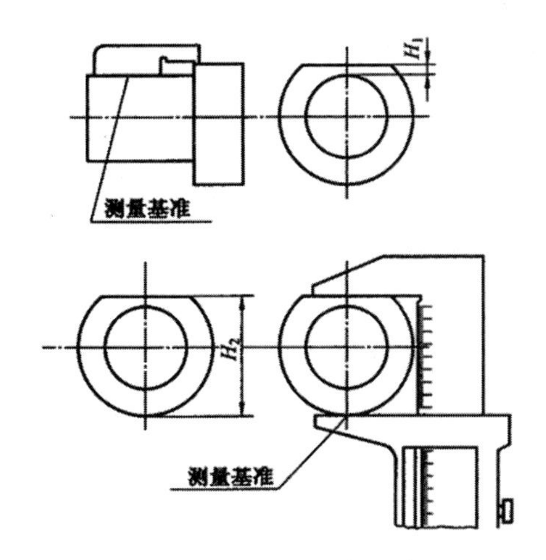

图 6.4　工件上已加工表面的测量基准

（4）装配基准

在机器装配时，用来确定零件或部件在产品中的相对位置所采用的基准，称为装配基准。

图 6.5（a）所示，齿轮是以其内孔及一端面装配到与其配合的轴上，故齿轮内孔 A 及端面 B 即装配基准。图 6.5（b）所示的主轴箱部件，装配时是以其底面 M 及小侧面 N 与床身的相应面接触，确定主轴箱部件在车床上的相对位置的，故 M 及 N 面为主轴箱部件的装配基准。

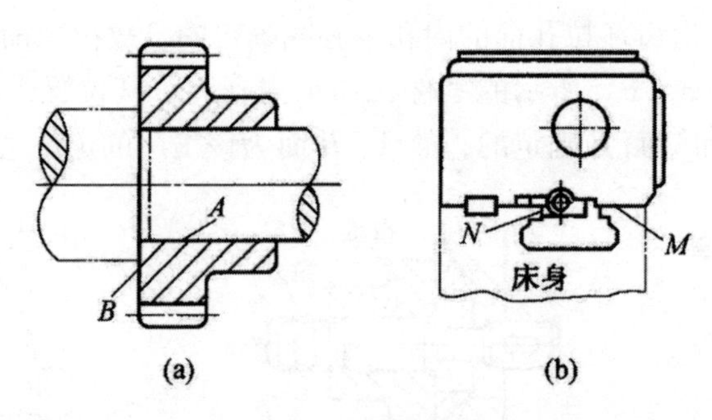

图 6.5　机器零、部件装配时的装配基准

6.1.4　机械加工工艺规程概述

1. 机械加工工艺规程的概念

机械加工工艺规程一般简称工艺规程，是规定产品或零、部件机械加工工艺过程和操作方法等的工艺文件。它结合具体的生产条件，把最合理或较合理的工艺过程和操作方法按规定的格式书写成工艺文件，经审批后用来指导生产。

工艺规程是在总结实践经验的基础上，依据科学理论和必要工艺试验制定的。当然，工艺规程也不是一成不变的，随着科学技术的进步，一定会有新的更为合理的工艺规程代替旧的相对不合理的工艺规程。但工艺规程的修订必须经过充分的试验论证，并须经过认真讨论，且应严格履行一定的审批手续。

2. 机械加工工艺规程的作用

机械加工工艺规程在指导生产上发挥着重要作用，其主要体现在如下三个方面：

（1）机械加工工艺规程是指导生产的主要技术文件。合理的工艺规程是在总结生产实践经验的基础上，依据工艺理论和必要的工艺试验而拟定的，是保证产品质量和生产经济性的指导性文件。因此，在生产中应严格执行既定的工艺规程。

（2）机械加工工艺规程是生产准备和生产管理的基本依据。工夹量具的设计制造或采购，原材料、半成品及毛坯的准备，劳动力及机床设备的组织安排，生产成本的核算等，都要以工艺规程为基本依据。

（3）机械加工工艺规程是新建或扩建工厂、车间时的基本资料。只有依据工艺规程和生产纲领才能确定生产所需机床的类型和数量，机床布置，车间面积及工人工种、等级及数量等。

3. 常用机械加工工艺规程的形式

机械加工工艺规程通常是用规定的表格或卡片等形式描述工艺过程和操作方法。工艺规程的形式通常有机械加工工艺过程卡片、机械加工工艺卡片和机械加工工序卡片等，下面介绍其中两种常用的工艺文件。

（1）机械加工工艺过程卡片

机械加工工艺过程卡片是以工序为单位说明零件加工工艺过程的一种工艺文件，是编制其他工艺文件的基础，也是生产准备、编制作业计划和组织生产的依据。工艺过程卡片

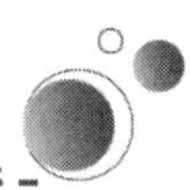

多数用于生产管理，由于各工序中的内容规定不够具体，仅在单件小批量生产中指导工人的加工操作。

（2）机械加工工序卡片

机械加工工序卡片是在工艺过程卡片的基础上，为每道工序所编制的一种工艺文件。一般具有工序简图，并详细规定该工序的每个工步的加工内容、工艺参数、操作要求以及所用设备和工艺装备等。多用于大批大量生产中，或在重要零件的成批生产中具体指导操作工人。

4. 设计机械加工工艺规程的步骤

制订机械加工工艺规程的原始资料主要是产品图纸、生产纲领、现场加工设备及生产条件等，有了这些原始资料并由生产纲领确定了生产类型和生产组织形式之后，即可着手机械加工工艺规程的制订，其内容和顺序如下：

（1）分析被加工零件；

（2）选择毛坯；

（3）设计工艺过程，包括划分工艺过程的组成、选择定位基准、选择零件表面的加工方法、安排加工顺序和组合工序等；

（4）工序设计，包括选择机床和工艺装备、确定加工余量、计算工序尺寸及其公差、确定切削用量及计算工时定额等；

（5）编制工艺文件。

6.2 零件的工艺性分析及毛坯的选择

6.2.1 零件的工艺性分析

在制订零件的机械加工工艺规程之前，首先应对该零件的工艺性进行分析。零件的工艺性分析包括两个方面的内容。

1. 了解零件的各项技术要求，提出必要的改进意见

分析产品的装配图和零件的工作图，其目的是熟悉该产品的用途、性能及工作条件，明确被加工零件在产品中的位置和作用，进而了解零件上各项技术要求制订的依据，找出主要技术要求和加工关键，以便在拟订工艺规程时采取适当的工艺措施加以保证。在此基础上，还可对图纸的完整性、技术要求的合理性以及材料选择是否恰当等方面的问题提出必要的改进意见。如图6.6所示的汽车板弹簧和弹簧吊耳内侧面的表面粗糙度，可由原设计的*Ra*3.2改为*Ra* 25，这样就可以在铣削加工时增大进给量，以提高生产效率。

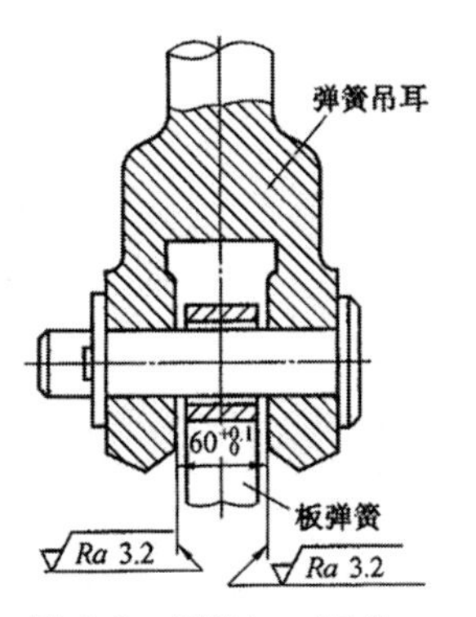

图6.6 零件加工要求

2. 审查零件结构的工艺性

所谓零件结构的工艺性，是指零件的结构在保证使用要求的前提下，能否以较高的生产率和最低的成本方便地制造出来的特性。

零件结构的工艺性是否合理，将直接影响零件制造的工艺过程。例如，两个零件的功能和用途完全相同，但结构有所不同，则这两个零件的加工方法与制造成本往往会相差很大。所以，必须认真地对零件的结构工艺性进行分析，发现不合理之处，应要求设计人员进行必要的修改。

图 6.7 列举了机械加工结构工艺性的对比实例，图 6.7（a）表示应使钻头能够接近加工表面；图 6.7（b）表示双联齿轮应留有退刀槽；图 6.7（c），1.7（d）表示钻头的钻入端和钻出端应避免斜面，应防止钻头的引偏和折断；图 6.7（e）表示应尽量减小加工面积，减少平面度误差，减少刀具及材料的消耗；图 6.7（f）表示应尽量避免深孔加工；图 6.7（g）表示退刀槽尺寸应一致，以减少刀具的规格，减少换刀次数，提高生产率；图 6.7（h）、6.7（i）表示被加工表面的方向应尽量一致，以便在一次装夹中进行加工，减少工件的装夹次数；图 6.7（j）表示三个凸台在高度方向的尺寸应尽量一致，以便在一次进给中进行加工。

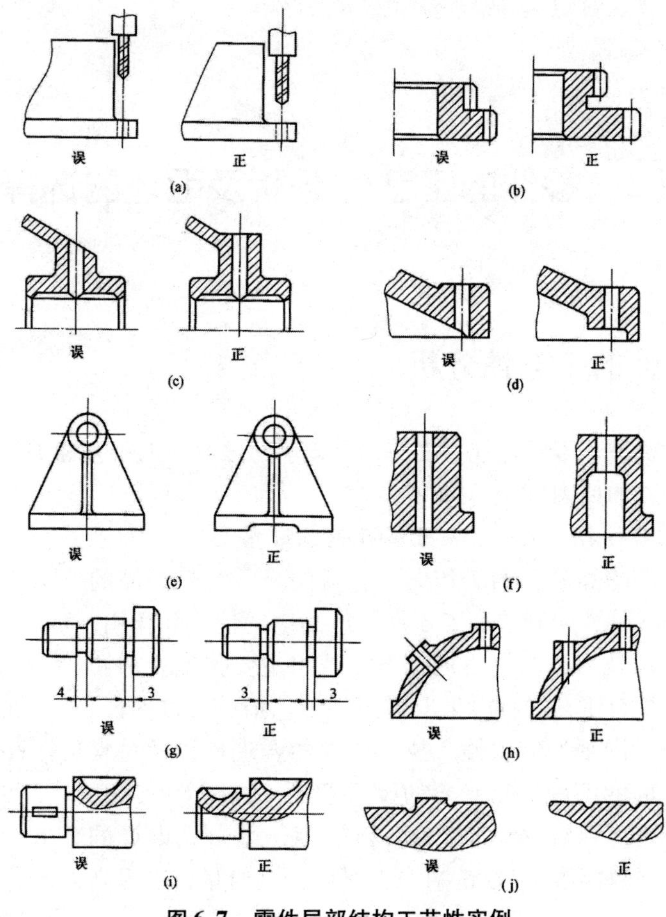

图 6.7　零件局部结构工艺性实例

6.2.2　毛坯的选择

确定毛坯的主要任务：根据零件的技术要求、结构特点、材料、生产纲领等方面的要求，合理地确定毛坯的种类、制造方法、形状及尺寸等，最后绘制出毛坯图。毛坯的确定，不仅影响毛坯制造的经济性，而且影响机械加工的经济性。所以在确定毛坯时，既要考虑热加工方面的因素，也要兼顾冷加工方面的要求，以便在确定毛坯这一环节中，降低零件的制造成本。

1. 毛坯的种类

机械零件的毛坯主要分为铸件、锻件、型材、焊接件、冲压件等几种。

（1）铸件

铸件是常见的毛坯形式，适用于结构形状复杂的零件毛坯。通常，铸件的质量可能占机器设备整机质量的50%以上。铸件毛坯的优点是适应性广、灵活性大、加工余量小、批量生产成本低，铸件的缺点是内部组织疏松、力学性能较差。

按材质不同，铸件分为铸铁件、铸钢件和有色合金铸件等。不同铸造方法和不同材质的铸件在力学性能、尺寸精度、表面质量及生产成本等方面有所不同。

（2）锻件

锻件适用于强度要求高、形状比较简单的零件毛坯，其锻造方法有自由锻和模锻两种。

自由锻是在锻锤或压力机上用手工操作而成形的锻件。它的精度低，加工余量大，生产率也低，适用于单件小批生产及大型锻件。

模锻是在锻锤或压力机上通过专用锻模锻制成形的锻件。它的精度和表面粗糙度均比自由锻造的好，可以使毛坯形状更接近工件形状，加工余量小。同时，由于模锻件的材料纤维组织分布好，锻制件的机械性能高。模锻的生产效率高，但需要专用的模具，且锻锤的吨位也要比自由锻造的大，主要适用于批量较大的中小型零件。

（3）型材

机械加工中常用型材按其截面形状不同，可分为圆钢、方钢、六角钢、扁钢、角钢、槽钢、钢管、钢板以及其他特殊截面的型材，型材经过切割下料后可以直接作为毛坯。型材通常分为热轧型材和冷拉型材。冷拉型材表面质量和尺寸精度较高。当零件成品质量要求与冷拉型材质量相符时，可以选用冷拉型材。普通机械加工零件通常选用热轧型材制作毛坯。

（4）焊接件

焊接件是根据需要将型材或钢板焊接而成的毛坯件，它制造方便、简单，但需要经过热处理才能进行机械加工，适用于单件小批生产中制造大型毛坯。其优点是制造简便、生产周期短、毛坯质量小；缺点是焊接件抗振动性差，机械加工前需经过时效处理以消除内应力。

（5）冲压件

冲压件是通过冲压设备对薄钢板进行冷冲压加工而得到的零件，它可以非常接近成品要求。冲压零件可以作为毛坯，有时还可以直接成为成品。冲压件的尺寸精度高，它适用于批量较大而零件厚度较小的中小型零件。

2. 毛坯的选择

在确定毛坯时应考虑以下因素：

(1) 零件的材料及其力学性能

当零件的材料选定以后，毛坯的类型就大体确定了。例如，材料为铸铁的零件，自然应选择铸造毛坯；而对于重要的钢质零件，力学性能要求高时，可选择锻造毛坯。

(2) 零件的结构和尺寸

形状复杂的毛坯常采用铸件，但对于形状复杂的薄壁件，一般不能采用砂型铸造；对于一般用途的阶梯轴，如果各段直径相差不大且力学性能要求不高时，可选择棒料做毛坯，倘若各段直径相差较大，为了节省材料，应选择锻件。

(3) 生产类型

当零件的生产批量较大时，应采用精度和生产率都比较高的毛坯制造方法，这样，毛坯制造增加的费用，可由材料减少的费用以及机械加工减少的费用来补偿。

(4) 现有生产条件

选择毛坯类型时，要结合本企业的具体生产条件，如现场毛坯制造的实际水平和能力、外协的可能性等。

(5) 毛坯制造的经济性

毛坯选择还应考虑毛坯制造的经济性。进行毛坯生产方案的经济技术分析，确定出经济性较好的毛坯制造方案。简单地说，毛坯的制造经济性与生产率和生产类型密切相关。单件小批生产可以选用生产率较低、单件制造成本低的制造方法，铸件可采用木模型手工造型，锻件采用自由锻，特别是单件生产可考虑采用型材做毛坯或制造外形简单的毛坯，进一步采用机械加工的方法，制造零件外形。大批大量生产时，可选用生产率高、毛坯质量较高、批量制造成本低的方法，例如，铸件采用金属模造型，精密铸造，锻件应采用模锻方式。

(6) 采用新工艺、新技术、新材料的可能性

采用新工艺、新技术、新材料往往可以提高零件的机械性能，改善零件的可加工性，减少加工工作量。

综上所述，尽管同一零件的毛坯可以由多种方法制造，但毛坯制造方法选择却不是随意的，需要在特定的加工条件下，按照生产纲领进行优选，其目标是优质、高产、低消耗地制造机械零件。

3. 毛坯形状及尺寸的确定

毛坯的形状和尺寸，基本上取决于零件的形状和尺寸。毛坯和零件的主要差别在于，在零件需要加工的表面上，加上一定的机械加工余量，即毛坯加工余量。毛坯制造时，同样会产生误差，毛坯制造的尺寸公差称为毛坯公差。毛坯加工余量和公差的大小，直接影响机械加工的劳动量和原材料的消耗，从而影响产品的制造成本。所以，现代机械制造的发展趋势之一，便是通过毛坯精化，使毛坯的形状和尺寸尽量与零件一致，力求做到少切

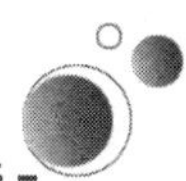

屑、无切屑加工。

在确定了毛坯种类、形状和尺寸后，还应绘制一张毛坯图作为毛坯生产单位的产品图样。绘制毛坯图，是在零件图的基础上，在相应的加工表面上加上毛坯余量。但绘制时还要考虑毛坯的具体制造条件，如铸件上的孔、锻件上的孔和空档、法兰等的最小铸出和锻出条件，铸件和锻件表面的拔模斜度和圆角，分型面和分模面的位置等，并在毛坯图中用双点画线表示出零件的表面，以区别加工表面和非加工表面，如图6.8所示。

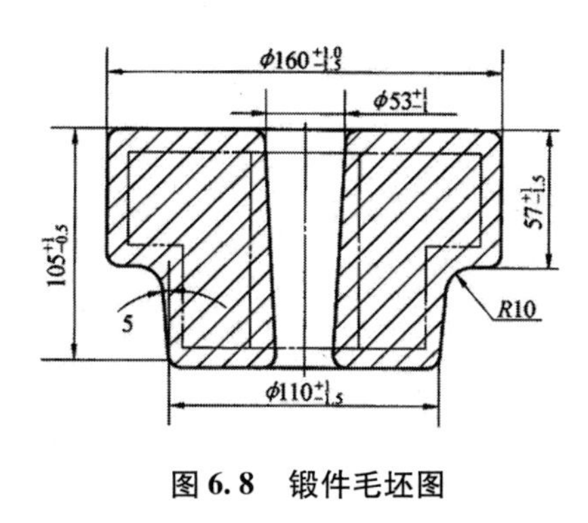

图6.8　锻件毛坯图

6.3　工艺过程设计

在对零件的工艺性进行分析和选定毛坯之后，即可制定机械加工工艺过程，一般可分两步进行。第一步是设计零件从毛坯到成品零件所经过的整个工艺过程，这一步是零件加工的总体方案设计；第二步是拟定各个工序的具体内容，也就是工序设计。这两步内容是紧密联系的，在设计工艺过程时应考虑有关工序设计的问题，在进行工序设计时，又有可能修改已设计的工艺过程。

由于零件的加工质量、生产率、经济性和工人的劳动强度等都与工艺过程有着密切关系，为此，应在进行充分调查研究的基础上，多设想一些方案，经分析比较，最后确定一个最合理的工艺过程。

设计工艺过程时所涉及的问题主要是划分工艺过程的组成、选择定位基准、选择零件表面加工方法、安排加工顺序和组合工序等。

6.3.1　机械加工工艺过程的组成

机械加工工艺过程往往是比较复杂的，在工艺过程中，需要根据被加工零件的结构特点和技术要求在不同的生产条件下采用不同的加工方法及加工设备，并通过一系列加工过程使毛坯成为零件。

零件的机械加工工艺过程由许多工序组合而成。工序是指一个（或一组）工人，在一台机床（或一个工作地）上对同一个（或同时对几个）工件所连续完成的那一部分工艺过程。划分工序的主要依据是工人、工作地、工件是否变动和工作是否连续。只要其中任意一个因素发生变动，就视为不同的工序。因此，对于同一个零件，同样的加工内容可以有不同的工序安排。

例如，加工如图 6.9 所示的阶梯轴，其加工内容包括

（1）加工小端面；

（2）对小端面钻中心孔；

（3）加工大端面；

（4）对大端面钻中心孔；

（5）车大端外圆；

（6）对大端倒角；

（7）车小端外圆；

（8）对小端倒角；

（9）铣键槽；

（10）去毛刺。

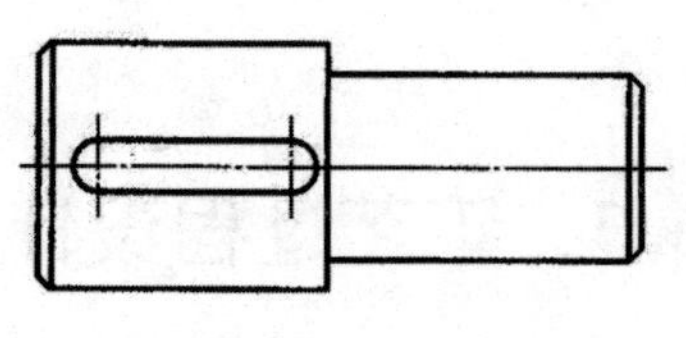

图 6.9　阶梯轴

这些加工内容可安排在 5 道工序中完成，见表 6.3；也可安排在 3 道工序中完成，见表 6.4。当然，也还可以有其他安排。工序安排和工序数目的确定与零件的技术要求、生产规模以及现有工艺条件等有关。

表 6.3　大批大量生产工艺过程

工序号	工序内容	设备
1	铣两端面，打中心孔	专用机床
2	车大端外圆及倒角	车床
3	车小端外圆及倒角	车床
4	铣键槽	铣床
5	去毛刺	钳工台

表 6.4　单件小批生产工艺过程

工序号	工序内容	设备
1	车一端面，打中心孔；掉头，车另一端面，打中心孔	车床
2	车大端外圆及倒角；掉头，车小端外圆及倒角	车床
3	铣键槽、去毛刺	铣床

工序是机械加工工艺过程中的基本单元，也是制订生产计划、组织生产及进行成本核算的基本单元。工序又可分为若干个安装、工位、工步和走刀。

1. 安装

安装是工件经一次装夹（定位和夹紧）后所完成的那一部分工序。

需要注意的是，在同一工序中，安装次数应尽量少，这样一方面可以提高生产效率，另一方面可以减少由于多次安装带来的加工误差。

2. 工位

为了完成一定的工序内容，一次装夹工件后，工件与夹具（或设备）的可动部分一起相对刀具（或设备）的固定部分移动、做位置更换、每更换一个位置所完成的工序称为工位。简而言之，工位是指在一次装夹中，工件在机床上所占的每个位置上所完成的那一部分工艺内容。采用多工位加工，可提高生产率和保证被加工表面的相互位置精度。如图6.10所示，立轴式回转工作台有四个工位，在一次装夹中可同时进行钻孔、扩孔和铰孔的加工。

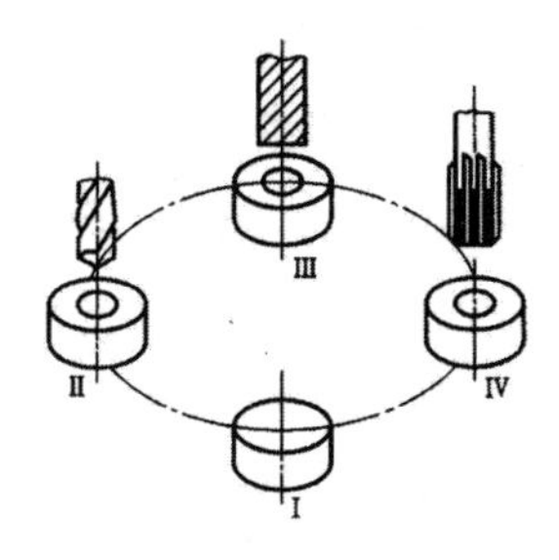

工位Ⅰ—装卸工件；工位Ⅱ—钻孔；工位Ⅲ—扩孔；工位Ⅳ—铰孔。

图6.10 多工位钻孔

3. 工步

工步是指在加工表面、加工刀具及切削用量（不包括背吃刀量）均保持不变的情况下，所连续完成的那一部分工序。其中的任一因素改变后，即构成新的工步。

为了提高生产率，常用复合刀具或几把刀具同时加工几个表面，这样的工步称为复合工步。图6.11（a）所示为用钻头和车刀同时加工内孔和外圆的复合工步；图6.11（b）所示为在龙门刨床上通过多刀刀架将四把刨刀安装在不同高度上进行刨削加工的复合工步。为简化工艺文件，对于那些连续进行的若干个相同的工步，通常都把它们看成一个复合工步。

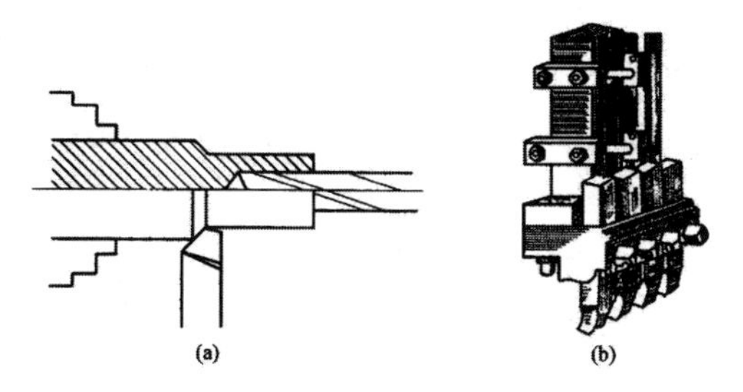

图6.11 复合工步

4. 走刀

如果在一个工步中的加工余量较大，就需要用同一刀具对同一表面进行多次切削。在一个工步中，刀具对工件每切削一次就称为一次走刀（又称行程）。如图6.12所示，将棒料加工成阶梯轴，第二工步车右端外圆分两次行程。此外，螺纹表面的车削和磨削加工也属多次走刀。

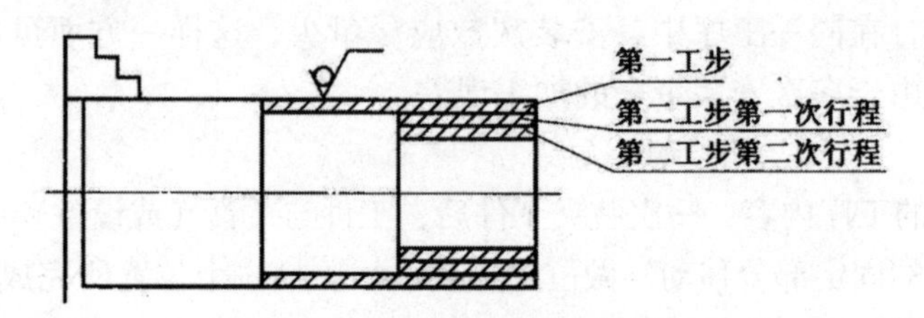

图 6.12 机械加工工艺过程结构图

6.3.2 定位基准的选择

正确地选择定位基准是设计工艺过程的一项重要内容。在制定机械加工工艺规程时，正确选择定位基准对保证零件的加工精度、合理安排加工顺序、分配加工余量以及选择工艺装备等都有着至关重要的影响。选择的定位基准不同，工艺过程也随之而异。

在最初的工序中只能选择未经加工的毛坯表面作为定位基准，这种表面称为粗基准。用加工过的表面作为定位基准则称为精基准。另外，为了满足工艺需要，在工件上专门设计的定位面，称为辅助基准（又称工艺面）。

选择定位基准时，总是先考虑选择怎样的精基准把各个主要表面加工出来，然后再考虑选择怎样的粗基准把作为精基准的表面先加工出来，即先考虑精基准的选择，后考虑粗基准的选择。

1. 粗基准的选择原则

选择粗基准主要考虑如何保证不加工表面与加工表面间的相互位置精度，以及如何保证各重要加工表面都有足够的加工余量。因此，选择粗基准的基本原则如下：

（1）选择重要表面作为粗基准。如果必须首先保证工件某重要表面的余量均匀，则应选择该表面作为粗基准。

例如，床身导轨面不仅精度要求高，而且导轨表面要有均匀的金相组织和较高的耐磨性，这就要求导轨面的加工余量较小而且均匀（因为铸件表面不同深度处的耐磨性相差很多），故首先应以导轨面作为粗基准加工床身的底平面，然后再以床身的底平面为精基准加工导轨面，如图 6.13（a）所示，反之将造成导轨面余量不均匀，如图 6.13（b）所示。

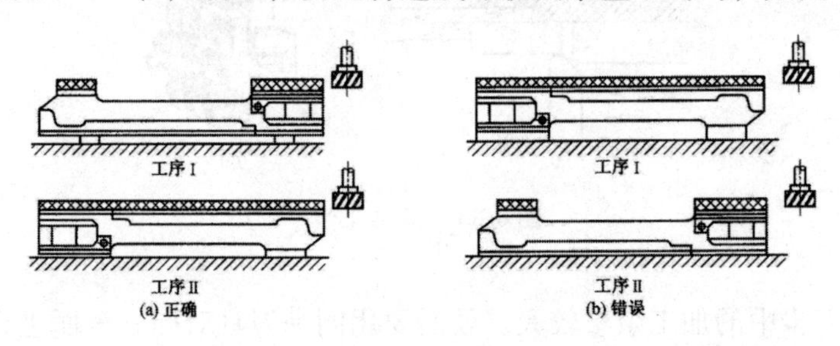

图 6.13 床身加工的粗基准选择

（2）选择不加工表面作为粗基准。如果必须首先保证工件上加工表面与不加工表面之间的位置要求，则应以不加工表面作为粗基准。如图6.14所示的套筒毛坯，在铸造时内孔2与外圆1有偏心。加工内孔2时，如需保证内孔2与外圆1同轴，则应选用无须加工的外圆1作为粗基准（用三爪自定心卡盘夹持外圆1），加工后，内孔2与外圆1就是同轴的，即加工后的壁厚是均匀的，但内孔2的加工余量不均匀。

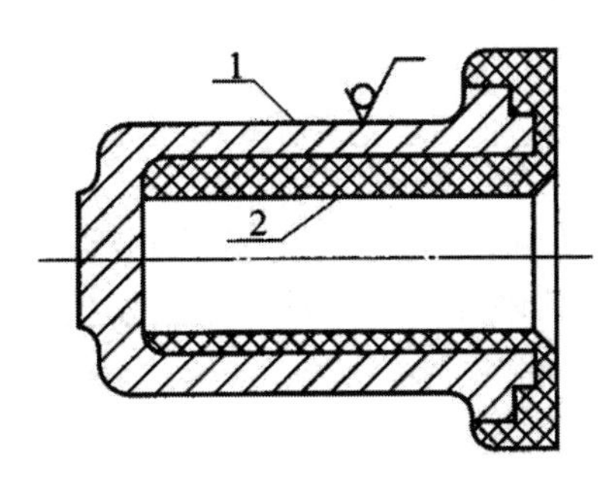

图6.14　套筒加工粗基准的选择

如果在工件上有很多不需要加工的表面，则应以其中与加工表面的位置精度要求较高的表面作为粗基准。如图6.15所示零件，$\varphi22_{0}^{+0.033}$孔要求与φ40外圆同轴，因此，在钻$\varphi22_{0}^{+0.033}$孔时，应选择φ40外圆作为粗基准，利用定心夹紧机构使外圆与所钻孔同轴。

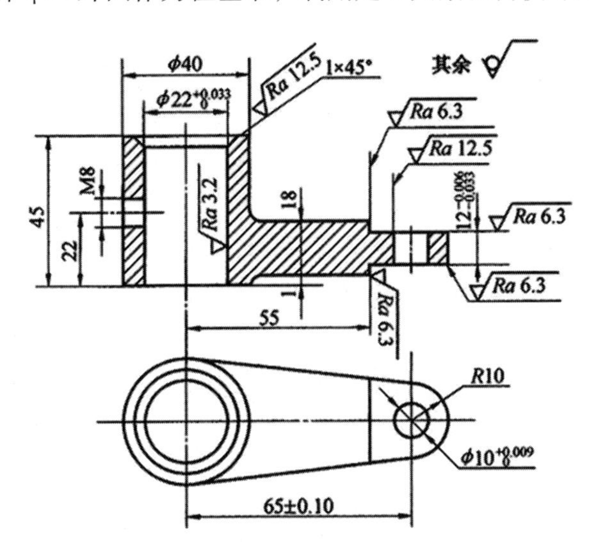

图6.15　不需要加工的表面较多时粗基准的选择

（3）选择加工余量最小的表面作为粗基准。若零件有多个表面需要加工，则应选择其中加工余量最小的表面作为粗基准，以保证零件各加工表面都有足够的加工余量。

例如，图6.16（a）所示零件，如果毛坯件实际尺寸如图6.16（b）所示，应选择其中加工余量最小的φ95圆柱表面作为粗基准；否则，如选用φ68表面作为粗基准，会导致φ95表面加工余量不够，如图6.16（c）所示。

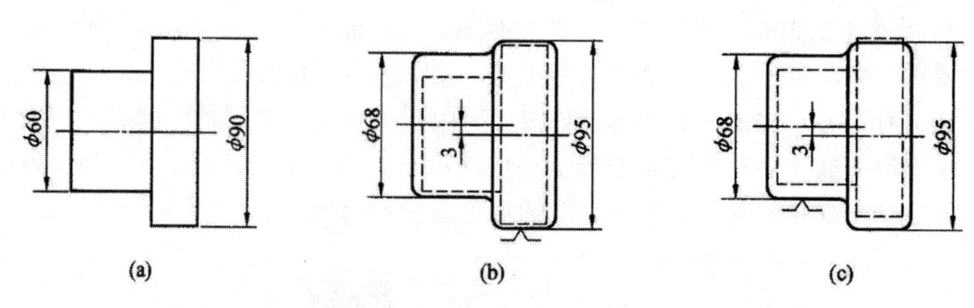

图 6.16　选择不同加工余量表面作为基准时的不同加工结果

（4）选取便于工件安装的表面作为粗基准。作为粗基准的表面应平整、光滑，不允许有锻造飞边，铸造浇、冒口或其他缺陷。这样可使工件定位可靠、装夹方便。

（5）粗基准只能使用一次。用于粗基准的表面是毛坯表面，精度低，表面粗糙，两次装夹时，该表面会产生较大的定位误差，因此粗基准一般不能重复使用。

2. 精基准的选择原则

选择精基准主要考虑如何保证工件的尺寸精度和位置精度，以及如何使得工件装夹方便可靠。选择精基准，应遵循以下原则：

（1）基准重合原则。以设计基准为定位基准，避免基准不重合误差。如果加工的是最终工序，所选择的定位基准应与设计基准重合；如果是中间工序，应尽可能采用工序基准作为定位基准。

（2）基准统一原则。应尽可能选择在加工工件多个表面时都能使用的定位基准作为精基准。这样便于保证各加工面间的相互位置精度，避免基准变换所产生的误差，并简化夹具的设计和制造。

（3）互为基准原则。当两个表面的相互位置精度以及它们自身的尺寸与形状精度要求都很高时，可以采取互为基准的原则，反复多次进行精加工。例如，车床主轴的主轴颈和前端锥孔的同轴度要求很高，常采用互为基准、反复加工的方法。

（4）自为基准原则。有些精加工或光整加工工序要求余量小而均匀，在加工时就应尽量选择加工表面本身作为精基准，即遵循自为基准的原则，而该表面与其他表面之间的位置精度则由先行的工序保证。

（5）精基准的选择应使定位准确，夹紧可靠。为此，精基准的面积与被加工表面相比，应有较大的长度和宽度，以提高其位置精度。

上述粗、精基准选择的各项原则，都是在保证工件加工质量的前提下，从不同角度提出的工艺要求和保证的措施，有时，这些要求和措施会出现相互矛盾的情况。在制定工艺规程时必须结合具体情况进行全面系统的分析，综合考虑，灵活掌握。

6.3.3　工艺路线的拟定

工艺路线的拟定是制定工艺规程中关键的一步。工艺路线合理与否不但影响到零件的加工质量和效率，而且影响工人的劳动强度、设备投资、车间面积、生产成本等问题，因

此必须严谨从事。工艺路线的拟定，目前还没有一套精确的计算方法，主要采用生产实践中总结出的一些原则，结合工厂具体情况灵活应用。设计者一般提出几种方案，通过分析比较，从中选择最佳工艺路线。工艺路线的拟定主要包括加工方法的选择、加工阶段的划分、加工顺序的安排、工序的组合等。

1. 加工方法的选择

任何复杂的表面都是由若干个简单的几何表面组合而成的，零件的加工实质上就是这些简单几何表面加工的组合。因此，在拟定零件加工工艺路线时，首先要确定零件各个表面的加工方法。要达到同样加工质量要求的表面，其加工过程和最终加工方法可以有多个方案，不同的加工方法所达到的加工经济精度和生产率也是不同的。因此，表面加工方法的选择，在保证加工质量的前提下，应同时满足生产率和经济性的要求。

所谓加工经济精度，指在正常的加工条件下（使用符合质量标准的设备、工艺装备和标准技术等级的工人、合理的工时定额）所能达到的加工精度和表面粗糙度。

选择加工方法的具体做法，就是根据被加工表面的加工要求、材料性质等，选择合适的加工方法及加工路线。在具体选择时应综合考虑以下问题：

（1）在选择加工方法时，应选择相应的能获得经济加工精度的加工方法。例如，公差为 IT7 级和表面粗糙度为 $Ra0.4$ 的外圆表面，通过精心车削是可以达到精度要求的，但这不如采用磨削经济。

（2）要考虑工件材料的性质。例如，对淬火钢应采用磨削加工，但对有色金属采用磨削加工就会发生困难，一般采用金刚镗削或高速精细车削加工。

（3）要考虑工件的结构形状和尺寸大小。例如，回转工件可以用车削或磨削等方法加工孔，而箱体上 IT7 级公差的孔，一般就不宜采用车削或磨削，而通常采用镗削或铰削加工，孔径小的宜用铰孔，孔径大或长度较短的孔则宜用镗孔。

（4）要考虑生产率和经济性要求。大批大量生产时，应采用高效率的先进工艺，如平面和孔的加工采用拉削代替普通的铣、刨和镗孔等加工方法；采用同时加工几个表面的组合铣削或磨削等。而在单件小批生产时，则不应盲目地采用高效率的加工方法及专用设备。

（5）要考虑工厂或车间的现有设备情况和技术条件。选择加工方法时应充分利用现有设备，挖掘企业潜力，发挥工人的积极性和创造性。但也应考虑不断改进现有的加工方法和设备，采用新技术和提高工艺水平。

此外，选择加工方法还应考虑一些其他因素，如工件的质量以及加工方法所能达到的表面物理机械性能等。

2. 加工阶段的划分

零件加工时，往往不是依次加工完各个表面，而是将各表面的粗、精加工分开进行。按加工性质和作用的不同，工艺过程可划分为如下几个阶段：

（1）粗加工阶段：主要任务是切去大部分加工余量，为半精加工提供定位基准，因此主要是提高生产率的问题。

（2）半精加工阶段：主要任务是为零件主要表面的精加工做好准备（达到一定的精

度和表面粗糙度，保证一定的精加工余量），并完成一些次要表面的加工（如钻孔、攻螺纹、铣键槽等）。

（3）精加工阶段：主要任务是保证各主要表面达到图样规定的要求，主要问题是如何保证加工质量。

（4）光整加工阶段：主要任务是提高表面本身的尺寸精度和降低表面粗糙度值，不纠正形状和相互位置误差。常用加工方法有金刚镗、研磨、珩磨、镜面磨、抛光等。

当毛坯余量特别大时，在粗加工阶段前可增加荒加工阶段，一般在毛坯车间进行。

划分加工阶段的目的在于：

（1）保证加工质量

粗加工时切削余量大，切削力、切削热、夹紧力也大，毛坯本身具有内应力，加工后内应力将重新分布，工件会产生较大变形。划分加工阶段后，粗加工产生的误差和变形，通过半精加工和精加工予以纠正，并逐步提高零件的精度和表面质量。

（2）合理使用设备

粗加工可采用精度一般、功率大、效率高的设备；精加工则采用精度高的精密机床。这样可充分发挥各类机床的效能，延长机床的使用寿命。

（3）可以使冷热加工结合得更好

划分加工阶段后，可在各阶段之间安排热处理工序。对于精密零件，粗加工后安排去应力时效处理，可减少内应力对精加工的影响；半精加工后安排淬火，不仅容易达到零件的性能要求，而且淬火变形可通过精加工工序予以消除。

（4）及时发现毛坯的缺陷

粗加工时去除了加工表面的大部分余量，当发现有缺陷时可及时报废或修补，避免精加工时的损失。

（5）精加工安排在最后，可防止或减少已加工表面的损伤

零件加工阶段的划分不是绝对的，加工阶段的划分取决于零件的实际加工情况。对于那些刚性好、余量小、加工要求不高或内应力影响不大的工件和有些重型零件的加工，可以不划分加工阶段。但对于精度要求高的重型零件，仍需划分加工阶段，并插入时效、去内应力等处理。

应当指出，工艺过程划分加工阶段是对零件加工的整个过程而言，不能以某一表面的加工和某一工序的加工来判断。例如，有些定位基准面，在半精加工阶段甚至在粗加工阶段就需加工得很准确，而某些钻小孔的粗加工工序，又常常安排在精加工阶段。

3. 加工顺序的安排

零件表面的加工方法确定之后，就要安排加工的先后顺序，同时还要安排热处理、检验等其他工序在工艺过程中的位置。零件加工顺序安排得是否合适，对加工质量、生产率和经济性有较大的影响。

（1）机械加工顺序的安排

零件的机械加工顺序安排不是随意的，通常应遵循以下原则：

①先基面后其他的原则。作为精基准的表面，应在工艺过程一开始就进行加工，为后

续工序中加工其他表面提供定位基准。例如，对于箱体零件，一般是以主要孔为粗基准加工平面，再以平面为精基准加工孔系；对于轴类零件，一般是以外圆为粗基准加工中心孔，再以中心孔为精基准加工外圆、端面等其他表面。

②先主后次的原则。零件的主要表面一般都是加工精度或表面质量要求比较高的表面，如装配基面、工作表面等。它们的加工质量好坏，对整个零件的质量影响很大，其加工工序往往也比较多，因此应先安排主要表面的加工。次要表面（如键槽、紧固用的光孔和螺纹孔等）的加工，适当穿插在主要表面加工中间进行。

③先粗后精的原则。在安排加工顺序时，应先集中安排各表面的粗加工，中间根据需要依次安排半精加工，最后安排精加工和光整加工。对于精度要求较高的工件，为了减小粗加工引起的变形对精加工的影响，通常粗、精加工不应连续进行，而应分阶段进行。

④先面后孔的原则。对于箱体、支架和连杆等工件，由于平面轮廓平整、面积大，应先加工平面，再以平面定位加工孔，这样既能保证加工孔时的定位稳定、可靠，又有利于保证孔与平面间的相互位置精度要求。

（2）热处理工序的安排

在机械制造中，常用的热处理工序有退火、正火、调质、天然稳定化处理或去应力退火、淬火、渗碳、渗氮等。按照热处理的目的，可将热处理分为预备热处理和最终热处理。

①预备热处理

预备热处理的目的，主要是改善材料的切削性能、消除内应力及为最终热处理做好组织准备。常用的预备热处理有以下几种：

正火和退火：在粗加工前通常安排退火或正火处理，以消除毛坯制造时产生的内应力、稳定金属组织和改善金属的切削性能。例如，对低碳和中碳钢，为防止切削时粘刀，应安排正火处理以提高硬度；对高碳钢和合金钢，为降低硬度以利于切削，应安排退火处理；对于铸铁件，为改善切削性能，通常采用退火处理。

调质：调质就是淬火后高温回火。经调质的钢材，可获得较好的综合力学性能。调质可作为表面淬火等的预备热处理，也可作为某些硬度和耐磨性要求不高零件的最终热处理。调质处理通常安排在粗加工之后、半精加工之前进行，这也有利于消除粗加工中产生的内应力。

天然稳定化处理或去应力退火：对于形状复杂的大型铸件，由于不易采用其他方法消除内应力，铸造后可采用天然稳定化处理。对于一些精度要求较高的零件（如机床的床身、箱体等），在粗加工后也要安排去应力退火以消除粗加工时产生的内应力。除铸件外，对于一些刚性较差的高精度零件（如精密丝杠、精密轴承、精密量具等），为消除机械加工中产生的内应力，应在粗加工、半精加工与精加工之间，多次安排去应力退火，以稳定加工精度。

②最终热处理

最终热处理的目的是达到零件要求的力学性能，如一定的硬度、耐磨性等。常用的最终热处理有以下几种：

淬火：淬火可提高零件的硬度和耐磨性。零件淬火后，会出现变形，所以淬火工序应安排在半精加工后、精加工前进行。

渗碳淬火：对于用低碳钢和低碳合金钢制造的零件常用渗碳的方法增加表面含碳量，经渗碳淬火，既可使零件的表面获得较高的硬度，又能使零件的心部保持良好的韧性及塑性。应安排在半精加工和精加工之间进行。

渗氮：渗氮不仅可以提高零件表面的硬度和耐磨性，还可提高疲劳强度和耐腐蚀性。渗氮温度低，变形小。渗氮层很薄且较脆，故需要有强度较高的心部组织，为此，在渗氮前要进行调质处理，安排去应力处理。渗氮处理往往是零件加工工艺路线的最后一道工序，渗氮后的零件不再进行加工或只进行精磨或研磨。

（3）辅助工序的安排

辅助工序包括工件的检验、去毛刺、清洗、去磁和防锈等；

检验是最主要的辅助工序，它对保证产品质量有重要的作用。检验工序应安排在：

①粗加工阶段结束后；

②转换车间的前后，特别是进入热处理工序的前后；

③重要工序之前或加工工时较长的工序前后；

④特种性能检验（如磁力探伤、密封性检验等）之前；

⑤全部加工工序结束之后。

4. 工序组合

在制定工艺的过程中，为便于组织生产、安排计划和均衡机床的负荷，常将工艺过程划分为若干个工序。划分工序时有两个不同的原则，即工序的集中和工序的分散。

按工序集中原则组织工艺过程，就是使每个工序所包括的加工内容尽量多些，将许多加工内容组成一个集中工序。最大限度的工序集中，就是在一个工序内完成工件所有表面的加工。

按工序分散原则组织工艺过程，就是使每个工序所包括的加工内容尽量少些。最大限度地分散工序，就是每个工序只包括一个简单工步。

工序集中的特点如下：

（1）采用高效率的专用设备和工艺装备，生产效率高；

（2）减少了装夹次数，易于保证各表面间的相互位置精度，还能缩短辅助时间；

（3）工序数目少，机床数量、操作工人数量可减少，生产面积可减小，节省人力、物力，还可简化生产计划和组织工作；

（4）工序集中通常需要采用专用设备和工艺装备，使得投资大，设备和工艺装备的调整、维修较为困难，生产准备工作量大，转换新产品较麻烦。

工艺分散的特点如下：

（1）设备和工艺装备简单、调整方便，工人便于掌握，容易适应产品的变换；

（2）可以采用最合理的切削用量，减少基本时间；

（3）对操作工人的技术水平要求较低；

（4）设备和工艺装备数量多，操作工人多，生产占地面积大。

工序集中与分散各有特点，拟定工艺路线时，应根据产品的生产类型、现有的生产条件、零件的结构特点和技术要求合理选用。一般来说，主要应根据生产类型来决定，例如，单件小批生产时，不宜采用较多的设备，采用工序集中原则较为合理，以便简化生产组织工作；大批大量生产既可采用多刀、多轴等高效专用机床将工序集中，也可将工序分散后组织流水作业生产；成批生产应尽可能采用高效率机床，如数控车床、转塔车床、多刀半自动车床等，使工序适当集中。工序集中和分散，除取决于生产类型外，还应综合考虑生产条件、工件结构特点和技术要求等因素，例如对于重型零件，为了减少装卸、运输的工作量，工序应适当集中；而对于刚性较差且精度高的精密工件，则工序应适当分散。

目前，国内外迅速发展的生产过程自动化，使工序集中成为现代生产发展的主要方向之一。

6.4　工序设计

零件的工艺过程设计好以后，就应进行工序设计。工序设计的内容是为每一工序选择机床和工艺装备，确定加工余量、工序尺寸和公差，确定切削用量、工时定额及工人技术等级等。

6.4.1　机床和工艺装备的选择

1. 机床的选择

在制定工艺规程时，当工件上加工表面的加工方法确定以后，机床的种类就基本上确定了。但是，每一类机床都有不同的形式，它们的工艺范围、规格尺寸、加工精度、生产率等都各不相同。为了正确选用机床，除应对机床的技术性能进行充分了解外，通常还要考虑以下几点：

（1）机床的主要规格尺寸应与被加工零件的外廓尺寸相适应；

（2）机床的加工精度应与工序要求的加工精度相适应；

（3）机床的生产率应与被加工零件的生产类型相适应；

（4）机床的选择应充分考虑工厂现有的设备情况。

2. 工艺装备的选择

工艺装备包括夹具、刀具和量具，其选择原则如下：

（1）夹具的选择。对于单件小批量生产，应尽量选用通用夹具，如卡盘、虎钳和回转台等；如果条件具备，为提高生产率，可积极推广使用组合夹具。对于大批量生产，应选择生产率和自动化程度高的专用夹具。对于多品种、中小批量生产，可选用可调夹具或成组夹具。夹具的选择要注意其精度应与工件的加工精度要求相适应。

（2）刀具的选择。对于单件小批量生产，为了降低加工成本，一般应优先选用标准刀具，常用的标准刀具有各种车刀、钻头、丝锥和铰刀、铣刀、镗刀、滚刀等。对于批量生产和大量生产，为了提高生产率应优先考虑使用高效率的复合刀具和专用刀具。刀具的类型、规格及精度应与工件的加工要求相适应。

（3）量具的选择。量具主要是根据生产类型和要求检验的精度来选择。对于单件小批量生产，应采用通用量具，如游标卡尺、千分尺等。对于大批量生产，应尽量选择效率较高的专用量具，如各种极限量规、专用检验夹具和测量仪器等。量具的选择要注意其精度应与工件的加工精度要求相适应。

6.4.2 加工余量的确定

1. 加工余量的概念

加工余量指在加工过程中，从被加工表面上切除的金属层厚度。加工余量分工序余量和加工总余量两种。

（1）工序余量。相邻两工序的工序尺寸之差称为工序余量，用 Z_b 表示。

（2）加工总余量。毛坯尺寸与零件图的设计尺寸之差称为加工总余量（又称毛坯余量），其值等于各工序的工序余量总和，用 $Z_{总}$ 表示。

2. 影响加工余量的因素

加工余量的大小，对零件的加工质量和生产率以及经济性均有较大的影响。余量过大，将增加材料、动力、刀具和劳动量的消耗，并使切削力增大而引起工件的较大变形。反之，则不能保证零件的加工质量。

加工余量的大小一般取决于下述几项因素：

（1）上道工序加工后的表面粗糙度和表面缺陷层深度，应在本工序去除。

（2）上道工序的尺寸公差，应计入本工序的加工余量。在加工表面上存在的各种形状误差，如圆度、圆柱度等，一般包含在尺寸公差之内，所以仅计入即可。

（3）上道工序的位置误差，如弯曲、位移、偏心、偏斜、不平行、不垂直等，这些误差必须在本工序中被修正。当同时存在两种以上的空间偏差时，可用向量和表示。

（4）本工序加工时工件的装夹误差，即定位和夹紧误差的大小。它也是一个向量，以 b 表示。它的存在也要求以一定的余量给予补偿。

如果上面各因素的数值较大，则应留有较大的余量，以便能消除这些误差的影响，以获得一个完整的新的加工表面。否则，余量可以选小一些。

3. 确定加工余量的方法

确定加工余量的基本原则，是在保证加工质量的前提下，尽量减少加工余量。在实际工作中，确定加工余量的方法有以下三种：

（1）经验估计法。此法是根据工艺人员的经验确定加工余量的。但这一方法要求工艺人员有多年的经验积累，而且确定不够准确。为确保余量足够，一般估计值总是偏大。这种方法常用于单件、小批生产。

（2）查表修正法。这是根据有关手册提供的加工余量数据，并结合实际情况进行适当

修正来确定加工余量的方法。这一方法应用较广泛。

（3）分析计算法。这是根据理论公式和一定的试验资料，对影响加工余量的各项因素进行分析、计算来确定加工余量的方法。这种方法较合理，但需要全面可靠的试验资料，计算也较复杂。

6.4.3　工序尺寸及其公差的确定

工件上的设计尺寸一般都要经过几道工序的加工才能得到，每道工序所应保证的尺寸称为工序尺寸。在零件的机械加工工艺过程中，各工序的工序尺寸在不断地变化，其中，一些工序尺寸在零件图上往往不标出或不存在，需要在制定工艺过程时予以确定。确定每道工序的工序尺寸及公差是编制工艺规程的一项重要工作。

6.4.4　切削用量的确定

切削用量是机械加工的重要参数，切削用量数值因加工阶段不同而不同。选择切削用量，应主要从保证工件加工表面的质量、提高生产率、维持刀具耐用度以及机床功率限制等因素来综合考虑。

1. 粗加工切削用量的选择

粗加工毛坯余量大，而且可能不均匀。粗加工切削用量的选择一般以提高生产率为主，但也应考虑加工经济性和加工成本。粗加工阶段工件的精度与表面粗糙度可以要求不高，在保证必要的刀具耐用度的前提下，可适当加大切削用量。

通常，生产率用单位时间内的金属切除率 Z_ω 表示，则 Z_ω 为 $1000vfa_p$。可见，提高切削速度、增大进给量和背吃刀量都能提高切削加工生产率。其中，切削速度对刀具耐用度影响最大，背吃刀量对刀具耐用度影响最小。在选择粗加工切削用量时，应首先选用尽可能大的背吃刀量；其次选用较大的进给量；最后根据合理的刀具耐用度，用计算法或查表法确定合适的切削速度。

（1）背吃刀量的选择。粗加工时，背吃刀量由工件加工余量和工艺系统的刚度决定。在预留后续工序加工余量的前提下，应将粗加工余量尽可能快速切除掉；若总余量太大，可分几次走刀。

（2）进给量的选择。限制进给量的主要因素是切削力。在工艺系统的刚性和强度良好的情况下，可用较大的进给量值。进给量的选择可以采用查表法，参阅机械加工工艺手册，根据工件材料和尺寸大小、刀杆尺寸和初选的背吃刀量选取。

（3）切削速度的选择。切削速度主要受刀具耐用度的限制。在背吃刀量及进给量选定后，切削速度可按金属切除率公式计算得到。背吃刀量、进给量和切削速度三者决定切削功率，确定切削速度时应考虑机床的许用功率。

2. 精加工时切削用量的选择

半精加工和精加工时，加工余量小而均匀。切削用量的选用原则是在保证工件加工质量的前提下，兼顾切削效率、加工经济性和加工成本。

一般地，背吃刀量、进给量及切削速度的确定需要考虑如下因素：

（1）背吃刀量的选择。背吃刀量的选择由粗加工后留下的余量决定，一般背吃刀量不能太大，否则会影响加工质量。

（2）进给量的选择。限制进给量的主要因素是表面粗糙度。进给量应根据加工件表面的粗糙度要求、刀尖圆弧半径、工件材料、主偏角及副偏角等选取。

（3）切削速度的选择。切削速度的选择主要考虑表面粗糙度要求和工件的材料种类。当表面粗糙度要求较高时，需要选择较高的切削速度。

上述切削用量参数亦可依据相关手册或经验确定。

6.4.5 时间定额的确定

时间定额是在一定生产条件下，规定生产一件产品或完成一道工序所消耗的时间。时间定额是企业经济核算和计算产品成本的依据，也是新建、扩建工厂（或车间）决定人员和设备数量的计算依据。合理确定时间定额能提高劳动生产率和企业管理水平，获得更好的经济效益。时间定额不能定得过高或过低，应具有平均先进水平。

6.5 工艺方案的技术经济分析及提高生产率的途径

6.5.1 工艺方案的技术经济分析

在制定某一零件的机械加工工艺规程时，一般可以拟订出几种不同的加工方案，其中，有些方案具有很高的生产率，但机械设备（主要指机床、机械加工流水线等）和工艺装备（主要指夹具、刀具和量具等）方面的投资却很大；相反，另一些方案则在机械设备和工艺装备方面的投资较小，但生产率却很低。因此，在确定具体的工艺方案之前，有必要对其做技术经济分析。工艺方案的技术经济分析是通过比较不同工艺方案的生产成本、生产率等，选出较经济、较合理且生产率较高的工艺方案。

1. 生产成本和工艺成本

生产成本是指制造一个零件或一件产品必需的一切费用的总和。生产成本包括两大类费用。

（1）工艺成本。工艺成本是在零件生产过程中与工艺过程直接有关的费用，它占生产成本的 70% ~75% 。工艺成本与生产零件的类型、生产零件的方式直接相关。

工艺成本由以下两部分组成：

①可变费用。可变费用是与零件（或产品）年产量有关且与之成正比的费用。它包括

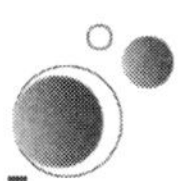

材料费或毛坯费，操作工人的工资和奖金，机床的使用与维护费，以及通用机床、通用夹具及刀具的折旧费。

②不变费用。不变费用是与零件（或产品）年产量无关或关系很小的费用。它指专用机床、专用夹具及刀具的折旧和维护费用。由于专用机床、专用夹具及刀具是专为批量加工某零件所设计的，其设备制造或购置费与零件（或产品）的年产量无直接关系，即当年产量在一定范围内变化时，这类费用基本上保持不变。

（2）非工艺成本。非工艺成本是零件生产过程中与工艺过程不直接相关的费用，如行政人员工资、厂房拆旧、照明取暖等。它占生产成本的25%～30%。非工艺成本与生产零件的类型、生产零件的方式无明显的直接关系，其费用基本上是不变的。

2. 工艺成本与年产量的关系

零件全年的工艺成本 E 和单件的工艺成本 E_d 可按下式计算，即

$$E = VN+C$$

$$E_d = E/N = V+C/V$$

式中，V 为可变工艺费用；C 为不变工艺费用；N 为零件的生产纲领或年产量。

6.5.2 提高劳动生产率的工艺途径

劳动生产率指工人在单位时间内所生产合格产品的数量。不断提高劳动生产率是降低成本、增加积累和扩大再生产的根本途径。劳动生产率是一项技术经济指标，应在保证产品质量的条件下提高劳动生产率。

提高劳动生产率的措施有很多，涉及产品设计、制造工艺、组织管理等多个方面。此处仅就提高劳动生产率的工艺措施方面做简要介绍。

1. 缩减时间定额的工艺途径

（1）缩减基本时间。增加切削用量、缩短工作行程长度和采用多件同时加工，均可缩减切削时间（基本时间）。

①增加切削用量。增加切削用量要求加快切削速度、增大进给量和背吃刀量，背吃刀量和进给量的增加主要受到机床和夹具刚度的制约，切削速度的加快主要受到刀具寿命的制约。但是，近年来出现的新机床（如数控机床）的刚度已有很大提高，新型刀具材料也大量涌现，从而可使用较大的背吃刀量和切削速度。目前，硬质合金刀具的切削速度可达100～300 m/min，聚晶金刚石和立方氮化硼刀具的切削速度更快。

磨削加工发展的趋势是高速磨削和强力磨削。目前，高速磨削磨床和砂轮的磨削速度已达60 m/s，强力磨削的背吃刀量可达6～12 mm。

②缩短工作行程长度。采用多刀加工可成倍地缩短工作行程长度，从而可大大缩减切削时间（基本时间）。

③多件同时加工。选用或设计合适的专用夹具可实现多件同时加工，这种方法将多个工件的切削时间、刀具切入和切出时间等交叉重叠，从而缩减了单件切削时间（基本时间）。

（2）缩减辅助时间。辅助时间包括工件的装卸时间、改变切削用量时间、试切和测量时间、引进刀具和退出刀具时间等。它在单件时间中占有较大的比例，采取适当的工艺措施缩减辅助时间是提高劳动生产率的主要途径。缩减辅助时间有以下几种方法：

①采用专用夹具。在大批量生产中采用专用夹具安装工件，工件在夹具中不用找正，夹紧使用高效的气动、液动装置，这样可缩短装卸工件的时间。单件小批量生产中，受专用夹具制造成本的限制，可采用组合夹具及可调夹具。

②采用多工位加工。在大批量生产中，采用多工位的连续加工方式，可使工件的装卸时间与切削时间（基本时间）重合，从而等效于缩减辅助时间。

③采用在线测量。为缩减加工中停机测量的辅助时间，可采用主动测量装置和数显装置在加工过程中实时测量并显示。主动测量装置能在加工过程中自动测量工件的实际尺寸。目前在各类自动化机床上已广泛使用光栅或感应同步器等检测装置，使工人能在加工过程中看出工件尺寸的变化情况，从而大大缩减了停机测量辅助时间。

④采用自动装卸工件装置。全自动机床有自动上下料装置、自动引进刀具和退出刀具等装置。利用这些机械自动化装置代替手工操作，不但可减轻工人劳动强度，而且可缩短加工辅助时间，进而提高劳动生产率。

（3）缩减布置工作地的时间。布置工作地的时间主要为更换刀具的时间。缩减布置工作地的时间要求减少换刀次数及每次换刀时间。要达到这一目的，可使用寿命较长的刀具和砂轮，采用专用对刀装置和自动换刀装置等。

（4）缩减准备与终结时间。缩减准备与终结时间的方法：

①扩大零件的生产批量。对于一批零件，准备与终结时间仅需一次，相同零件的生产批量越大，分摊到单个零件上的准备与终结时间就越少。

②减少调整机床和夹具的时间。可使用易于调整的机床，使用易于调整的夹具，使用可换刀架和刀夹等。

2. 其他提高劳动生产率的途径

（1）采用新工艺和新方法。采用精度较高、表面粗糙度值较低的毛坯制造方法，如精密铸造、模锻成形等。适当采用无或少金属切削工艺，如冷挤、滚压等。充分利用特种加工方法，如电火花成形加工和电火花线切割加工等，采用生产率较高的切削方法，如以铣代刨、以拉代铣、以精磨或精镗代刮研等。

（2）提高机械加工的自动化程度。在大批量生产中，可使用全自动或半自动专用机床、自动生产流水线等。在中批量生产中，可使用数控机床和柔性制造系统等。

思考练习题

1. 什么是机械加工工艺过程？什么是机械加工工艺规程？工艺规程在生产中起什么作用？

2. 试述工序、工步、走刀、安装和工位的概念。

3. 拟定机械加工工艺规程的原则和步骤有哪些?

4. 生产类型有哪几种?不同生产类型对零件的工艺过程有哪些主要影响?

5. 某塑料挤出机械厂年产某种规格塑料挤出机360台，其中，螺杆筒每台1件，备品率为10%，废品率为2%。试计算该螺杆筒的年生产纲领，并说明它属于哪一种生产类型，其工艺过程有何特点。

6. 常用的工艺文件有哪几种?各适用于什么场合?

第 7 章　机械加工质量及其控制

7.1　机械加工精度

7.1.1　机械加工精度的概念

机械加工精度是指零件加工后的实际几何参数（尺寸、形状和位置）与理想几何参数之间的符合程度。加工时，由于各种误差因素的存在，实际零件不可能做得绝对准确，总会有一些偏差，零件的实际几何参数与理想几何参数之间的偏差值，称为加工误差。加工误差越小，符合程度越高，加工精度就越高。加工精度与加工误差是一个问题的两种提法，加工精度的高低反映了加工误差的大小。加工精度有尺寸精度、形状精度和位置精度三个方面。尺寸精度，限制加工表面与其基准间的尺寸误差，使其不超过一定的范围。形状精度，限制加工表面的宏观几何形状误差，如圆度、圆柱度、直线度和平面度等。位置精度，限制加工表面与其基准间的相互位置误差，如平行度、垂直度和同轴度等。

7.1.2　机械加工精度的影响因素

在机械加工过程中，刀具、工件、机床和夹具构成完整的系统，称为工艺系统。由于工艺系统本身的结构和状态、操作过程以及加工中的物理现象而产生的误差，称为原始误差。一部分原始误差与工艺系统的初始状态有关，包括加工原理误差、机床几何误差、刀具制造误差、夹具制造误差、工件的安装误差、工艺系统调整误差等；一部分原始误差与切削过程有关，包括加工过程中力效应引起的变形、热效应引起的变形、工件残余应力引起的变形、刀具磨损引起的加工误差、测量引起的加工误差等。这两部分误差又受环境条件、操作者技术水平等因素的影响。为便于分析，把原始误差对加工精度影响最大的方向称为误差敏感方向。工艺系统的原始误差主要包括以下几个方面：

（1）加工原理误差

加工原理误差是由于采用了近似的成形运动或近似的刀刃轮廓进行加工而产生的误

差。采用原理误差方法加工，简化了成形运动或简化了刀具廓形，降低了制造成本，只要把加工误差控制在允许的范围内即可。生产中有很多原理误差的实例，如用模数铣刀铣齿轮车削模数螺纹（公制蜗杆），用阿基米德基本蜗杆式滚刀代替渐开线基本蜗杆滚刀滚切渐开线齿轮等。

（2）机床几何误差

零件的加工精度主要受机床的成形运动精度的影响，它主要取决于机床本身的制造、安装和磨损三方面的因素，其中，对加工误差影响较大的主要有主轴回转误差、导轨导向误差以及传动链误差。

①主轴回转误差。主轴回转误差指主轴的实际回转轴线相对其理想同转轴线（实际回转轴线的对称中心）在规定测量平面内的变动量。变动量越小，主轴的回转精度越高；反之，主轴的回转精度越低。主轴的回转误差可分解为径向圆跳动、轴向跳动和角度摆动三种基本形式，如图7.1所示。

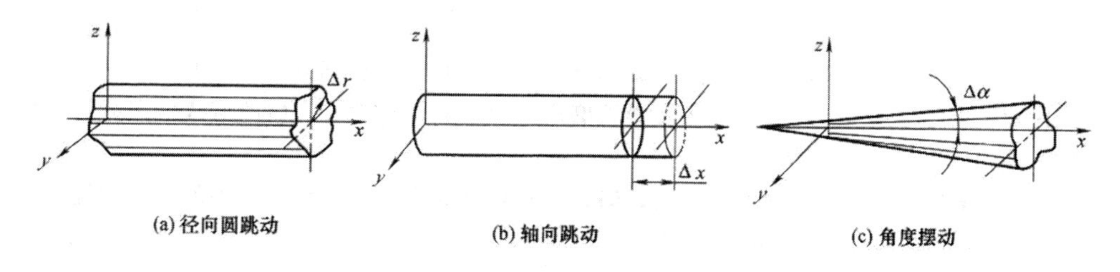

图7.1　主轴回转误差的基本形式

径向圆跳动——主轴上任意瞬时同转轴线平行于平均回转轴线方向的径向运动。在车削柱形零件时，工件回转，其瞬时回转中心和刀尖之间的径向运动，使刀尖离开或靠近工件，引起背吃刀量变化，这一误差直接传递到工件上，就造成零件表面的圆度误差。

轴向跳动——主轴上任意瞬时回转轴线沿平均回转轴线方向的轴向运动。它对车削工件的内、外圆没影响，但会影响加工端面与内、外圆的垂直度误差，加工螺纹时，会产生螺距周期性误差。

角度摆动——主轴上任意瞬时回转轴线与平均回转轴线成一倾斜角度。它影响圆柱面和端面的加工精度。

在主轴回转运动的过程中，上述三种基本形式往往同时存在，并以一种综合结果体现，即由几种运动形成的合成运动，统称为主轴“漂移”。

造成主轴回转误差的主要因素有主轴支承轴颈的误差、轴承的误差、轴承的间隙、与轴承配合零件的误差及热变形、箱体支承孔的误差及主轴刚度和热变形等。随着精密加工技术的发展，对机床主轴旋转精度的要求必然更高。因此，研究主轴旋转中心稳定性对加工精度的影响，对于改进机床主轴结构和改进工艺方法、提高加工精度是很重要的。

②导轨导向误差。导轨导向误差是指机床导轨副的运动件实际运动方向与理论运动方向的偏离程度。直线导轨的导向误差一般包括水平面内的直线度误差、垂直面内的直线度误差、前后导轨的平行度误差（扭曲）等，如图7.2所示。下面以卧式车床加工外圆柱面为例，分析机床导轨误差对加工误差的影响。

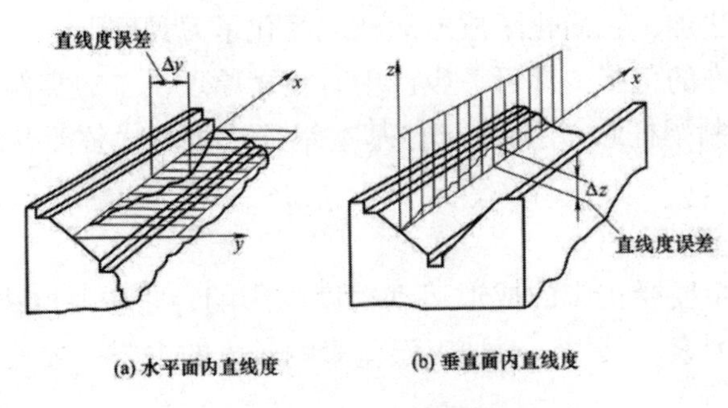

图 7.2　导轨直线度误差

卧式车床的误差敏感方向在水平面，所以机床导轨水平面内的直线度对加工精度的影响极大。当导轨在水平面内的直线度（弯曲）为 Δy 时，则零件尺寸误差 $\Delta R=\Delta y$，如图 7.3 所示。车床导轨在水平面内的直线度误差使纵向进给中刀具路径与工件轴线不平行：当导轨向后凸出时，工件产生鞍形误差，当导轨向前凸出时，工件产生鼓形误差。

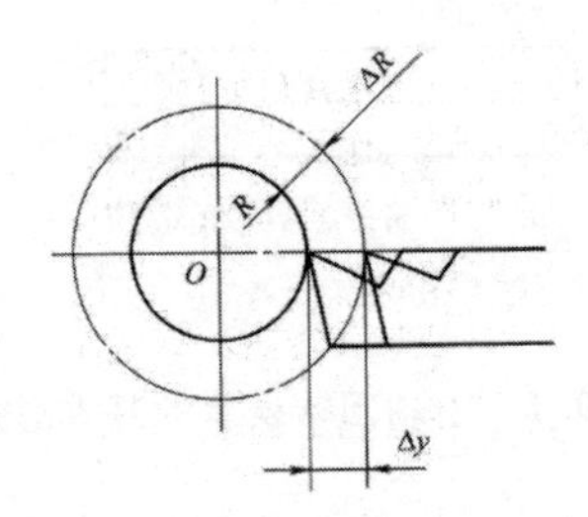

图 7.3　导轨在水平面内的直线度误差对车削圆柱面精度的影响

垂直面内的直线度误差对于卧式车床车外圆而言是非误差敏感方向的误差，影响较小，可以忽略不计。但对于龙门刨床、龙门铣床及导轨磨床来说，导轨在垂直面内的直线度误差将直接反映到工件上。

当前后导轨存在平行度误差（扭曲）时，刀架运动时会产生摆动，刀尖的运动轨迹是一条空间曲线，使工件产生形状误差。

以上分析说明了机床导轨的制造误差对工件加工精度的影响。机床在使用中，由于磨损或安装不正确，同样会产生上述误差。为减小机床导轨误差对工件加工精度的影响，采取必要措施保持机床原始精度是很必要的。例如合理选用导轨材料、提高导轨表面硬度、改善摩擦条件等。

③传动链误差。传动链误差是指机床内联系的传动链中两端传动元件间相对运动的误差，它是螺纹、齿轮、蜗轮及其他按展成原理加工时，影响加工精度的主要因素。

提高传动链精度的措施如下：缩短传动链长度；提高末端元件的制造精度与安装精度；提高传动元件的装配精度；降速传动；采用校正装置对传动误差进行补偿。

（3）刀具误差

刀具误差包括制造误差和加工过程中的磨损。刀具对加工精度的影响，随刀具的种类不同而不同：采用定尺寸刀具（如钻头、铰刀、键槽铣刀、镗刀块及圆托刀等）加工时，

刀具的尺寸精度直接影响工件的尺寸精度；采用成形刀具（如成形车刀、成形铣刀、成形砂轮等）加工时，刀具的形状误差、安装误差将直接影响工件的形状精度；采用齿轮滚刀、花键滚刀、插齿刀等刀具展成加工时，刀具切削刃的几何形状及有关尺寸也会直接影响加工精度，对于车刀、铣刀、镗刀等一般刀具，其制造精度对加工精度无直接影响，但刀具磨损后，也会影响工件的尺寸精度及形状精度。

（4）夹具误差

夹具误差是指夹具上定位元件、导向元件、对刀元件、分度机构、夹具体等的加工误差。对于因夹具制造精度引起的加工误差，在设计夹具时，应根据工件公差的要求，予以分析和计算。一般地，精加工用夹具取工件公差的1/2～1/3，粗加工夹具则一般取工件公差的1/3～1/5。

（5）工艺系统的调整误差

调整是指使刀具切削刃与工件定位基准间在从切削开始到切削终了都保持正确的相对位置，它主要包括机床调整、夹具调整和刀具调整。在机械加工中，工艺系统总要进行一定调整，例如镗床夹具安装时就需要用指示表找正夹具安装面；更换刀具后应进行新刀具位置调整。由于调整不可能绝对准确，由此产生的误差，称为调整误差。

引起调整误差的因素主要有测量误差、进给机构的位移误差等。

（6）工艺系统受力变形对加工精度的影响

切削加工时，工艺系统在切削力、传动力、惯性力、夹紧力及重力等作用下，将产生相应的变形。这种变形将破坏刀具和工件在静态下调整好的相互位置，并使切削成形运动所需要的正确几何关系发生变化，从而造成加工误差。变形大小除受力能影响外，还受系统刚度的影响。

①切削力的影响。如图7.4（a）所示，在车削细长轴时，工件在切削力的作用下会发生变形，使加工出的轴出现中间粗两头细的情况；如图7.4（b）所示，在内圆磨床上采用径向进给磨孔时，由于内圆磨头主轴弯曲变形，磨出的孔会出现锥形圆柱度误差，从而影响工件的加工精度。

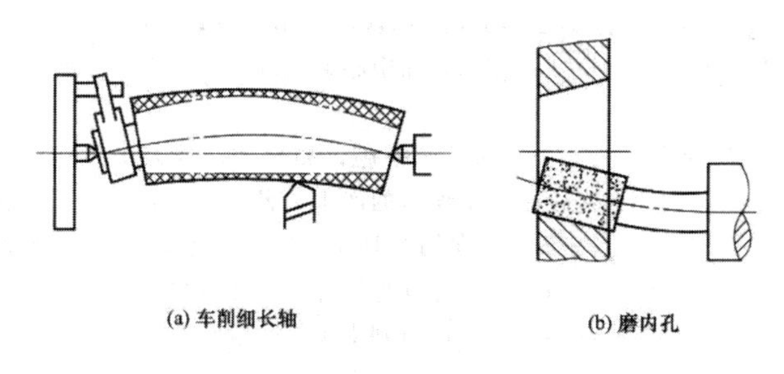

图7.4 切削力对加工精度的影响

②夹紧力的影响。如图7.5（a）所示，在车床上加工薄壁套的内孔，由于夹紧力的作用，工件产生变形，加工后释放夹紧力，卸下工件，其内孔产生加工误差。因此，在加工易变形的薄壁工件时，应使夹紧力在工件圆周上均匀分布，或加弹性开口环，如图7.5（b）所示；或采用软爪，如图7.5（c）所示。

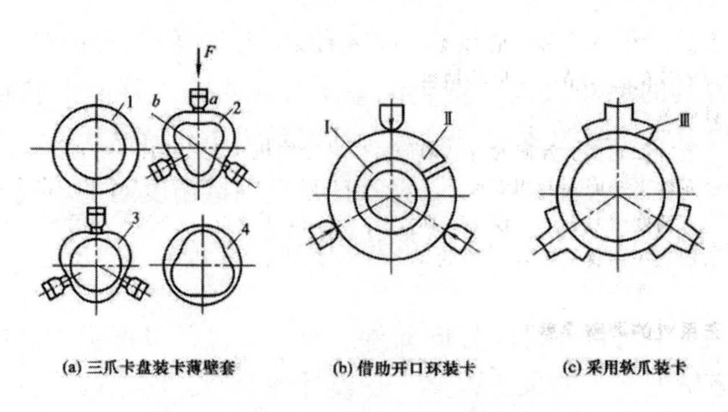

(a) 三爪卡盘装卡薄壁套　(b) 借助开口环装卡　(c) 采用软爪装卡

图 7.5　夹紧力对加工精度的影响分析

③切削力变化的影响——复映误差。切削加工中，毛坯本身的误差（形状或位置误差）使实际背吃刀量不均匀，引起切削力的变化，使工艺系统产生相应的变形，从而使工件上保留了与毛坯类似的形状和位置误差，这一现象称为“误差复映”，其所引起的误差，称为“复映误差”，如图 7.6 所示，图中 a_{p1}、a_{p2} 为背吃刀量，y_1、y_2 为受力变形。误差复映程度的大小，主要受系统刚度的影响。增加系统刚度或增加走刀次数，可减小误差复映对加工精度的影响。

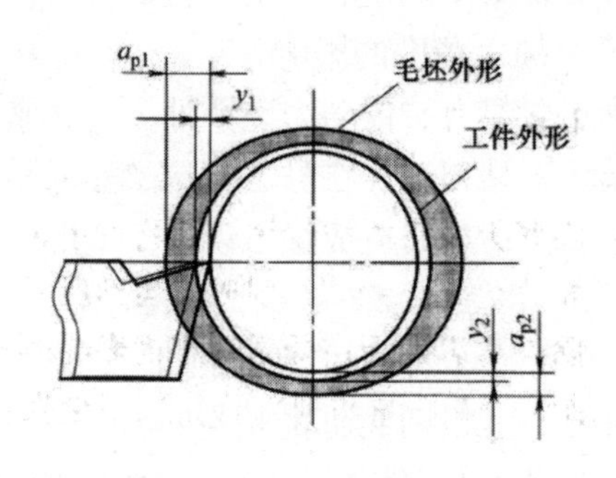

图 7.6　误差复映现象

④其他力的影响。除上述分析的切削力及夹紧力外，误差还受到传动力、惯性力及残余应力等的影响。理论上，传动力不会使工件产生圆度误差，但周期性的传动力易引起强迫振动，影响表面质量。残余应力影响工件的尺寸及形状稳定性。

减小工艺系统的受力变形是在加工中保证产品质量和提高生产率的主要途径之一，根据实际情况，可采取以下几方面的措施：

a. 提高工艺系统刚度。例如，合理设计零部件结构和截面形状，注意零件刚度的匹配，防止局部薄弱环节出现；提高零件接合表面的接触质量，给机床部件预加载荷；采用辅助支承，如中心架、跟刀架、镗杆支承等；采用合理装夹和加工方式等。

b. 减小载荷及其变化。采取适当的工艺措施，如合理选择刀具几何参数和切削用量，以减少切削力及其引起的变形，减少加工误差的产生，另外提高毛坯质量，减少复映误差。

c. 提高工件刚度，减小受力变形。在切削加工中，由于工件本身的刚度较低，特别是

叉架类、细长轴等结构零件，容易变形。在这种情况下，提高工件的刚度是提高加工精度的关键。其主要措施是缩短切削力的作用点到支承之间的距离，以提高工件在切削时的刚度。如车削细长轴时采用中心架或跟刀架增加支承。

d. 合理装夹工件，减小夹紧变形。加工薄壁零件时，由于工件刚度低，所以，解决夹紧变形的影响是关键问题之一。

（7）工艺系统的热变形对加工精度的影响

在机械加工过程中，工艺系统受到各种热的影响而产生变形，从而破坏刀具与工件之间的正确几何关系和运动关系，影响工件的加工精度。

工艺系统热源可分为内部热源和外部热源。内部热源主要指切削热和摩擦热（机械零件运动副之间的摩擦及刀具、工件与切屑之间的摩擦）。外部热源主要指工艺系统外部的环境温度和各种辐射热（包括阳光、照明、暖气设备等发出的辐射热）。工艺系统的热源会引起系统局部温升和变形，破坏系统原有的几何精度，严重影响加工精度。

精密加工和大件加工中，热变形引起的加工误差占工件总加工误差的40%～70%，高精、高效、自动化加工时的热变形问题更加严重，必须引起足够重视。

减小工艺系统热变形对加工精度影响的措施如下：

a. 减少热源发热并隔离热源。例如，减少切削热和摩擦热，使粗、精加工分开；尽量分离热源，对不能分离的摩擦热源，改善其摩擦特性，减少发热；充分冷却和强制冷却；采用隔热材料将发热部件和机床大件隔离开来。

b. 均衡温度场。减小机床各部分温差，保持温度稳定，以便于找出热变形产生加工误差的规律，从而采取相应措施给予补偿。

c. 采用合理机床结构及装配方案。采用热对称结构，即变速箱中将轴、轴承、齿轮等对称布置，可使箱壁温升均匀，箱体变形减少；采用热补偿结构，以避免不均匀的热变形产生；合理选择装配基准，使受热伸长有效部分缩短。

d. 加速达到热平衡，方法有高速空运转和人为加热等。

e. 控制环境温度，恒温室平均温度一般为（20±1）℃。

7.1.3　提高机械加工精度的工艺措施

提高加工精度的方法大致可概括为以下几种：减少误差法、误差补偿法、误差分组法、误差转移法、就地加工法及误差平均法等。

1. 减少误差法

该方法是在查明产生加工误差的主要原因后，设法消除或减少误差。如车削细长轴时，因工件刚度较差，加工后出现中间粗两端细的腰鼓形形状误差，如图7.7（a）所示。现采用如图7.7（b）所示工艺措施：一是加装跟刀架以增加系统刚度；二是采用大进给量和93°大主偏角车刀，增大轴向切削分力，使径向分力稍向外指，使工件的弯曲相互抵消；三是采用反向进给方式，进给方向由卡盘一端指向尾座。

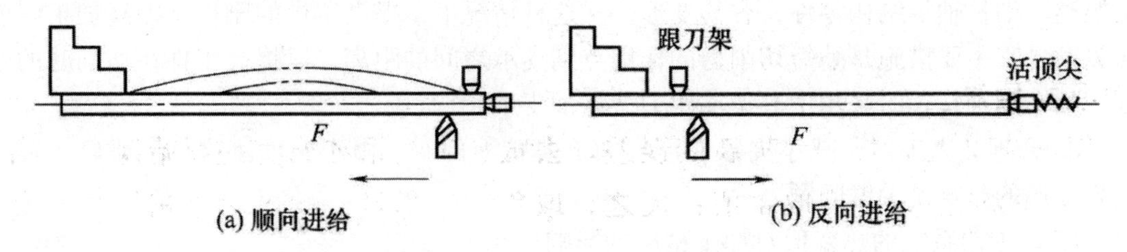

图 7.7　加工细长轴方法比较

2. 误差转移法

就是采取措施把对加工精度影响较大的原始误差转移到误差非敏感方向或不影响加工精度的方向上去。例如，当转塔刀架上的外圆车刀水平安装时，因转塔刀架的转角误差处于误差敏感方向上，对加工精度影响很大，若采用立式装刀，如图 7.8 所示，则转塔刀架的转角误差转移到非误差敏感方向（垂直方向）上，此时，刀架转角误差对加工精度影响很小，可以忽略不计。

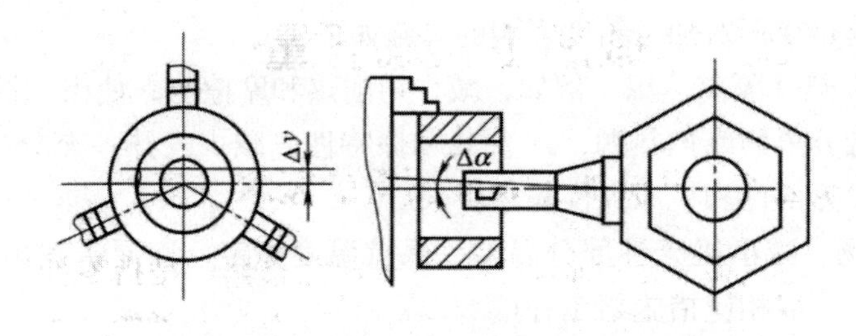

图 7.8　六角转塔式车床转角误差转移

又如成批生产中用镗模加工箱体孔系时，把机床主轴回转误差及导轨误差转移，靠镗模质量保证孔系加工精度。

3. 误差分组法

在加工中，由毛坯或半成品的误差引起的定位误差或误差复映，会造成本工序加工误差。此时可根据误差复映的规律，在加工前将这批工件按误差的大小分成 n 组，每组工件的误差范围就缩小为原来的 $1/n$。然后再按各组工件加工余量或相关尺寸的变动范围，调整刀具相对工件的准确位置或选用合适的定位元件，使各组工件加工后尺寸分布中心基本一致，大大缩小整批工件的尺寸分散范围。

例如，采用无心磨床贯穿磨削加工一批精度要求很高的小轴时，通过磨前对小轴尺寸进行测量并分组，再根据每组零件实际加工余量及系统刚度调整无心磨砂轮与导轮之间的距离，从而解决因毛坯误差复映而加工精度难以保证的问题。

4. 误差平均法

误差平均法就是利用有密切联系的表面相互比较、相互检查，然后进行相互修正或互为基准加工，使被加工表面的误差不断缩小，并达到很高的加工精度。

例如，对配合精度要求很高的轴和孔，常采用研磨工艺。研具本身并不具有很高的精度，

但它在和工件做相对运动的过程中对工件进行微量切削，使原有误差不断减小，从而获得精度高于研具原始精度的加工表面。在生产中，高精度的基准平台、平尺等均用该方法进行加工。

5. 就地加工法

在加工和装配中，有些精度问题牵涉到很多零件或部件间的相互关系，相当复杂。如果单纯提高零、部件本身的精度，有时相当困难，甚至无法实现。若采用就地加工法，就可以很方便地解决这种问题。

例如，龙门刨床和牛头刨床装配时，为了保证其工作平面与横梁和滑枕的平行位置关系，采取待机床装配后，在自身机床上进行“自刨自”的精加工。又如，在车床上修正花盘平面度和修正卡爪与主轴同轴度等，也是采用在自身机床上“自车自”或“自磨自”的工艺措施。

6. 误差补偿法

误差补偿法就是人为制造一种新的误差，去抵消工艺系统原有的原始误差。当原始误差是负值时，人为引进误差就应取正值；反之，取负值。尽量使两者大小相等，方向相反。或者利用一种原始误差去抵消另一种原始误差，尽量使两者大小相等，方向相反，从而达到减少加工误差、提高加工精度的目的。

如在加工高精密丝杠或高精密蜗轮时，通常不是一味提高传动链中各传动元件的制造精度，而是采用螺距误差校正装置和分度误差校正装置来提高传动精度。

7.2　机械加工表面质量

7.2.1　机械加工表面质量的概念

机械加工表面质量又称表面完整性，是指零件经过机械加工后的表面层状态。任何机械加工方法所获得的加工表面，实际上都不可能是绝对理想的表面，总是存在着表面粗糙度、表面波度等微观几何形状误差，以及划痕和裂纹等缺陷，还有零件表面层的冷作硬化、金相组织变化和残余应力等物理力学性能的变化，如图7.9所示。表面加工质量主要包括两个方面，即加工表面的几何特征和表面层的物理力学性能。

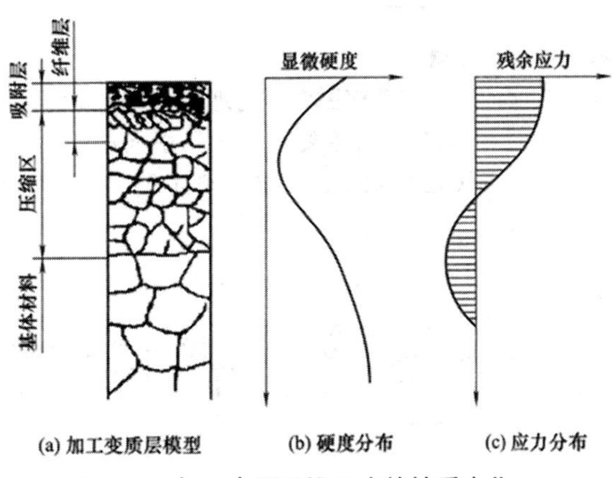

图7.9　加工表面层沿深度的性质变化

（1）加工表面的几何特征

加工表面的几何特征主要包括表面粗糙度和表面波度（图7.10），此外，还有纹理方向、划痕等。

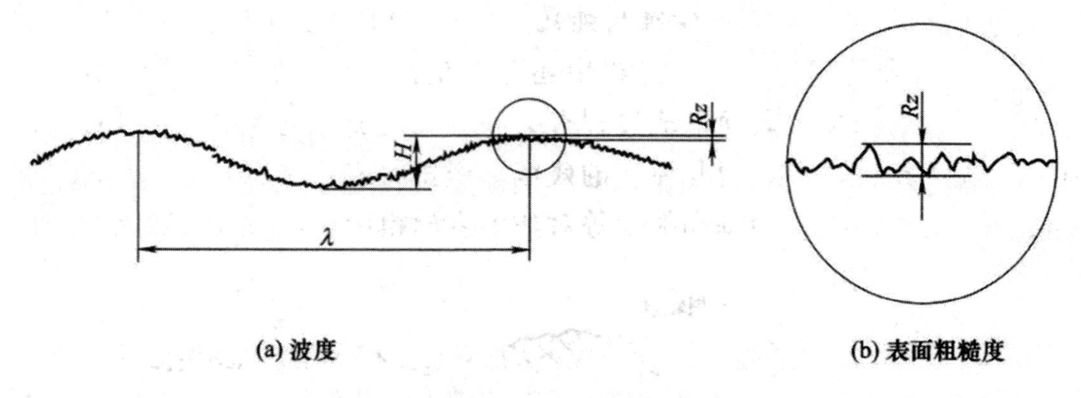

图7.10 零件加工表面的粗糙度与波度

①表面粗糙度是指加工表面上较小间距和峰谷所组成的微观几何形状特征，即加工表面的微观几何误差，用表面轮廓的算术平均偏差Ra和微观不平度平均高度Rz表示。

②表面波度是介于宏观形状误差和表面粗糙度之间的周期性几何形状误差，用波长λ和波高H表示。表面波度主要是由加工过程中工艺系统的低频振动引起的，一般指波长与波高比值在50～1000的几何形状误差。

（2）表面层的物理力学性能

①表面层的冷作硬化。机械加工时，工件表面层金属受到切削力的作用产生塑性变形，使晶格扭曲，晶粒间产生剪切滑移，晶粒被拉长、纤维化甚至碎化，从而使表面层的强度和硬度增加，这种现象称为加工硬化，又称冷作硬化。

②表面层的金相组织变化。它是指切削热引起工件表面温升过高，在空气或冷却液的影响下，表面层金属发生金相组织变化的现象。

③表面层的残余应力。它是指受切削力和切削热的影响，在没有外力作用的情况下，在工件内部保持平衡而存在的应力，分为残余压应力和残余拉应力。

7.2.2 机械加工表面质量的影响因素

（1）影响表面粗糙度的工艺因素

影响表面粗糙度的工艺因素主要有几何因素、物理因素和动态因素三种。

①几何因素。切削加工表面粗糙度值主要取决于切削面积的残留高度，如图7.11所示。残留面积高度H与工件每转进给量f、刀尖圆弧半径r_ε、主偏角κ_r、副偏角κ_r'等有关。

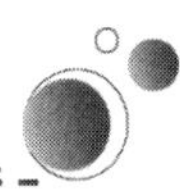

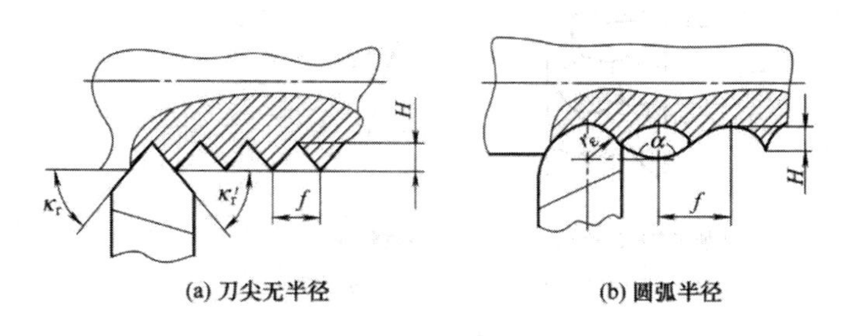

图 7.11　车削残留面积的高度

当 $r_\varepsilon=0$ 时，残留面积的高度为

$$H=\frac{f}{\cot\kappa_r+\cot\kappa_r'}$$

用圆弧刃车刀加工外圆时，残留面积的高度为

$$H\approx\frac{f}{8r_\varepsilon}$$

由此可见，减小进给量、减小主偏角和副偏角、增大刀尖圆弧半径均能降低表面粗糙度值。

②物理因素。切削加工后，表面轮廓与纯几何因素所形成的理想轮廓往往有着较大差别，如图 7.12 所示，这主要是因为在加工过程中还存在塑性变形等物理因素。物理因素的影响一般比较复杂，与加工表面的形成过程有关，在切削加工过程中，刀具对工件的挤压和摩擦使金属材料发生塑性变形，引起原有的残留面积扭曲或沟纹加身，增大表面粗糙度。如在加工过程中产生的积屑瘤、鳞刺和振动等对加工表面粗糙度均有很大影响。

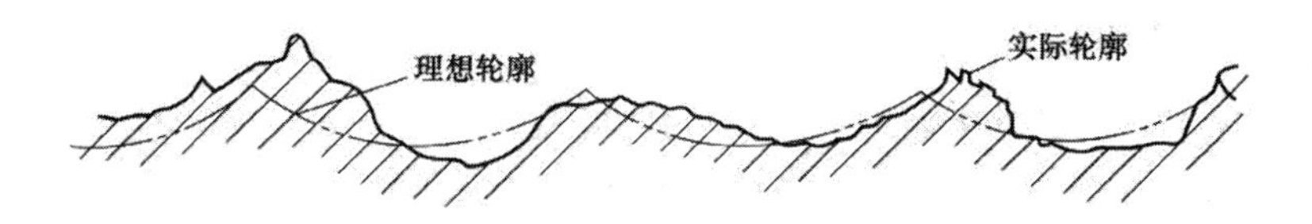

图 7.12　切削加工塑性材料的表面轮廓

③动态因素——振动的影响。在加工过程中，工艺系统有时会发生振动，即在刀具与工件间出现的除切削运动外的另一种周期性的相对运动。振动的出现会使加工表面出现波纹，增大加工表面的粗糙度，强烈的振动还会使切削无法继续下去。

除上述因素外，造成加工表面粗糙不平的原因还有被切屑拉毛和划伤等。

（2）影响表面层物理力学性能的工艺因素

①表面冷作硬化及其影响。在机械加工过程中，在外力作用下，加工表面层经受复杂的塑性变形，使晶格发生扭曲，晶粒被拉长和纤维化，甚至破碎，阻碍金属进一步变形，其变形抗力提高，而金属表面呈现强化，其硬度显著提高，这一现象称为冷作硬化。冷作硬化程度受刀具、工件材料及切削用量等因素影响。在一定的表面粗糙度值下，加工硬化可以阻碍表面疲劳裂纹的产生，抑制已加工裂纹的扩展，有利于提高疲劳强度。但加工硬化程度过高时，可能出现较大脆性裂纹而降低疲劳强度。因此应有效控制表面层加工的硬化程度。

②表层金属的金相组织的变化及其影响。在机械加工过程中，在加工区，加工时所消耗的能量绝大部分转化为热能，使加工表面温度升高。当温度升高到超过金相组织转变的临界温度时，工件材料内部就会产生金相组织变化。影响磨削加工时金相组织变化的因素有工件材料、切削温度、温度梯度及冷却速度等。

在磨削淬火钢时，由于磨削烧伤，工件表面产生氧化膜并呈现出黄、褐、紫、青、灰等不同颜色，相当于钢的回火色。磨削淬火钢时，表层产生的烧伤有以下三种情况：

a. 淬火烧伤。磨削时，工件表面温度超过相变临界温度（碳钢为720℃）时，则马氏体转变为奥氏体。在冷却液的作用下，工件最外层金属会出现二次淬火马氏体组织。其硬度比原来的回火马氏体高，但很薄，其下为硬度较低的回火索氏体和屈氏体。由于二次淬火层极薄，表面层总的硬度是降低的，这种现象称为淬火烧伤。

b. 回火烧伤。磨削时，如果工件表面层温度只是超过原来的回火温度，则表层原来的回火马氏体组织将产生回火现象而转变为硬度较低的回火组织（索氏体或屈氏体），这种现象称为回火烧伤。

c. 退火烧伤。磨削时，当工件表面层温度超过相变临界温度（中碳钢为300℃）时，则马氏体转变为奥氏体。若此时无冷却液，表层金属空气冷却比较缓慢而形成退火组织，硬度和强度均大幅度下降，这种现象称为退火烧伤。

磨削热是烧伤的根源，若要防止磨削加工烧伤，其途径主要有：减少磨削热的产生，主要从工件材料、砂轮结构和特征、切削参数选择等入手；加快散热，主要从冷却方式、冷却液和散热性等方面考虑。

③表面层金属的残余应力。在机械加工中，工件表面层金属相对基体金属发生形状、体积的变化或金相组织转变时，在工件表面层中产生了互相平衡状态的应力，称为残余应力，主要有局部高温引起的残余应力、局部金相组织变化引起的残余应力、表面层局部冷态塑性变形引起的残余应力和金属冷态塑性变形后体积增大导致的表面层残余应力。

7.2.3 提高机械加工表面质量的途径

随着科学技术的发展，对零件的表面质量的要求已越来越高。为了获得合格零件，保证机器的使用性能，人们一直在研究控制和提高零件表面质量的途径。提高表面质量的工艺途径大致可以分为两类：一类是用低效率、高成本的加工方法，寻求各工艺参数的优化组合，以减小表面粗糙度；另一类是着重改善工件表面的物理力学性能，以提高其表面质量。

（1）减小表面粗糙度的工艺途径

减小表面粗糙度的方法很多，根据能否提高工件尺寸精度，其可分为两大类。

①可提高尺寸精度的精密加工方法

a. 采用金刚石刀具精密切削。单晶金刚石刀具切削有色金属（铜、铝等）时，尺寸精度可达IT5，表面粗糙度Ra为0.01um。

b. 采用超精密磨削和镜面磨削。超精密磨削能获得尺寸精度IT5、表面粗糙度Ra小

于0.025um的表面。镜面磨削能获得表面粗糙度Ra小于0.01um的表面。

②光整加工方法

在精密加工中常用粒度很细的油石、磨料等作为工具，对工件表面进行微量切除、挤压和抛光，如超精加工、珩磨、研磨、抛光等。

（2）改善表面物理力学性能的加工方法

表面强化工艺可以使材料表面层的硬度、组织和残余应力得到改善，有效地提高表面质量。常用的方法有机械强化和化学热处理等。

①机械强化

机械强化指通过机械冲击、冷压等加工方法使表面层金属发生冷态塑性变形，以降低表面粗糙度值、提高表面硬度，并在表面层产生残余压应力的表面强化工艺。常用方法有喷丸强化、滚压加工等，如图7.13所示。

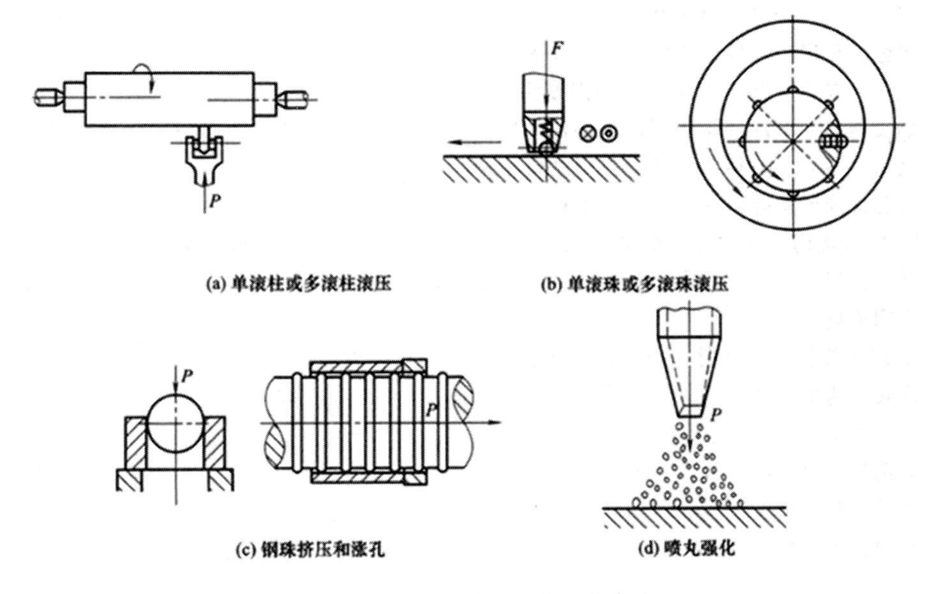

(a) 单滚柱或多滚柱滚压　(b) 单滚珠或多滚珠滚压

(c) 钢珠挤压和涨孔　(d) 喷丸强化

图7.13　常用的冷压强化工艺方法

a. 滚压加工。滚压加工是在常温下通过淬硬的滚压工具（滚轮或滚珠）对工件表面施加压力，使其产生塑性变形，把工件表面上原有的波峰填充到相邻的波谷中，从而降低表面粗糙度值，并在其表面产生冷硬层和残余压应力，使零件的承载能力和疲劳强度得以提高。滚压加工可以加工外圆、孔、平面及成型表面，通常在普通车床、转塔车床或自动车床上进行。

b. 喷丸强化。喷丸强化利用压缩空气或离心力，使大量直径为0.4～4mm的珠丸高速打击零件表面，使其产生冷硬层和残余压应力，可显著提高零件的疲劳强度。珠丸可以采用铸铁、砂石以及钢铁制造。喷丸强化工艺可用于加工各种形状的零件，加工零件表面的硬化层深度可达0.7mm，表面粗糙度值可由3.2um减小到0.4um，使用寿命可延长几倍甚至几十倍。

②化学热处理。用渗碳、渗氮或渗铬等方法，使表层变为密度较小、比体积较大的金相组织，并产生残余压应力。

思考练习题

1. 普通车床的床身导轨在水平面内和铅垂平面内的直线度要求是否相同？为什么？

2. 为降低传动链误差对加工精度的影响，应该采取哪些措施？

3. 简述刀具热平衡之前的热变形及热平衡之后的热变形对加工精度的影响有何不同。

4. 在车床上采用双顶尖装夹加工细长轴零件，加工后发现中间粗、两端细，试分析其可能原因及解决办法。

参考文献

[1] 陈明．机械制造工艺学［M］．北京：机械工业出版社，2011.
[2] 蔡光起．机械制造技术基础［M］．沈阳：东北大学出版社，2002.
[3] 刘福库，栾祥．机械制造技术基础［M］．北京：化学工业出版社，2009.
[4] 李凯岭．机械制造技术基础［M］．北京：清华大学出版社，2010.
[5] 卢秉恒．机械制造技术基础［M］．北京：机械工业出版社，2011.
[6] 刘守勇，等．机械制造工艺与机床夹具［M］．北京：机械工业出版社，2013.
[7] 孙希禄，等．机械制造工艺［M］．北京：北京理工大学出版社，2012.
[8] 王启仲．金属切削原理与刀具［M］．北京：机械工业出版社，2008.
[9] 吴拓．机械制造工艺与机床夹具［M］．北京：机械工业出版社，2006.
[10] 薛源顺．机床夹具设计［M］．北京：机械工业出版社，2013.